U0227726

南祁连党河南山早古生代构造演化与金矿成矿

戴 霜 张 翔等 著

科 学 出 版 社

北 京

内 容 简 介

本书通过对南祁连党河南山地区早古生代中酸性侵入岩的岩石学、地球化学、锆石 U-Pb 年代学及贾公台金矿等典型金矿的地质特征和成因进行研究，探讨该区板块的构造演化与金矿的成矿规律。发现该区存在五期碱性-钙碱性岩浆侵入活动，板块构造演化过程分为古党河南山洋、党河南山洋及中南祁连碰撞 3 个阶段；提出贾公台金矿等典型金矿属于岩浆中-低温热液型金矿；查明该区金矿成矿主要受岩浆侵入活动控制，地层提供部分成矿物质。金矿成矿在空间上分为 3 个矿集区，成矿时代与岩体侵入时代相当，分为岛弧、板块碰撞及碰撞后伸展 3 个成矿时期，并以大地构造演化为基础划分了岛弧、板块碰撞及碰撞后伸展 3 个金矿成矿系列，建立了成矿模式。研究成果对认识祁连山及我国西部大地构造演化，指导金矿勘查具有重要意义。

本书可供从事构造演化研究和金矿勘查领域的地质工作者及高等院校师生参考。

图书在版编目(CIP)数据

南祁连党河南山早古生代构造演化与金矿成矿/戴霜等著. —北京：科学出版社，2017.7

ISBN 978-7-03-053352-4

Ⅰ.①南… Ⅱ.①戴… Ⅲ.①祁连山-早古生代-金矿床-成矿规律-研究 Ⅳ.①P618. 51

中国版本图书馆 CIP 数据核字（2017）第 133902 号

责任编辑：祝 洁 冯 钊 / 责任校对：郑金红
责任印制：张 倩 / 封面设计：正典设计

科学出版社 出版
北京东黄城根北街 16 号
邮政编码：100717
http://www.sciencep.com

三河市骏杰印刷有限公司印刷
科学出版社发行 各地新华书店经销
*
2017 年 7 月第 一 版 开本：720×1000 1/16
2017 年 7 月第一次印刷 印张：11 1/2 彩插：6
字数：243 000

定价：95.00 元

（如有印装质量问题，我社负责调换）

前　言

祁连山是我国西部重要的造山带，一直是我国乃至世界地质学家关注的热点地区。板块构造学说兴起以来，祁连山因完整地保留了典型的板块构造单元和活动标志，成为我国开展板块构造研究最早的地区，并取得了丰富的研究成果。但是，现有的研究工作大多集中在北祁连、中祁连及柴达木北缘地区，而南祁连地区的研究程度极为薄弱。祁连山被称为中国的“乌拉尔山脉”，蕴藏着丰富的铁、铜、铅和锌等矿产资源。但用传统方法的地质找矿过程中，地质学家并没有发现独立的金矿床。最近十多年，地勘单位在祁连山西段党河南山地区发现了十多处大中型独立金矿，开启了祁连山地区金矿找矿的新思路。

党河南山位于甘肃省西部，祁连山西段，党河以南，地处高寒山区，自然条件恶劣，交通条件差，地质工作程度不高。该区在新中国成立前没有开展过地质工作，较为系统的地质矿产工作是1973～1985年完成的“月牙湖幅”“盐池湾幅”“鱼卡幅”等8幅1∶20万区域地质调查图幅，1994～1995年完成的“月牙湖幅”和“盐池湾幅”等1∶20万区域化探扫面，1996～1997年完成的甘肃省及邻区1∶100万重力、地球化学和遥感地质编图工作。1995～2000年，甘肃省地质矿产勘查开发局物探队通过化探异常查证，发现并初步评价了贾公台等4处金矿和金铜坡金（锑）矿化点。1998～2000年，长安大学王崇礼等完成了原地质矿产部直管局的科研项目《甘肃省南祁连党河南山北坡金铜矿产成矿规律、控矿因素研究及找矿靶区优选》（地科定1998—16），比较系统地开展了区域地质成矿背景、典型矿床勘查和地球化学研究，并进行了成矿预测。

随着勘查工作的深入，由于欠缺对成矿的主控因素和成矿规律的认识，该区金矿找矿方向不明确，找矿工作一度停滞不前。鉴于此，甘肃省科学技术厅设立了科技重大专项“甘肃党河南山金铜多金属矿找矿方向与勘查技术研究”（1203FKDA038）（2012～2015年），开展了以下三项研究：①金矿成矿控制因素研究；②典型金矿矿床成因与成矿规律研究；③金矿勘查技术应用与找矿方向研究。兰州大学负责第一项和第二项研究内容，甘肃省地质矿产勘查开发局第二地质矿产勘查院负责第三项研究内容。参加项目的人员有：兰州大学戴霜、张莉莉、汪禄波、刘博、张永全、张瑞、浪万玲、彭栋祥、吴茂先、闫宁云、骆玲玲、王文杰、赵振斌和许建军等，甘肃省地质调查院张翔，甘肃省地质矿产勘查开发局第二地质矿产勘查院金治鹏、蒙珍、芦青山、杨怀玉、张诚、俞胜、付开泉、金洪文、缪淑君、赵瑛、周贤君、金洁、白斌、武志江、魏伟、高党兴和刘懿伟等，甘肃省地质矿产勘查开发局第四地质矿产勘查院陈世强。项目完成地质路线400km，调研典型矿床（点）12处，观察和重新编录钻孔3000m，槽探1000m（长），采集各类岩矿石测试样品1837件，完成深部验证钻孔（1030m）一个，提交找矿建议书2份。项目结题后通过了甘肃省科学技术厅组织的专家评审验收。

甘肃省地质矿产勘查开发局张新虎、叶德金和龚全胜，兰州大学王金荣等对项目的实施提供了指导和帮助。兰州大学西部环境教育部重点实验室、长安大学成矿作用及其动力学实验室、西北大学大陆动力学国家重点实验室、中国地质科学院矿产资源研究所以及国土资源部天津、西北和中南矿产资源监督检测中心等有关单位完成了样品测试和分析任务。

本书是在“甘肃党河南山金铜多金属矿找矿方向与勘查技术研究”第一项和第二项研究报告的基础上，吸收了项目后续研究工作的成果撰写而成的，是参加项目的全体人员辛勤劳动的成果。全书共8章，第一章概括介绍区域地质与成矿背景；第二章介绍中酸性侵入岩的地质特征与岩石学特征；第三章介绍岩体年代学及岩浆活动期次；第四章介绍花岗岩类地球化学特征、岩石成因与构造环境；第五章介绍党河南山早古生代构造演化；第六章介绍典型金矿床地质特征与成因；第七章总结金矿成矿规律、成矿系列和成矿模式；第八章结语部分提出了存在的问题及未来工作的建议。

参加本书撰写的人员有：戴霜、张翔、张莉莉、汪禄波、刘博和陈世强等。各章分工如下：戴霜负责前言、第一章、第二章、第五章、第七章、第八章；戴霜、张莉莉、刘博负责第三章、第四章；张翔、汪禄波、戴霜、陈世强负责第六章；全书由戴霜负责统稿和定稿。彭栋祥、闫宁云、骆玲玲、王文杰、赵振斌和许建军等参与了图件绘制，甘肃省地震局代炜对图件进行了最后编辑。长安大学王崇礼教授审阅了初稿，提出了宝贵的修改意见。在本书出版之际，对上述单位和个人表示衷心的感谢！

由于党河南山地区交通不便，自然条件恶劣，研究程度低，可参考的研究成果较少，本书工作涉及的研究内容较多，研究时间相对较短，加之作者水平有限，本书难免存在疏漏和不足，敬请读者不吝指教。

目　　录

第一章 区域地质与成矿背景

第一节 交通位置与自然地理

党河南山位于甘肃省西部，祁连山西段，地处党河以南，地理坐标为东经94°30′～97°00′，北纬 38°00′～40°00′，行政区划隶属甘肃省肃北蒙古族自治县（图 1-1）。党河南山呈北西向展布，东西长约 250km，南北宽 20～50km，全区海拔 3500～5600m，相对高差为 800～2100m，地形以高大山系为主，山势起伏大，沟谷地貌发育，切割强烈，区内河网密布，党河南山北坡为党河水系，支流有扎子沟、白石头沟、钓鱼沟、吾力沟、黑刺沟和大沙沟等。本区属高原大陆性气候，气温低，昼夜温差大，冰冻期长，多大风。雨季主要集中在夏季的 6～8 月，常有雷雨和冰雹。每年 8 月中下旬至第二年 5 月上旬多为霜冻期。年平均气温为−4.8℃，极端最高气温为 28.4℃，极端最低气温为−39.6℃。区内植被覆盖度低，人烟稀少，居民多以蒙古族为主，主要从事畜牧业，经济发展水平低。

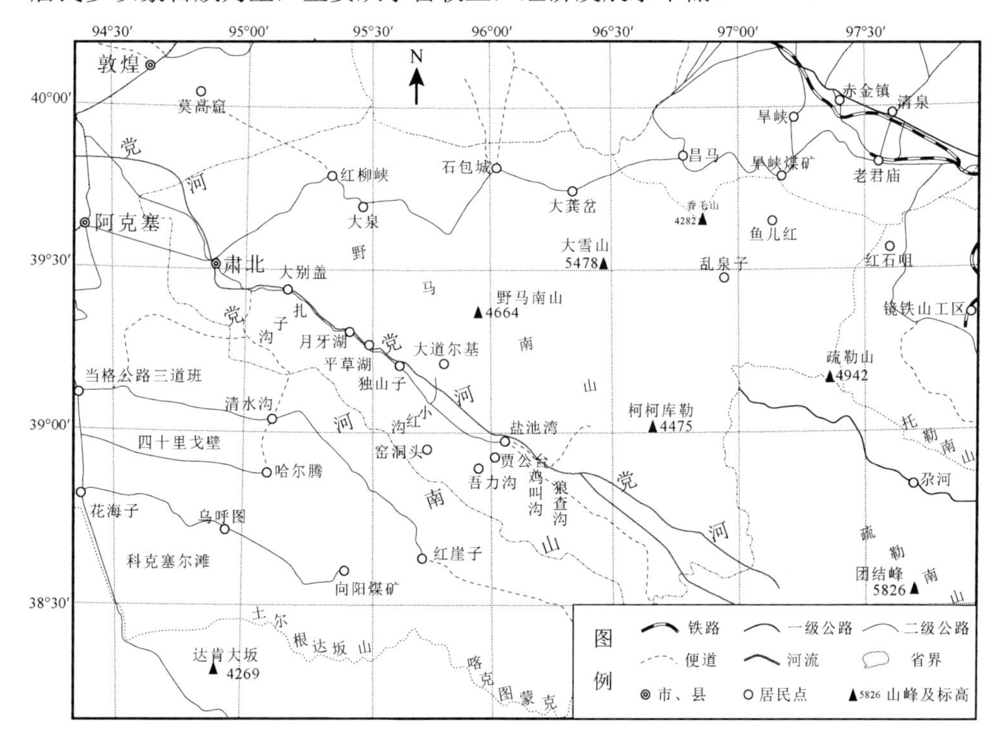

图 1-1 党河南山地区交通位置图

第二节 区域地质背景

按照潘桂棠等（2009）对中国大地构造单元的划分，党河南山地区位于秦祁昆造山系中南祁连弧盆系南祁连岩浆弧，北临疏勒南山—拉鸡山蛇绿混杂岩带，西被阿尔金断裂带截切，南连宗务隆山—夏河甘加裂谷（图1-2）。成矿区带属秦祁昆成矿域阿尔金—祁连山成矿省南祁连山加里东成矿带（张新虎等，2015）。

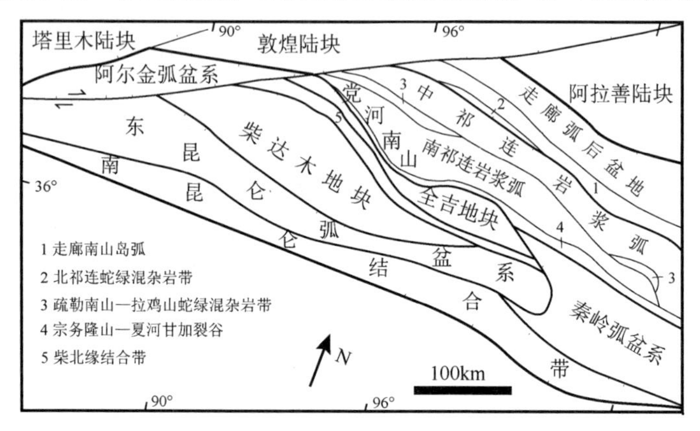

图1-2 党河南山及邻区大地构造图

（潘桂棠等，2009）

党河南山地区地层出露齐全，主要发育元古宇、古生界和新生界地层，区域构造线为北西向，断裂构造发育，岩浆活动强烈，主要以早古生代中酸性侵入岩为主（图1-3）。

一、地层

党河南山地区地层属华北地层大区秦祁昆地层区中南祁连地层分区南祁连地层小区，区域地层从太古宇到新生界均有分布，古生界最为发育，岩石类型复杂，是该区的主体地层（图1-3）。党河南山地区及邻区地层序列见表1-1。

（一）太古宇

察汗郭勒麻粒岩（Ar_2chgl）：主要分布于柴北缘以及南祁连中部的达肯大坂一带，岩石类型主要为正麻粒岩，原岩为拉斑玄武岩，是南祁连山南缘古陆核最老的地层（王毅智等，2000）。

（二）古元古界

古元古界包括柴北缘、南祁连出露的达肯大坂群（Pt_1d）、化隆群（Pt_1h）和中祁连出露的北大河群（Pt_1b）。

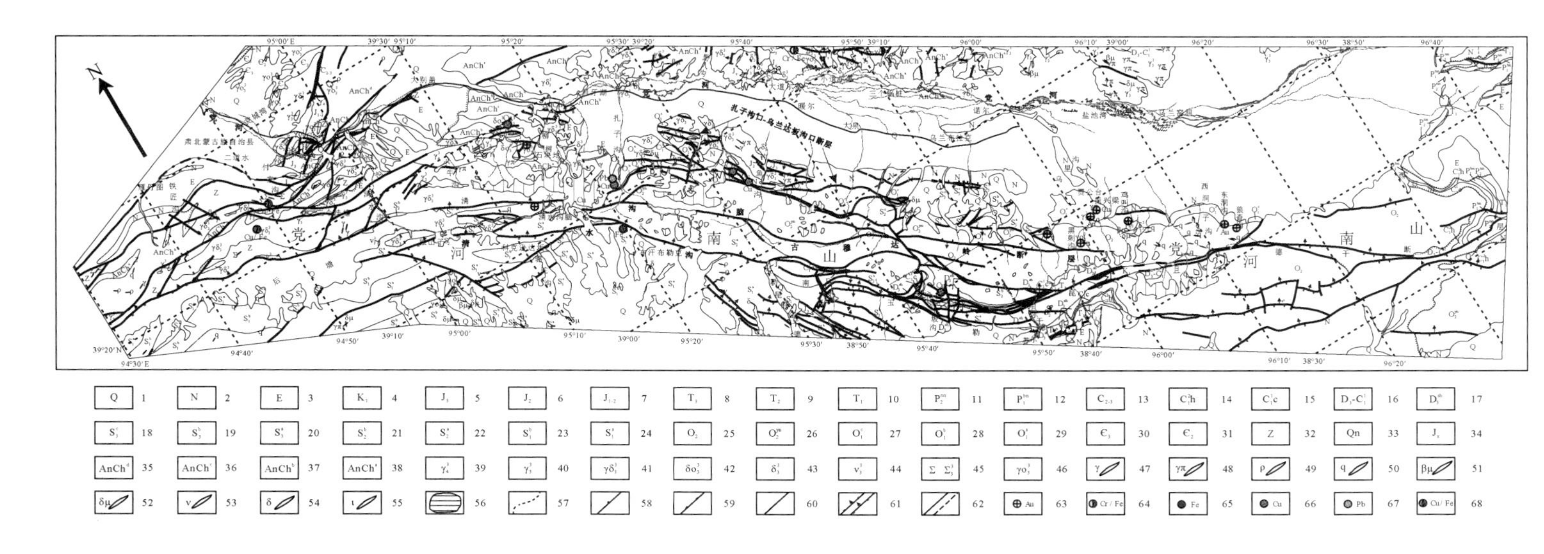

图 1-3　党河南山地区区域地质矿产图

1．第四系；2．新近系；3．古近系；4．上白垩统；5．上侏罗统；6．中侏罗统；7．下中侏罗统；8．上三叠统；9．中三叠统；10．下三叠统；11．上二叠统诺音河群；12．下二叠统巴音河群；13．中上石炭统；14．下石炭统怀头他拉组；15．下石炭统城墙沟组；16．上泥盆统-下石炭统；17．上泥盆统流沙水群；18．上志留统；19．上志留统；20．上志留统；21．中志留统；22．中志留统；23．下志留统；24．下志留统；25．中奥陶统；26．中奥陶统盐池湾群；27．下奥陶统；28．下奥陶统；29．下奥陶统；30．上寒武统；31．中寒武统；32．震旦系；33．青白口系；34．蓟县系；35．前长城系第四岩组；36．前长城系第三岩组；37．前长城系第二岩组；38．前长城系第一岩组；39．海西晚期中粒花岗岩；40．加里东晚期花岗岩；41．加里东晚期花岗闪长岩；42．加里东晚期石英闪长岩；43．加里东晚期闪长岩；44．加里东晚期辉长岩；45．加里东晚期超基性岩；46．加里东晚期斜长花岗岩；47．花岗岩脉；48．花岗斑岩脉；49．伟晶岩脉；50．石英脉；51．辉绿玢岩脉；52．闪长玢岩脉；53．辉长岩脉；54．闪长岩脉；55．细晶岩脉；56．冰川；57．岩性相变界线；58．压性断层及断面倾角；59．压扭性断层；60．实测平移断层；61．正断层、逆断层；62．性质不明及推测断层；63．金及砂金矿点；64．大型铬铁矿床；65．铁矿（化）点；66．钢矿（化）点；67．铅/铅锌矿（化）点；68．钢铁矿（化）点

表 1-1　党河南山及邻区地层系统表

<table>
<tr><th colspan="3">地层</th><th>中祁连</th><th>南祁连</th><th colspan="2">柴北缘</th></tr>
<tr><td rowspan="8">新生界</td><td rowspan="2">第四系</td><td>全新统</td><td rowspan="2">北山寺组</td><td rowspan="2">哈达滩组</td><td rowspan="2" colspan="2">七个泉组</td></tr>
<tr><td>更新统</td></tr>
<tr><td rowspan="3">新近系</td><td>上新统</td><td rowspan="2">贵德群</td><td rowspan="2">贵德群</td><td colspan="2">狮子沟组</td></tr>
<tr><td rowspan="2">中新统</td><td rowspan="2" colspan="2">油砂山组</td></tr>
<tr><td rowspan="4">西宁群</td><td rowspan="4">西宁群</td></tr>
<tr><td rowspan="3">古近系</td><td>渐新统</td><td rowspan="2" colspan="2">干柴沟组</td></tr>
<tr><td>始新统</td></tr>
<tr><td>古新统</td><td colspan="2">路乐河组</td></tr>
<tr><td rowspan="10">中生界</td><td rowspan="2">白垩系</td><td>上白垩统</td><td colspan="2">民和组</td><td colspan="2">—</td></tr>
<tr><td>下白垩统</td><td colspan="2">河口群</td><td colspan="2">犬牙沟组</td></tr>
<tr><td rowspan="3">侏罗系</td><td>上侏罗统</td><td colspan="2">享堂组</td><td colspan="2">红水沟组</td></tr>
<tr><td>中侏罗统</td><td colspan="2">窑街组</td><td rowspan="2">大煤沟组</td><td>采石岭组</td></tr>
<tr><td>下侏罗统</td><td colspan="2">炭洞沟组/大西沟组</td><td>—</td></tr>
<tr><td rowspan="5">三叠系</td><td rowspan="2">上三叠统</td><td colspan="2">尕勒得寺组
阿塔寺组</td><td rowspan="2" colspan="2">鄂拉山组</td></tr>
<tr><td>南营儿组</td><td>—</td></tr>
<tr><td rowspan="2">中三叠统</td><td>切尔玛沟组</td><td rowspan="3">西大沟组</td><td rowspan="3" colspan="2">—</td></tr>
<tr><td rowspan="2">大加连组
江河组
下怀仓组</td></tr>
<tr><td>下三叠统</td></tr>
<tr><td rowspan="8">上古生界</td><td rowspan="2">二叠系</td><td>上二叠统</td><td>孙家沟组
大泉组
红泉组</td><td rowspan="2" colspan="3">巴音河群</td></tr>
<tr><td>下二叠统</td><td>勒门沟组</td></tr>
<tr><td rowspan="2">石炭系</td><td>上石炭统</td><td>羊虎沟组
臭牛沟组</td><td>东扎口组</td><td colspan="2">克鲁克组</td></tr>
<tr><td>下石炭统</td><td>城墙沟组
党河南山组</td><td>大草滩组
党河南山组
阿木尼克组</td><td rowspan="2" colspan="2">怀头他拉组
阿木尼克组</td></tr>
<tr><td rowspan="4">泥盆系</td><td rowspan="2">上泥盆统</td><td rowspan="2">牦牛山组</td><td rowspan="2">牦牛山组
大草滩组</td></tr>
<tr><td colspan="2">牦牛山组</td></tr>
<tr><td>中泥盆统</td><td rowspan="2">—</td><td rowspan="2">—</td><td rowspan="2" colspan="2">—</td></tr>
<tr><td>下泥盆统</td></tr>
</table>

续表

地层			中祁连	南祁连	柴北缘
下古生界	志留系	上志留统	雾宿山群 草滩沟群	—	滩间山群
		中志留统		—	
		下志留统		巴龙贡噶尔组	
	奥陶系	上奥陶统		多索曲组 药水泉组	
		中奥陶统	—	盐池湾群 茶铺组	大头羊沟组
		下奥陶统	阿夷山组 花抱山群	吾力沟群 花抱山群	石灰沟组 多泉山组
	寒武系	上寒武统	葫芦河组 丹凤群	六道沟组	欧龙布鲁克群
		中寒武统		深沟组	
		下寒武统	—	全吉群上部	
新元古界	震旦系	—	多若诺尔群	扎子沟群*	全吉群下部
	南华系		—		
	青白口系		龚岔群		—
中元古界	蓟县系		花儿地组 花石山群 高家湾组 湟中群	—	狼牙山群 鱼卡河群 万洞沟群
	长城系				
古元古界	—		化隆群 北大河群 托赖群 湟源群	化隆群 达肯大坂群 湟源群	达肯大坂群 金水口群
太古宇	—	—	—	察汗郭勒麻粒岩	

*据王崇礼等，2000。

达肯大坂群（Pt_1d）：该群分为变粒岩组、片岩组和片麻岩组三个岩石组合。变粒岩组以浅粒岩、黑云母变粒岩为主夹磁铁石英岩和片麻岩，变质作用达绿片岩相-角闪岩相，原岩为砾岩-石英砂岩建造组合。片岩组由石榴黑云石英片岩、含石榴斜长角闪片岩夹角闪辉石变粒岩、大理岩、片麻岩组成，局部具混合岩化，变质程度达绿帘角闪岩相-角闪岩相，原岩为细碎屑岩-基性火山岩-碳酸盐岩建造组合。片麻岩组由夕线石-堇青石黑云斜长片麻岩、含石榴夕线黑云斜长片麻岩、黑云二长片麻岩、斜长角闪片麻岩夹黑云石英片岩、变粒岩和大理岩组成，变质作用达角闪岩相，原岩为基性火山岩-黏土岩-镁质碳酸盐岩建造组合。该群为大陆裂谷环境下的火山-沉积建造。关于达肯大坂群的成岩时代，在角闪斜长片麻岩和斜长角闪片麻岩中获得的角闪石 K-Ar 年龄为 1617Ma、1516Ma、1580Ma 和 1574Ma，全岩 Rb-Sr 等时线年龄为 1463Ma 和 1556Ma，锆石 U-Pb 同位素年龄为 1429Ma 和 2205Ma（青海省地质矿产局，1991）；侵入其内的淡色脉岩的锆石 U-Pb

年龄为 1939±21Ma（王惠初等，2005；天津地质矿产研究所，2004；陆松年等，2002）；花岗岩杂岩（柴北缘鹰峰）的锆石 U-Pb 年龄为 1776±33Ma（肖庆辉等，2003）。总体上看，1463～1617Ma 应代表变质年龄，而 2205Ma 为原岩的成岩年龄，即原岩形成于古元古代。

化隆群（Pt_1h）：该群分布于南祁连日月山—拉鸡山以南的哈尔盖、循化一带，由片麻岩和石英岩组成，变质程度较高。万渝生等（2003）获得侵入于化隆群片麻岩中的钾质花岗岩 TIMS 锆石 U-Pb 年龄为 750±30Ma，限定了化隆群的下限；徐旺春等（2007）利用激光剥蚀电感耦合等离子体质谱（LA-ICP-MS）法得到化隆群副片麻岩沉积源区火成岩的岩浆结晶年龄为 891±9Ma，弱片麻状花岗岩锆石的 $^{207}Pb/^{206}Pb$ 加权平均年龄为 875±8Ma，因此将化隆群的形成时代限定在 875～891Ma。最近，康伟浩等（2016）利用 LA-ICP-MS 法对化隆群中的黑云斜长片麻岩进行锆石 U-Pb 测年，提出成岩年龄为 2092±29Ma，重新划归为古元古界。

北大河群（Pt_1b）：该群在祁连山西段分布较广，主要呈透镜状、长条状残块形式分布，多呈“孤岛”状。岩石类型有斜长角闪岩、斜长角闪片岩、角闪片岩、绿帘石透闪片岩、阳起石片岩等，变质程度为绿帘角闪岩相-角闪岩相，原岩为基性火山岩。左国朝等（1999）在吊大坂北侧获得的 Sm-Nd 同位素模式年龄为 1980±0.27Ma，反映北大河群火山岩形成于古元古代。

（三）中元古界

中元古界包括中祁连中段湟源群（Pt_2h）、湟中群（Chh）及花石山群（Jxh）等，柴北缘鱼卡河群（Pt_2y）及万洞沟群（Pt_2w）等。

湟源群（Pt_2h）：主要分布于中祁连青海湖以东，乐都以西的宝库河一带，由下部刘家台组和上部东岔沟组组成。主要岩石类型为石英片岩、千枚岩、大理岩夹角闪片岩及石英岩。根据之前刘家台组中的混合花岗岩锆石的 U-Pb 年龄为 2469Ma，东岔沟组片岩的 Rb-Sr 年龄为 1414～1249Ma（张二朋等，1998），斜长角闪岩的 Sm-Nd 年龄为 1922±15～2070±17Ma（李世金，2011），认为其时代可能属于古元古代。然而，董国安等（2007）获得的花岗片麻岩和石榴白云母片岩的锆石 U-Pb 年龄分别为 930±8Ma 和 3002～882Ma；郭进京等（2000）获得的湟源群变质火山岩和侵入于其中的响河尔花岗岩的单颗粒锆石 U-Pb 年龄为 910±6.7Ma 和 917±12Ma；戚学祥等（2004）获得的糜棱岩的锆石 U-Pb 年龄为 965～956Ma，这些最新的锆石年龄数据表明湟源群可能属中新元古代。

湟中群（Chh）：属原湟源群上部磨石沟组和青石坡组（青海省地质矿产局，1991），主要分布在中祁连刚察县茶拉河、大通县娘娘山、湟中县拉鸡山、互助县甘滩和乐都县北山等地。岩石类型包括石英岩、石英砂岩、粉砂岩、板岩和千枚岩。底部与下伏湟源群呈不整合接触，总厚约 1000m，属于中元古界长城系。

花石山群（Jxh）：分布于中祁连刚察县化久山和马老得山、煌中县花石山、大通县老爷山和互助县南门峡、松多山等地，向东延至甘肃永登地区，为一套以碳酸盐岩为主的地层，主要岩性为白云岩、硅质条带白云岩夹少量板岩及灰岩，含叠层石及微古植物，厚度大于 3500m，属蓟县系，与下伏长城系湟中群呈不整合接触。

鱼卡河群（Pt_2y）：出露在柴北缘鱼卡一带，由石榴云母片岩、石榴云母石英片岩、石英岩、大理岩和石榴斜长角闪岩组成，包于奥长花岗岩、英云闪长岩之中，并有榴辉岩出露。奥长花岗岩的 U-Pb 年龄为 1020±41Ma；英云闪长岩的 U-Pb 年龄为 803±7Ma（李怀坤，1999）。

万洞沟群（Pt_2w）：出露在柴北缘滩间山—万洞沟一带，岩性为片岩、千枚岩、大理岩、白云岩及结晶灰岩，含叠层石，出露厚度 2050～5601m。

（四）新元古界

新元古界包括中祁连西段多若诺尔群（Zd）、南祁连的扎子沟群（Zz）和柴北缘的全吉群（Zq）。

多若诺尔群（Zd）：主要由硅质岩、火山岩、粉砂质板岩及硅质板岩、绿泥石英片岩夹砂岩组成，呈不整合覆盖于西段的元古宇结晶岩系之上。

扎子沟群（Zz）：出露在党河南山西段扎子沟一带，是从原下奥陶统中解体出的中酸性火山岩层，火山岩的 Rb-Sr 等时线年龄分别为 684.87±71Ma 和 666.63±1.6Ma（李厚民等，2003a；赵虹等，2001；王崇礼等，2000）。

全吉群（Zq）：分布于柴北缘、欧龙布鲁克等地，主要以砾岩、砂砾岩、碳酸盐岩为主，夹砂页岩，该群基本没有发生褶皱变质作用，显示典型的裂陷槽特征。全吉群火山岩的锆石 U-Pb 年龄为 800Ma，相当于现在的南华纪—震旦纪（李怀坤等，2003）。

（五）寒武系

寒武系包括中统深沟组（ϵ_2s）、欧龙布鲁克群（$\epsilon_{2\text{-}3}O$）和上统六道沟组（ϵ_3l）等。

深沟组（ϵ_2s）：分布于拉鸡山中段湟源县上峡沟至乐都县尖梁明一带，为一套浅变质火山岩-碎屑岩建造，下部以基性-中基性火山岩夹碎屑岩为主，上部以碎屑岩、碳酸盐岩、硅质岩为主夹中基性火山岩，Sm-Nd 等时线年龄为 495±13.7Ma，Rb-Sr 等时线年龄为 521.48±23.79Ma（邱家骧等，1998）。

欧龙布鲁克群（$\epsilon_{2\text{-}3}O$）：主要为白云岩和碎屑岩，形成于陆缘裂陷盆地。

六道沟组（ϵ_3l）：分布于青海湖以北及日月山、拉鸡山一带，岩石组合为中基性火山岩与陆源碎屑岩以及碳酸盐岩。

（六）奥陶系

奥陶系地层广泛发育，包括中—南祁连山花抱山群（O_1h）、阿夷山组（O_1a）、吾力沟群（$O_{1-2}wl$）、茶铺组（O_2c）、盐池湾群（O_2yc）、药水泉群（O_3ys）、多索曲组（O_3S_1d）和柴北缘滩间山群（Ost）。

花抱山组（O_1h）：分布于拉鸡山地区，上与阿夷山组为整合接触，下与寒武系六道沟组为整合接触，下部为砾岩，上部为杂色砂岩夹砾岩。

阿夷山组（O_1a）：分布于南祁连拉鸡山地区，以一套中基性-中酸性火山岩为主。

吾力沟群（$O_{1-2}wl$）：分布于党河以南，乌兰达坂北坡沿扎子沟至查干布尔嘎斯一带。该组中部为中酸性火山岩段，下部为中基性火山岩段。张万仁等（2006）在研究中获得火山岩中透镜状安山岩的 U-Pb 等时线下交点年龄为 450Ma，上覆杂砂岩的 Rb-Sr 等时线年龄为 461±11Ma，认为该火山岩形成于奥陶纪。

茶铺组（O_2c）：分布于拉鸡山地区，主要为一套火山岩系，依据所产化石，认为其时代为中奥陶世。

盐池湾组（O_2yc）：广泛分布于党河南山地区，北西-南东向长 200km，呈带状展布，为一套以砾岩、复成分砂岩、板岩为主的陆源碎屑沉积岩系。该地层是党河南山金矿床的赋矿地层，产有黑刺沟金矿和贾公台金矿。

药水泉群（O_3ys）：分布于拉鸡山地区，岩性为火山砾岩、石英砾岩夹凝灰岩、砂板岩和安山岩等，上部为泥质砂岩、凝灰质砂岩和砂板岩等。

多索曲组（O_3S_1d）：分布在天峻县以东，青海湖以西，布哈河以南地带，在党河南山见于白石头沟一带，为一套中性-中酸性火山碎屑岩。作为区域内的主要矿源层，区内金矿体的分布大多与该地层相关。

滩间山群（Ost）：主要由灰岩和变中-基性火山岩组成。韩英善等（2000）获得滩间山群火山岩的 Rb-Sr 等时线年龄为 450±4Ma，侵入其中的斜长花岗岩的 Rb-Sr 等时线年龄为 447±22Ma；袁桂邦等（2002）获得滩间山群火山岩中辉长岩的锆石 U-Pb 年龄为 496.3±6Ma；赵风清等（2003）获得锡铁山地区酸性火山岩中的锆石 U-Pb 年龄为 486±13Ma；王惠初等（2003）获得绿梁山地区玄武岩的 U-Pb 年龄为 542±13Ma；另外，吉绿素地区岛弧火山岩的 LA-ICP-MS 锆石 U-Pb 年龄为 514.2±8.5Ma（史仁灯等，2004a，2004b）。

（七）志留系

志留系主要分布于乌兰达坂山（党河南山）南坡，西至清水沟南山，向东南延伸至大冰沟口一带，分为下、中、上三统：下统岩性主要为变质碎屑岩，为巴龙贡噶尔组（S_1b）；中统为火山岩及碎屑岩；上统为粗碎屑岩、砂砾岩夹红色粉砂岩，属磨拉石建造，只见于乌兰达坂的北坡。

巴龙贡噶尔组（S_1b）主要出露在南祁连中—西段，在盐池湾南、党河南山分水岭、红庙—桃湖沟及吾力沟一带最为发育，与下伏多索曲组为整合接触，上被二叠系勒门沟组不整合覆盖。主要由粗碎屑岩、泥砂岩、板岩、硅质岩、石英岩、粉砂岩和页岩等组成，偶夹火山岩，上部产笔石化石。该套地层在南祁连地区广泛分布，但由于研究程度低，缺少化石和年代资料。最近开展的多幅1∶5万区域地质调查项目对该套地层进行了不同程度地解体。

（八）上古生界

上古生界不甚发育，泥盆系分布局限，柴北缘主要分布一套浅变质或未变质的磨拉石建造；南祁连主要发育大草滩组（D_3-C_1d），为一套浅变质粗、细碎屑岩-泥砂岩-碳酸盐岩建造，形成于陆缘浅海环境。

石炭系地层分布广泛，中祁连西段分布有下石炭统党河南山组（C_1dh）和上石炭统羊虎沟组（C_2y），南祁连东段出露东扎口组（C_2dz），均为一套碎屑岩-碳酸盐岩。

二叠系为一套碎屑岩建造，普遍产腕足、苔藓虫及双壳和植物类化石，在中祁连为孙家沟组、大泉组和红泉组，在南祁连为巴音河群。

（九）中生界—新生界

三叠系：主要分布于乌兰达坂山东南部阿勒腾孜安—野牛沟一带，沿北西向呈条带状分布，主要岩性为一套碎屑岩，中统夹生物灰岩。自下而上岩石呈紫红色—灰绿色，碎屑颗粒由粗到细。地层为一套稳定的湖盆环境的陆源碎屑岩-碳酸盐岩建造，分布于祁连山及柴达木北缘，均为河流-湖盆-沼泽沉积相的粗碎屑岩-泥岩-含煤岩系建造。

侏罗系：分布于乌兰达坂山北坡的半截沟与南坡的克希且尔干德及乌托泉等处的互不连接的山间盆地与山前断隔盆地内。地层出露面积小，呈北西—近东西向的条带状分布，主要由碎屑岩夹泥质岩石组成，产油页岩和煤。

白垩系：主要为含石膏层碎屑岩-泥岩建造，形成于山前断陷盆地的河湖相沉积环境中。在克希且尔干德及大冰沟有零星分布，出露面积小，呈近东西向分布，为一套碎屑岩夹泥岩和石膏层。

古近系：分布于党河南山南部、北山前地带，为白杨河组，主要由砾岩、砂岩和泥岩组成。白杨河组为红色碎屑岩和泥岩夹石膏，形成于山前或山间断陷盆地以及内陆盆地沉积环境。

第四系：主要分布在党河南山北坡党河河谷以及乌兰达坂山南坡大哈拉腾河流域，由洪积物、冲积物、冰碛物和残坡积物等组成，在党河南山南侧与大哈拉腾河北侧一带洪积层与冲积层中常见砂金。

二、构造

党河南山地区受中祁连南界断裂控制，区域构造线为北西向，走向约 300°，区域上发育一系列北西向断裂和褶皱构造，并被后期近东西向断裂截切（图 1-3）。大多数断裂与褶皱轴线平行排列，规模相当。断裂在不同地层单元或不同岩性之间多具分叉和合并现象，走向近 300°，倾向东北，倾角多为 60°～70°。断裂切割奥陶系、志留系、石炭系，并切穿中酸性岩体。褶皱轴线方向与断裂方向一致，卷入的地层有奥陶系、志留系等，单个褶皱多为不对称褶皱，南翼相对要陡，轴长在 10km 左右，褶皱宽缓且简单。

（一）主要断裂构造

研究区主要发育三条区域性北西向断裂和三条近东西向断裂（图 1-3）。

1. 扎子沟—乌兰达坂沟口断裂

该断裂是中、南祁连的分界断裂，属于切割中-上地壳间的断层（吴建功，1998；朱学仁，1995）。该断裂断续出露长约 40km，向西被阿尔金断裂截切，向东在乌兰达坂沟口以东隐伏在第四系之下，在扎子沟口以东被北东向断裂左行错断。断层走向北西，总体走向 315°左右，东段小红沟南发生反 S 形扭动，在扎子沟一带倾向南西，倾角 60°左右，断层切割震旦系和奥陶系。断层破碎带宽几十米，岩层揉皱强烈，具有逆冲断层和多期活动的性质。

2. 清水沟脑—古穆博里达岭断裂

该断裂西起清水沟脑，向南东经乌兰达坂至古穆博里达岭地区，最后在野牛沟一带被第四系覆盖，延伸可达 200km。断裂带宽为 100～300m，构造岩多呈粉末状，局部具有强烈片理化现象。断层走向北西，断面倾向北东，倾角为 60°～70°，切割上古生界、奥陶系、志留系及白垩系，并具有多期活动的特征。该断裂为主要的区域性控矿大断裂，研究区内绝大多数矿床分布在该断裂带上。

3. 清水沟南—玉勒昆且干尔德断裂

该断裂西起清水沟南侧，向西可见出露，向东经玉勒昆且干尔德、红庙沟上游、红达坂沟后隐伏于第四系之下，延伸长约 150km。断面倾向北东，倾角 50°左右，破碎带宽十几米至 200 多米，破裂带内多见强片理化带。断层切割元古界及其以后各时代的地层，属基底地层和北部盖层间的接触断裂（王崇礼等，2000）。

4. 扣克乌送达坂—扎子沟—大道尔吉断裂

该断裂近东西向展布，出露长度约100km，向两侧均有延伸，切割区内所有地层，西段表现出挤压扭曲的特征，东段表现出张性特征，被清水沟脑—古穆博里达岭断裂向南错断。该断裂带的化探异常显示，Au异常的浓度中心具有明显的沿东西向展布的趋势，据此认为该断裂为党河南山北部主要的控矿断裂带（甘肃地质局物探队，1996，1995）。北部的清水沟金矿和石块地金矿等矿床均沿此带分布。

5. 红庙沟—且尔干德—黑刺沟—达格德勒断裂

该断裂近东西向展布，位于研究区中部，西起党河南山南坡的红庙沟，经黑刺沟向东延伸至疏勒南山地区并隐伏。该断裂为党河南山中部的主要控矿断裂，被清水沟脑—古穆博里达岭断裂向南错断，贾公台金矿、黑刺沟金矿和鸡叫沟金矿等矿床均分布于此交汇地带。

6. 大哈勒腾河—牙玛台—哈熊掌断裂

该断裂西起大哈勒腾河，为一隐伏断裂带，区内断续出露长度大于100km，呈北西西—近东西向展布，在牙玛台地区该断裂倾向175°左右，倾角70°左右。断裂具逆冲断层性质，断裂两侧岩石破碎强烈。

（二）主要褶皱构造

1. 野马山复背斜

该背斜位于党河北侧野马山一带，呈北西向伸展，长约150km，宽约50km。核部至两翼依次为前长城系、中新元古界，并被加里东期侵入岩侵入。由于断裂和岩体的侵入破坏，褶皱形态不完整。两翼伴生次级对称褶皱和一系列北西向压性、压扭性断裂和北东向张扭性断裂。

2. 乌兰达坂复向斜

该向斜位于党河以南，构成党河南山的主体褶皱。复向斜呈北西—南东向展布，被清水沟脑—古穆博里达岭断裂切割。复向斜西起扎子沟，向东经乌兰达坂，在黑刺沟被清水沟脑—古穆博里达岭断裂所截，夹持在扎子沟—乌兰达坂沟口断裂和清水沟脑—古穆博里达岭断裂之间，长约150km，宽近20km。组成褶皱的地层为奥陶系，核部地层为中-上奥陶统，两翼相向倾斜，核部产状平缓，总体构成宽缓的线形复式向斜构造。两翼次级褶皱发育，倾角差别不大，北翼略陡，倾角为 60°～70°，南翼略缓，为 50°～60°。该褶皱平面略有弯曲，枢纽向南东倾伏，横向断裂较发育，走向断裂少，其产状和边界断裂一致，被后期中酸性岩体及小型岩墙和岩脉侵入。

三、岩浆岩

党河南山及周边地区位于中—南祁连岩浆弧，岩浆活动发育，以加里东期侵入岩为主。岩浆活动在西部扎子沟—乌兰达坂一带最为强烈，北部与中祁连岩浆岩带相接，东部仅见少量中酸性小岩株和岩脉分布（图 1-3）。岩浆活动以中酸性岩浆侵入活动为主，基性-超基性岩浆侵入活动较少，主要集中于 3 个时期：加里东早期、中期和晚期。

（一）基性-超基性岩

基性-超基性岩主要受中祁连南缘断裂带控制，西起阿尔金山北坡，经肃北转向南东东沿野马南山南坡至查干布尔嘎斯，呈北凸的弧形，断续延长约 300km。区内自西向东出露有超基性岩体 15 个，基性岩体 4 个，出露总面积达 $50km^2$。超基性岩体多呈带状出露，以拉排沟岩体、大道尔基岩体、查干布尔嘎斯岩体、柳树沟岩体为代表。岩体大多呈脉状和岩墙状产出，倾向南西或南东，倾角 50°～70°，侵入于青白口系和中奥陶统。岩体均遭受不同程度的蛇纹石化和次闪石化。

大道尔基基性-超基性岩体是中祁连西段南缘保存最为完整的蛇绿岩套的组成部分。黄增保等（2016）研究发现，大道尔基蛇绿岩出露的岩石单元包括地幔橄榄岩、镁铁-超镁铁质堆晶杂岩和玄武安山岩。其中镁铁-超镁铁质堆晶杂岩包括三个堆晶旋回，单个堆晶旋回底部为含铬尖晶石纯橄岩，向上逐渐变为透辉石岩（辉石橄榄岩）-辉长岩。堆晶杂岩中辉石橄榄岩的 Sm-Nd 同位素等时线年龄为 441±58Ma（加里东中期）。作者根据区域地质、岩石组合和地球化学特征，认为大道尔基蛇绿岩属于构造肢解的蛇绿岩残片，具有俯冲带型蛇绿岩的特征，形成于弧后盆地环境，是在奥陶纪柴北缘洋洋壳向中祁连地块俯冲引起的弧后扩张环境下形成的。

（二）中酸性侵入岩

中酸性侵入岩在党河南山西段及党河以北中祁连南一带最为发育，在扎子沟、野马南山一带成群出露。规模较大的岩体有 24 个左右，侵入时代主要为早古生代中、晚期，岩体的锆石 U-Pb 年龄集中在 460～420Ma。岩性以花岗闪长岩、二长花岗岩为主，石英闪长岩和闪长岩次之。

在党河南山地区，加里东早期的岩浆活动形成了扎子沟石英闪长岩和花岗岩闪长岩（全岩 Rb-Sr 等时线年龄为 502Ma）；中期的岩浆活动形成了扎子沟二长花岗岩和鸡叫沟辉石闪长岩等岩体；中晚期的中酸性岩浆活动频繁，形成了扎子沟斑状花岗岩和贾公台花岗岩等岩体。加里东晚期的中酸性岩浆活动主要是以小岩株和岩脉的形式侵入，在东段狼查沟、东洞沟一带形成石英闪长玢岩的小型岩体，并伴有规模不一的正长岩、花斑岩、细晶岩、石英闪长玢岩、斜闪煌斑岩、云煌岩、闪辉煌斑岩和花岗斑岩等岩脉（详见第二章）。

第三节　区域地球物理特征和地球化学特征

一、区域地球物理特征

依据甘肃省 1∶100 万布格重力测量结果，党河南山地区自南至北布格重力异常呈北西-南东向带状分布，与构造展布方向一致（图 1-4）。布格重力异常呈现出低高相间，向东搓动的带状特征。其中，布格重力异常高值区呈似椭圆状或扁豆状，布格重力最高值为-405，最低值在-450 左右，反映了区域上基本的构造框架。

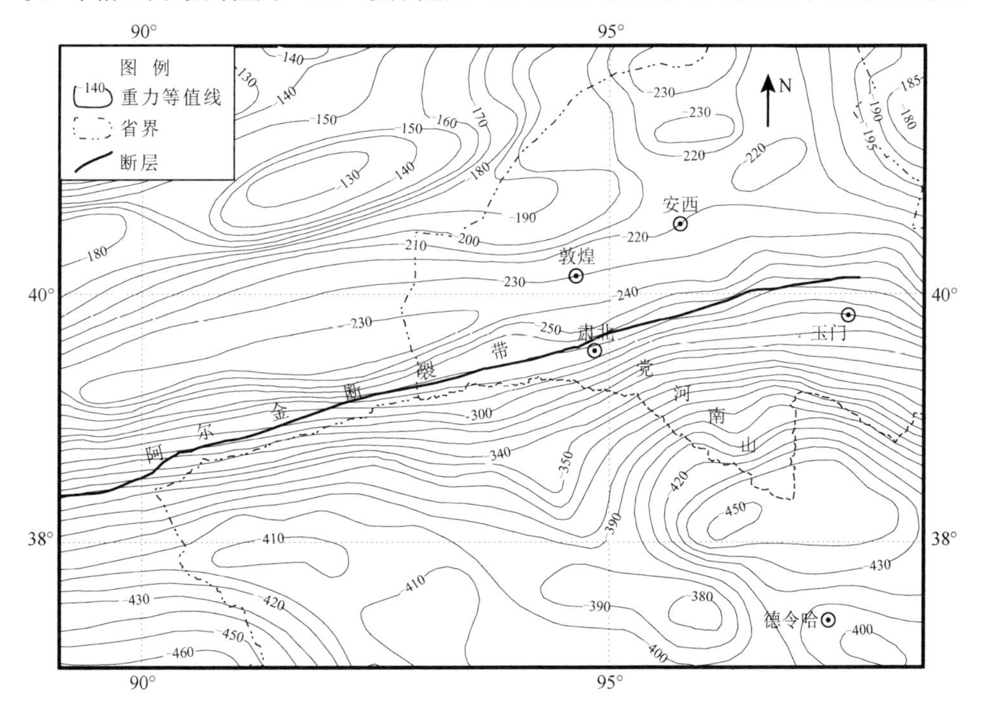

图 1-4　党河南山及临区布格重力异常平面图

根据区域重力资料和莫霍面深度，本区处于哈拉湖地幔拗陷区。北西为阿尔金山幔坡带，北东为祁连山幔坡带，南部被柴北缘幔坡带所包围。该区地应力的特点是深部以压应力为主，地壳厚度大。西部地区出露花岗岩，推断东部吾力沟—沙尔浑迪一带深部存在一花岗岩岩基，其长轴方向为南东—北西向，出露的一系列长轴方向为南东—北西向的小花岗岩岩体，印证了深部存在一花岗岩岩基的推断。

从航磁异常图上看，党河南山位于中—南祁连正磁异常带上，该带西起乌兰达坂山，东至黑熊掌延入青海境内（图 1-5）。其长轴接近正东西向展布，长 168km，宽平均 40km 左右。由于本区构造线为北西西向，显然该磁异常与地层及断裂无关，推断与侵入岩有关。根据重力资料显示，本区处于低密度区，因而该侵入体不是基性-超基性岩，应属中-酸性侵入岩，异常高点对应黑云母花岗岩、二长花岗岩岩枝或岩株。根据区内岩石化学成分计算判定为磁铁矿系列侵入岩（I 型），其巨大磁异常显示地下可能存在一巨大的 I 型花岗岩隐伏岩基，它可为本区金矿提供矿质和热源。在磁异常北部分布有大面积 Ag、As、Sb 异常带，南部分布有大面积 Au、As、Sb 异常带。

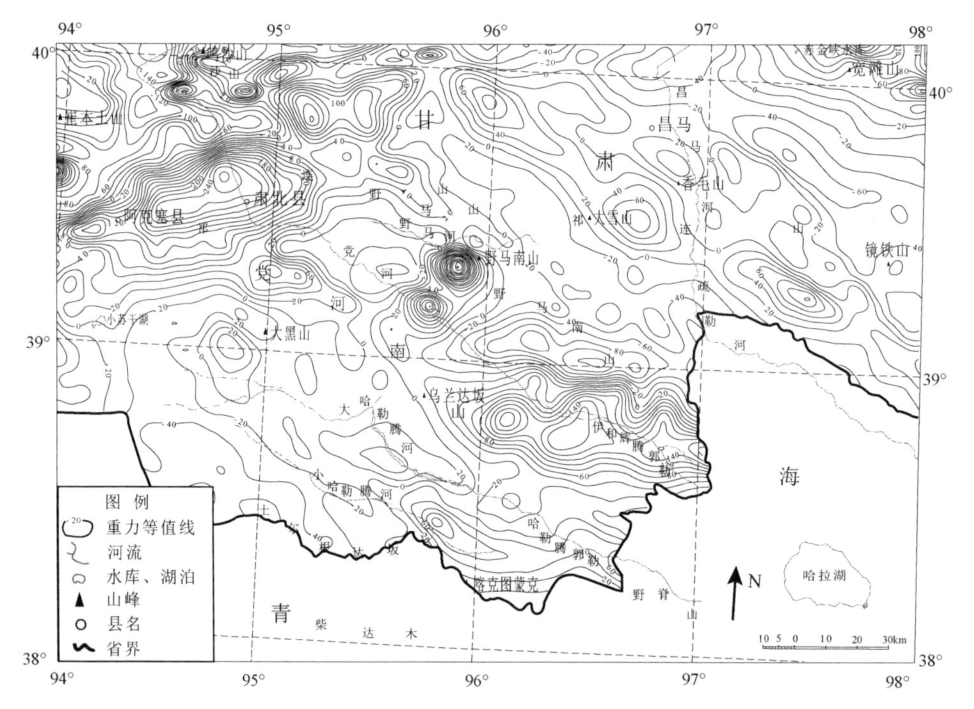

图 1-5　党河南山及邻区航磁 ΔT 平面图

二、区域地球化学特征

（一）区域地球化学特征

1994～1996年，原甘肃省地质矿产勘察开发局化探队完成了该区1∶20万“月牙湖幅”“盐池湾幅”和“黑达坂幅”水系沉积物测量工作。结果显示，本区区域地球化学有以下特征：

（1）Au、Cu、Sr、Na_2O、CaO、As、SiO_2和MgO等相对丰度很高至较高，其中Au、Cu、Sr、Na_2O、CaO、As和MgO的变异系数较大，有高背景下的局部富集特征。

（2）Sb、Ba、Mn、U、Fe_2O_3、Pb、B、Co、K_2O、Zn、Zr、Nb、Ni、Cr和Ag等相对丰度正常至略偏低，其中Sb、Mn、Pb、Co、Zn、Ni、Cr、Fe_2O_3和Ag的变异系数较大，存在局部富集。

（3）Mo、Y、La、V、Sn、Th、Ti、Be、W、P、Cd、Li、Bi、Zr、F和Hg等相对丰度较低至很低，其中Mo、Cd和Hg的变异系数较大，可能存在区域低背景下的局部富集。

因此，本区可能的成矿元素为Au、Cu、As、MgO、Sn、Mo、Ag、Sb、Mn、Pb、Co、Zn、Ni、Cr、Fe_2O_3和Ag，其中，已发现Cu、Pb、Ag、Zn、Au、Sb和Cr元素富集形成的矿床（点）。

1∶20万化探扫面结果显示，党河流域水系沉积物金含量为中高值（大于1.25×10^{-9}），金含量平均值为2.5236×10^{-9}，是全国平均值的1.812倍。偏度及变异系数指示金具有较高的分异程度及接近于正态分布（何进忠等，2005）。以金含量1.25×10^{-9}为背景值，金异常面积达9640km^2，结合其他元素异常特征，共圈出了12个重要的化探异常区：包括月AS8（1∶20万“月牙湖幅”第8号水系异常，下同）、月AS9、月AS20、月AS22、盐AS21（1∶20万“盐池湾幅”第21号区化异常，下同）、黑AS1（1∶20万“黑达坂幅”1号区化异常，下同）、黑AS3、黑AS4、黑AS8、黑AS9、黑AS12和黑AS16等（图1-6）。异常元素组合以Au、As和Sb为主，伴有Cu、Pb和Zn异常。异常区出露地层主要为下-中奥陶统碎屑岩、凝灰质砂岩夹少量火山岩，呈岩株产出的中酸性岩体与金矿关系极为密切。按照异常元素组合和地质背景，以金含量大于2.5×10^{-9}为界，圈出东（黑刺沟）西（扎子沟）两个异常高值区。

月AS22是党河南山重要的异常区，位于1∶20万“月牙湖幅”吾力沟—黑刺沟一带，东西走向，面积60km^2，向东延入“盐池湾幅”的贾公台—东洞沟一带。元素组合复杂，异常规模大，浓集中心明显，各元素梯度明显，套合较好，主要特征值见表1-2。目前在该异常区中找到了黑刺沟金矿、贾公台金矿、鸡叫沟金矿等金矿床（图 1-6）。

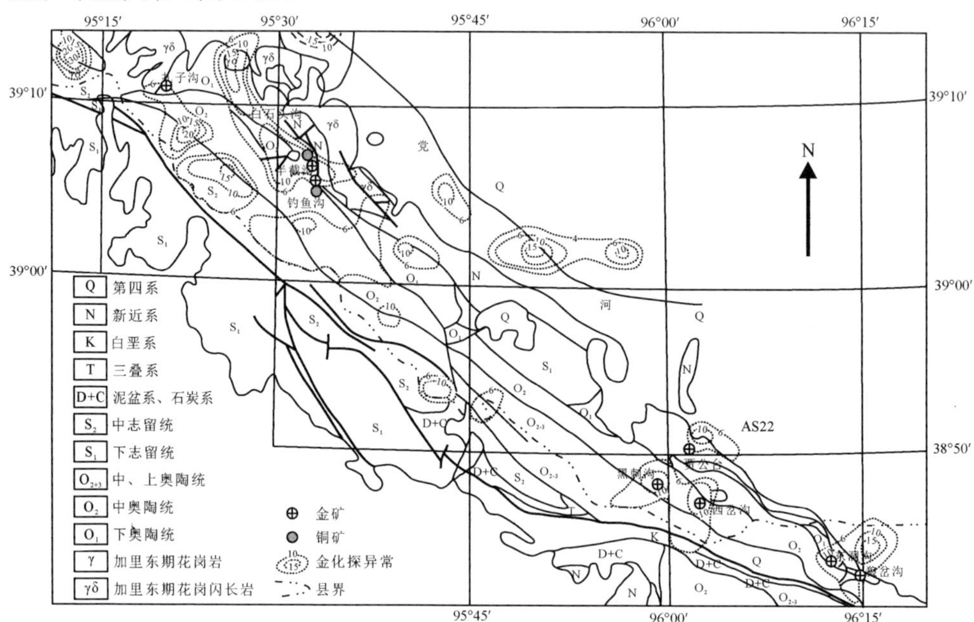

图 1-6　南祁连党河南山一带主要金铜矿化及金异常分布图

表 1-2　月 AS22 综合异常各元素异常特征表

特征	Au	Ag	As	Sb	Mo	Ba
面积/km^2	36	44	28	16	4	12
形状	点状、带状	不规则	桃形	芽形	圆形	点状
最高值	12.0	110	48.4	3.89	1312	60.5
平均值	7.2	94.3	32.0	2.98	1312	59.9
衬度	1.2	1.05	1.28	1.49	1.31	1.00
规模	43.3	46.1	35.8	23.8	5.2	12.0

Au、Ag 数量级为 10^{-9}，Mo、Sb、As、Ba、W、Pb 和 Cu 数量级为 10^{-6}。

2008 年，党河南山地区完成了 1∶5 万区域水系沉积物测量 1528.9km^2，共圈定单元素异常 503 处，综合异常 48 处，其中甲类异常 10 处，乙 C1 类异常 31 处，乙 C2 类异常 7 处。

（二）地层、岩体地球化学特征

根据 1∶20 万区域地球化学测量结果及确定的党河南山区域地球化学背景，对该区出露的主要地层单元和岩体的元素富集特征进行了统计分析。浓集系数（K_k）≥1 的元素为富集元素，K_k≥1.2 的元素为强富集元素。分异系数（C_v）≥

0.5 的元素为显著分异元素，C_v≥0.8 的元素为强分异元素。

1. 下奥陶统中基性火山岩（O_1a）

富集元素有 Cu、Zn、Ag、Mo、W、Ni、Co、Mn、Au、Sb 和 Cd 等，其中强富集元素为 Cu、Zn、Ag、Mo、W、Ni、Co、Mn 和 Au 等，这些元素在该地层中呈区域高背景或强异常分布。具显著分异特征的元素有 Cu、Mo、W、Sb、Bi、Au、Co、As、Hg 等和 Fe_2O_3，其中强分异元素为 Cu、Mo、W、Sb、Bi、Au 等和 Fe_2O_3。

2. 下奥陶统结晶灰岩组（O_1c）

富集元素有 Cu、Pb、Zn、Ag、Ni、Co、As、Sb、Au、Mo 和 Mn 等，其中强富集为 Cu、Pb、Zn、Ag、Ni、Co、As、Sb 和 Au 等，这些元素在该地层中呈区域高背景或强异常分布。具显著分异特征的元素有 Cu、Pb、Ag、Mo、W、As、Sb、Bi、Au 和 Hg 等；其中强分异元素为 Pb、Ag、Mo、W、As、Sb、Bi、Au 和 Hg 等。

3. 中奥陶统盐池湾组（O_2yn）

富集元素有 Cu、Pb、Zn、Ni、Co、As、Sb、Au、Ag、Sn 和 Mn 等，其中强富集元素为 Cu、Pb、Zn、Ni、Co、As、Sb 和 Au 等，这些元素在该地层中呈区域高背景或强异常分布。具显著分异特征的元素有 Au、Hg、As、Sb 和 Bi 等，其中强分异元素为 Au、Hg 和 As 等。

4. 中奥陶统（O_2）

富集元素有 Cu、Pb、Zn、Ni、Co、As、Sb、Au、Sn、W 和 Mn 等，其中强富集元素为 Cu、Pb、Zn、Ni、Co、As、Sb 和 Au 等，这些元素在该地层中呈区域高背景或强异常分布。具显著分异特征的元素有 Ag、Mo、W、As、Sb、Au 和 Hg 等，其中强分异元素为 Ag、Mo、W、As、Sb、Au 和 Hg 等。

5. 下志留统变质砂岩组（S_1a）

富集元素有 Cu、Zn、Ni、Co、Au、Pb、Mo、Sn 和 Mn 等，其中强富集元素为 Cu、Zn、Ni、Co 和 Au 等，这些元素在该地层中呈区域高背景或强异常分布。具显著分异特征的元素有 W、As、Au 和 Hg 等。

6. 下志留统砂板岩组（S_1b）

富集元素有 Cu、Zn、Ni、Pb、Sn、Co、Mn、Sb 和 Au 等，其中强富集元素为 Cu、Zn 和 Ni 等，这些元素在该地层中呈区域高背景或强异常分布。元素分异特征不明显。

7. 中志留统中基性火山岩组（S_2a）

富集元素有 Cu、Zn、Ni、Co、Mn、As、Au、Pb、Mo 和 Sb 等，其中强富集元素为 Cu、Zn、Ni、Co、Mn、As 和 Au 等，这些元素在该地层中呈区域高背景或强异常分布。具显著分异特征的元素有 Cu、Mo、W、Sb、As、Bi、Au 和 Hg 等，其中强分异元素为 As、Bi、Au 和 Hg 等。

8. 下石炭统城墙沟组（C_1c）

富集元素有 Cu、Zn、Ni、Co、Sb、Au、Pb、Sn、W 和 As 等，其中强富集元素为 Cu、Zn、Ni、Co、Sb 和 Au 等，这些元素在该地层中呈区域高背景或强异常分布。具显著分异特征的元素有 Mo、As、Sb、Au 和 Hg 等，其中强分异元素为 As、Sb 和 Au 等。

9. 下石炭统怀头他拉组（C_1h）

富集元素有 Cu、Zn、Ni、Sb、Au、Sn 和 Co 等，其中强富集元素为 Cu、Zn、Ni、Sb 和 Au 等，这些元素在该地层中呈区域高背景或强异常分布。具显著分异特征的元素有 Mo、W、As、Sb、Au 和 Hg 等，其中强分异元素为 Sb、Au 和 Hg 等。

10. 加里东晚期花岗岩（γ_3^3）

该期岩体主要富集 Mo、W 等元素，富集系数 $K_k \geqslant 1.2$，在该岩体中呈正常背景或弱异常分布，分异程度较强（$C_v \geqslant 0.6$）。

11. 加里东晚期花岗闪长岩（$\gamma\delta_3^3$）

该期岩体富集元素（$K_k \geqslant 1.2$）有 Cu 和 Au 等，在该岩体中呈正常背景或弱异常分布。具显著分异特征的元素有（$C_v \geqslant 0.6$）Cu、Mo、W、Co、As、Sb、Bi、Cd、Au 和 Hg 等，其中强分异元素有（$C_v \geqslant 1.0$）W、As、Bi 和 Au 等。

综上所述，奥陶系、志留系及加里东晚期花岗闪长岩金含量较高。

第四节　区域遥感特征

党河南山地区遥感地质解译图显示，线性构造和环状构造极为发育，线性构造主要为北西西向，以区域性深大断裂为主，被后期北东向、近东西向断裂截切（图 1-7）。环形构造主要发育在扎子沟、钓鱼沟、吾力沟和贾公台一带，指示岩体（深部隐伏岩体）的出露范围。目前发现，线性构造与环形构造的交汇部位是有利

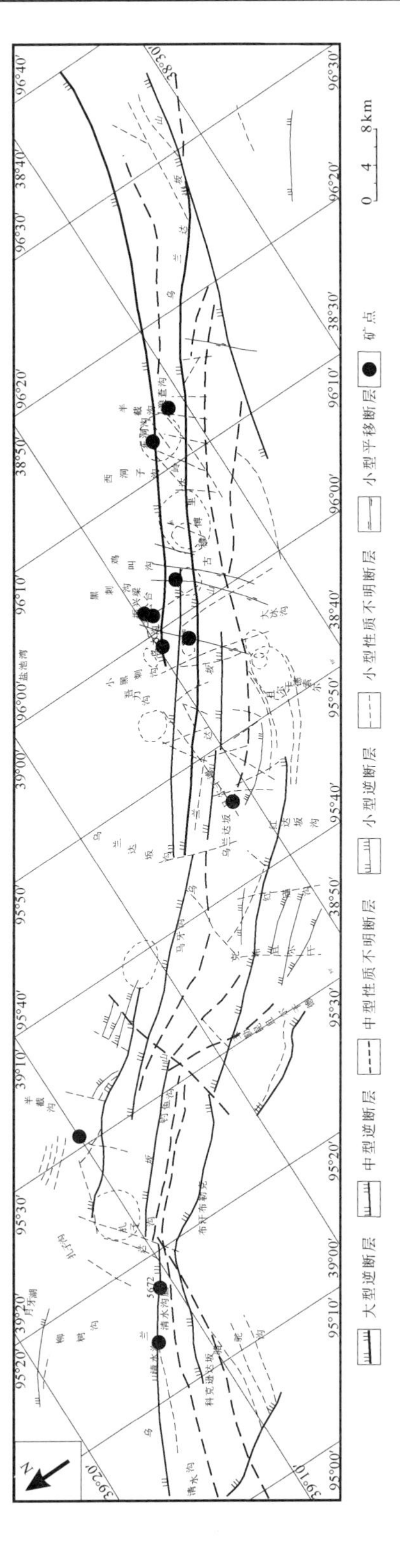

图1-7　党河南山地区遥感地质解译图

的成矿部位。同时，在影像图上，硅化、褐铁矿化十分强烈且成片成带产出，是形成蚀变岩型金矿的有利地段。

第五节　区 域 矿 产

党河南山地区属秦祁昆成矿域阿尔金—祁连山成矿省南祁连山加里东成矿带（张新虎等，2015；李文渊，2004），包含两个Ⅴ级成矿区（表 1-3）。该区矿产资源丰富，主要矿种有金、铜、锑、砂金、石膏和煤等。砂金在本区十分发育，每沟都有产出；石膏及煤等多产在石炭系和侏罗系中。重要的矿产产地有大道尔基铬铁矿、黑刺沟金矿、贾公台金矿、振兴梁金矿、吾力沟金矿、东洞沟金矿、狼查沟金矿、石块地金矿、小黑刺沟铜矿、5672 高地铜矿点、盐池大阪沟脑铜矿点和红石山金锑矿等 10 多处矿床（点）（图 1-3）。

表 1-3　中—南祁连山Ⅲ、Ⅳ、Ⅴ级成矿区（带）划分表

Ⅲ级成矿区（带）	Ⅳ级成矿区（带）	Ⅴ级成矿区（带）
Ⅲ-6 中祁连加里东铁铜、铬、金、铜成矿带	Ⅳ-15 中祁连加里东铁、铜、铬、金、铜成矿带	别盖石墨菱镁矿成矿区 石板墩—大道尔基铁铬成矿区 大黑山—兴隆山钨、钼、铜、铅锌成矿区 拉鸡山—雾宿山金、铜镍、钴成矿区
Ⅲ-7 南祁连加里东铜、锌铅、银、铬、石棉成矿带	Ⅳ-16 南祁连金、铅锌、铜镍、钨、铬成矿带	狼查沟—黑刺沟金锑成矿区 小黑刺沟—白石头沟金、铜成矿区

据张新虎等，2015。

第二章　中酸性侵入岩的地质特征与岩石学特征

第一节　岩体地质特征概况

党河南山地区的中酸性侵入岩发育规模东西差异比较大，西部清水沟—扎子沟—半截沟一带中酸性侵入岩出露广泛，东部仅在黑刺沟—鸡叫沟—东洞沟一线有规模较小的花岗闪长岩、石英闪长岩、二长花岗岩岩枝或岩株产出。自西向东主要岩体有扎子沟岩体、半截沟岩体、吾力沟岩体、贾公台—振兴梁岩体、鸡叫沟岩体、东洞沟岩体和狼查沟岩体等（图 2-1）。大多数岩体为复式岩基，由加里东期至海西早期不同类型的侵入岩（浅成侵入岩及岩脉）构成，岩体简要特征见表 2-1。岩体围岩普遍发育角岩化，接触带内蚀变强烈，特别是小岩株内部及接触带内普遍可见金铜矿化。现将主要岩体的地质与岩相学特征分述如下。

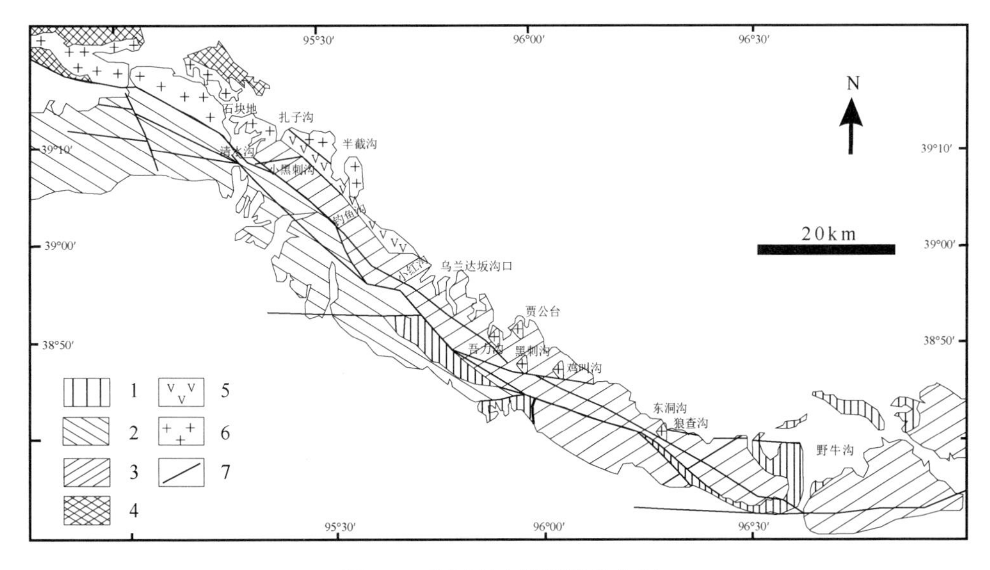

图 2-1　党河南山岩浆岩分布图

1．晚古生界—中生界；2．志留系；3．奥陶系；4．元古界；5．震旦纪火山岩；6．侵入岩；7．断裂

（改编自刘志武等，2006）

表 2-1　党河南山地区中酸性侵入岩特征一览表

岩体名称	面积/km^2	产状	岩性	接触关系	典型岩体年代/Ma（锆石 U-Pb 年龄）	复式岩体跨时
扎子沟岩体	约160	复式岩基	石英闪长岩、花岗闪长岩、黑云母二长花岗岩、似斑状二长花岗岩	侵入于震旦系、寒武—奥陶系，花岗闪长岩包裹斜长花岗岩，石英闪长岩、黑云母二长花岗岩穿插花岗岩闪长岩	花岗闪长岩 510.85±14（全岩 Rb-Sr 等时线）* 黑云母二长花岗岩 450±12	中寒武世—晚奥陶世
半截沟岩体	约 36	复式岩基、岩株	花岗闪长岩、斜长花岗岩	花岗闪长岩同扎子沟岩体，二长花岗岩侵入于下奥陶统及花岗闪长岩	二长花岗岩 420±12	中寒武世—晚志留世
吾力沟岩体	0.8	岩株、岩枝	二长花岗岩、角闪石英二长岩	侵入于下奥陶统，角闪石英二长岩侵入于二长花岗岩	角闪石英二长岩 457.8±6.3	晚奥陶世
贾公台、振兴梁岩体	1.0	岩枝	奥长花岗岩	侵入于下奥陶统	贾公台 442.7±6.8 振兴梁 437.6±8.1	晚奥陶世—早志留世
鸡叫沟岩体	3.5	岩株、岩枝、岩脉	辉石闪长岩、角闪石英二长岩及二长花岗岩	侵入于下奥陶统，角闪石英二长岩中见有辉石闪长岩包体，二长花岗岩穿插于角闪石英二长岩	角闪闪长岩 476.2±6.17 角闪石英二长岩 455.6±5.6	早、晚奥陶世
东洞沟岩体	0.3	岩枝、岩脉	石英闪长岩	侵入于下奥陶统	—	泥盆纪（推测）
狼查沟岩体	0.08	岩脉、岩枝	石英闪长玢岩	侵入于下奥陶统	—	泥盆纪（推测）

*据赵虹等，2001。

第二节　岩相学与岩石学特征

一、扎子沟岩体

1∶20 万“月牙湖幅”地质图把出露在清水沟—扎子沟—半截沟—钓鱼沟一带的岩体统称扎子沟岩体，本书以扎子沟为界，分为东、西两个岩体，西部称扎子沟岩体，东部称半截沟岩体（图 2-2）。扎子沟岩体出露在党河南山西段清水沟—扎子沟以西一带，是党河南山规模最大的岩体，总体呈北西西向展布，长约 45km，南北宽 2～8km，出露面积约 160km^2。该岩体为一复式岩基，由加里东期石英闪长岩、花岗闪长岩、黑云母二长花岗岩及似斑状二长花岗岩组成，并在大牛沟—鄂卜沟北一带出露海西晚期花岗岩。岩体以花岗闪长岩为主，约占岩体面积的 80%。岩体之间穿插关系比较清楚，各类岩石均呈独立的岩体产出。该岩体向东与中祁连花岗闪长岩岩基可能属于同一个大的岩基。区域上，石英闪长岩被花岗闪长岩穿插、包裹，花岗闪长岩出露最广，构成党河南山西段主峰的主体。黑云

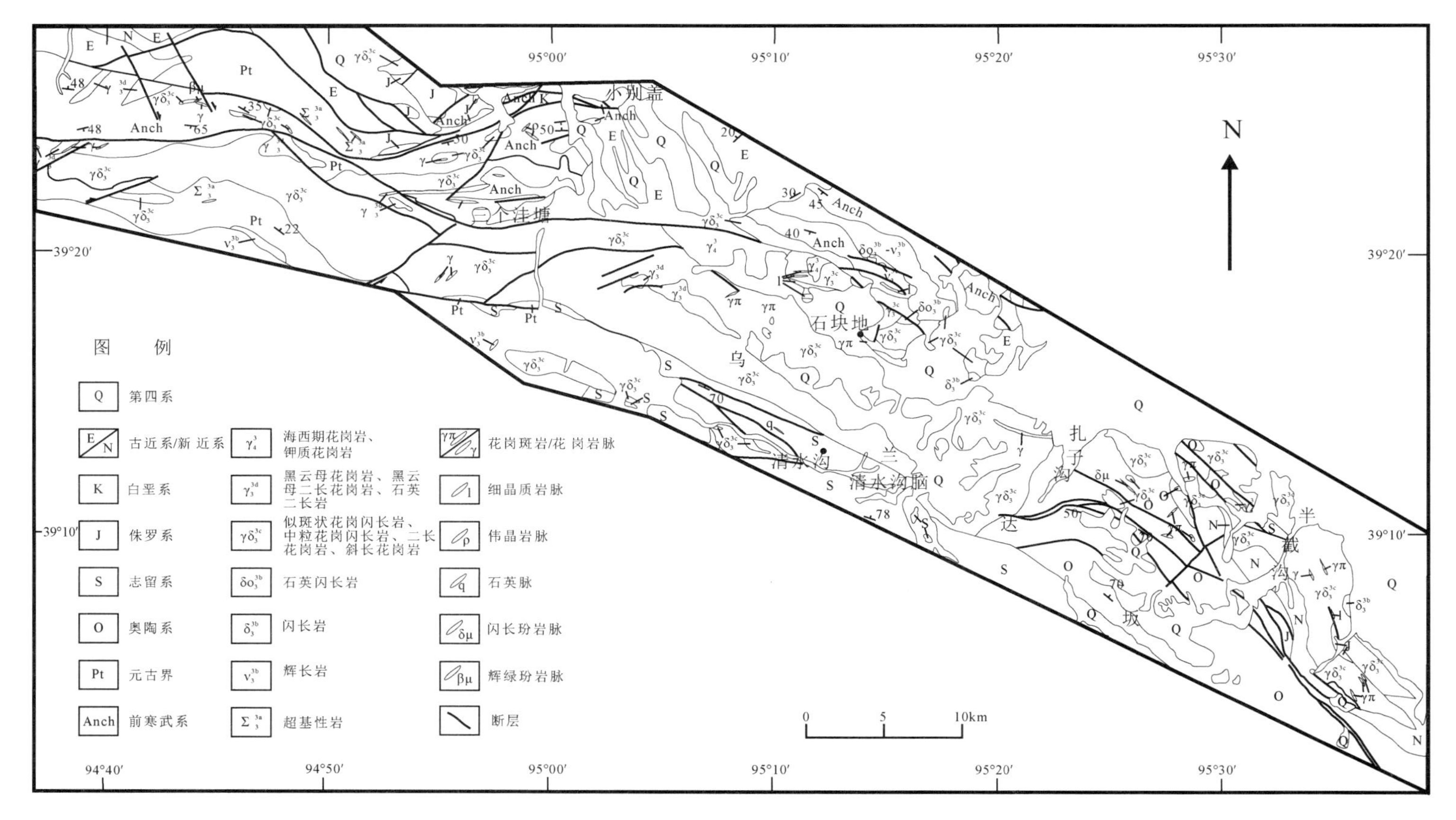

图 2-2　扎子沟岩体地质简图

母二长花岗岩规模较小，主要出露在小牛沟—大牛沟一线及鄂卜沟、石块地等地，穿插侵入于花岗闪长岩中，本书获得其锆石 U-Pb 年龄为 450±12Ma（详见第四章），在石块地被后期似斑状二长花岗岩（锆石 U-Pb 年龄为 420±11Ma，详见第四章）穿插。

石英闪长岩零星出露在党河南山北坡鄂卜沟、石块地东等地，岩石比较新鲜，灰黑色，节理发育［彩图 2-1（a）］。岩石具半自形状、不等粒状结构，块状构造［彩图 2-1（b）］。矿物组成为普通角闪石（＞25%）、黑云母（＞5%）、斜长石（主要为中—奥长石，＜50%）、石英（≤5%）和微斜长石（0%～5%）。

花岗闪长岩中多见石英闪长岩包体，多呈浑圆—椭圆状［彩图 2-2（a）中的暗色部分］，后期的英安斑岩-流纹斑岩脉穿插于花岗闪长岩中［彩图 2-2（b）］。岩石呈灰白色—深灰色，中粒花岗结构，块状构造［彩图 2-3（a）］。岩石由角闪石（5%～8%）、黑云母（5%～9%）、中—奥长石（40%～50%）、钾长石（10%～20%）和石英（20%～30%）组成。副矿物有磷灰石、榍石、磁铁矿和褐帘石。角闪石呈半自形—自形柱状，部分地段角闪石定向排列，可能反映了岩浆的流动方向。

黑云母二长花岗岩呈浅肉红色，具中—细粒二长结构，块状构造。矿物由奥长石（30%±）、微斜长石（35%±）、石英（30%±）和黑云母（≤5%）组成，斜长石呈板柱状，多发生绢云母化，微斜长石比较新鲜，呈不规则状，见有乳滴状出溶的钠长石，黑云母见有绿泥石化［彩图 2-3（b）］。副矿物主要为磁铁矿，偶见榍石、磷灰石和锆石。

似斑状二长花岗岩在石块地出露良好，岩石呈灰红色，具似斑状结构［彩图 2-4（a）］、不等粒结构［彩图 2-4（b）］，矿物由奥长石（35%～40%）、微斜长石（20%～35%）、石英（20%～30%）和暗色矿物黑云母（＞7%）组成。副矿物有磷灰石、榍石、褐帘石、锆石以及钛磁铁矿。似斑状二长花岗岩岩体与石块地金矿矿化密切相关。

二、半截沟岩体

半截沟岩体位于党河南山西段，西起扎子沟以东，向东至半截沟、钓鱼沟，总体呈北西向展布，长约 12km，宽 3km 左右，面积约 36km^2（图 2-2）。该岩体与扎子沟岩体出露于同一构造带，主体为花岗闪长岩，在石块地以东有规模很小的闪长岩出露。该岩体为一复式岩基，岩性有石英闪长岩、斜长花岗岩，以花岗闪长岩为主，斜长花岗岩零星出露。

花岗闪长岩侵入于震旦系玄武质火山凝灰岩中［彩图 2-5（a）］，其中可见震旦系玄武岩捕掳体［彩图 2-5（b）］。震旦系下部基性火山岩、上部中性火山岩的全岩 Rb-Sr 等时线年龄分别为 684.89±71Ma 和 666.63±1.6Ma（李厚民等，2003a；

赵虹等，2001）。前人获得的花岗闪长岩全岩 Rb-Sr 同位素年龄为 510.85±14Ma（刘志武等，2006）。

斜长花岗岩分为两种，一种含有角闪石（9%左右），斜长石为中—奥长石，含量 40%左右，副矿物为磷灰石、榍石和帘石，岩石呈半自形细粒结构，局部见嵌晶结构，块状构造；另一种为中细粒状，石英含量较多（＞35%），而黑云母含量较少（＜5%），斜长石为奥长石（＜60%）（图 2-3）。第一种斜长花岗岩中见有暗色包体，但已绿泥石化、绿帘石化、绢云母化［彩图 2-6（a）］。第二种斜长花岗岩中包体比较新鲜，主要由黑云母集合体包嵌长石组成，应该是熔融不彻底的源岩成分残留［彩图 2-6（b）］。

图 2-3　半截沟斜长花岗岩（浅色部分）穿插于震旦系玄武质凝灰岩（深色部分）中

三、吾力沟岩体

吾力沟岩体位于党河南山东段吾力沟矿区一带，地表呈不规则状出露，为一复式岩体，组成单元包括花岗闪长岩（特征同扎子沟岩体）、石英正长闪长岩或角闪石英二长岩和不等粒二长花岗岩，以角闪石英二长岩和二长花岗岩为主。前者出露于吾力沟矿区西部，侵入于中、下奥陶统地层中，地表出露面积约为 0.05km^2，向东隐伏（图 2-4）。岩体与围岩的接触面呈波状，可见细小岩脉呈树枝状穿插围岩。岩体相变特征明显，中心相矿物结晶程度较高，钾长石含量较少，角闪石含量略高；边缘相结晶程度较差，角闪石含量变少，钾长石含量明显变多，岩性由中基性向酸性过渡。岩石呈灰白—灰色，半自形粒状结构，块状构造，矿物组合为奥长石 35%～45%，微斜长石＜30%，石英≤7%，普通角闪石 23%～35%，黑云母＜5%，偶见辉石残晶，副矿物有榍石和磷灰石，金属矿物占 3%～4%［彩图 2-7(a)］。该岩体与吾力沟金矿成矿关系密切，其锆石 U-Pb 年龄为 457.8±6.3Ma（张翔等，2015）。

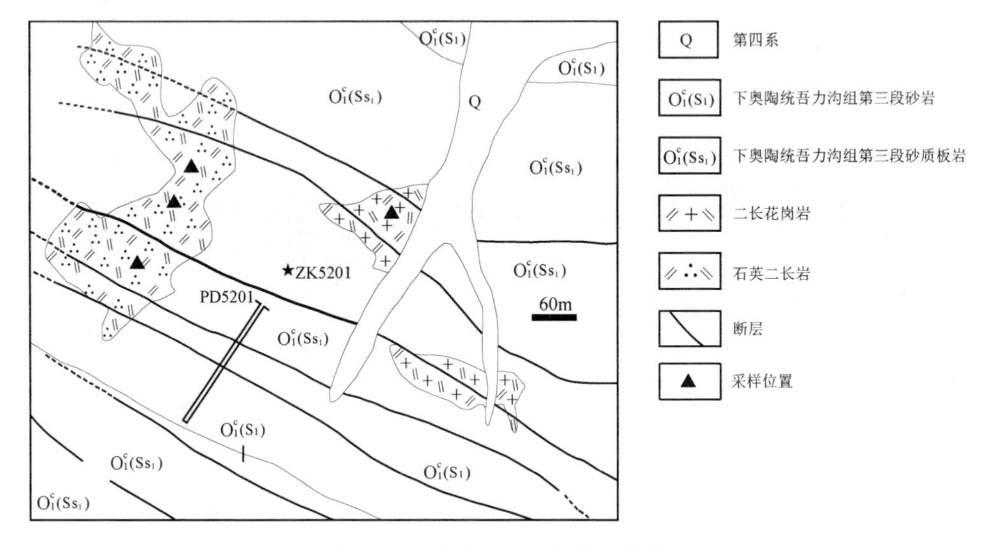

图 2-4　吾力沟金矿矿区地质简图

二长花岗岩出露于矿区东部，侵入于中、下奥陶统地层中（图 2-4），面积小于 0.02km^2，岩体与围岩的接触面呈波状、树枝状及顺层注入状。岩石为灰白色—肉红色，半自形中粗粒结构，块状构造，矿物成分为奥长石 40%，微斜长石 30%，石英 20%，黑云母≤8%，角闪石含量很少，副矿物见磁铁矿、黄铁矿、榍石、磷灰石、绿帘石和锆石等。斜长石被微斜长石包嵌，微斜长石包嵌黑云母、磷灰石和绿帘石等副矿物，磷灰石与榍石均呈自形［彩图 2-7（b）］。

四、贾公台、振兴梁岩体

贾公台岩体出露在党河南山东段盐池湾乡贾公台南，面积约 0.8km^2，呈岩枝状产出，侵入于下奥陶统吾力沟群砂岩中（图 2-5），岩体含有少量暗色角闪岩包体［彩图 2-8（a）］，围岩可见热接触变质形成的角岩，与贾公台金矿成矿关系密切（汪禄波等，2014）。刘志武等（2006）获得的岩体全岩 Rb-Sr 等时线年龄为 355±91Ma，本书获得的该岩体锆石 U-Pb 年龄为 442.7±6.8Ma。在振兴梁，岩体规模更小，约 0.2km^2，岩性与贾公台一样，锆石 U-Pb 年龄为 437.6±8.1Ma。岩体主要由中粗粒黑云母奥长花岗岩和少量似斑状奥长花岗岩组成，相对其他岩体而言，岩性单一。中粗粒黑云母奥长花岗岩为中粗粒结构，块状构造［彩图 2-8（a）］，矿物组合为奥长石（65%±）、石英（20%±）和黑云母（8%±）［彩图 2-8（b）］。副矿物包括磷灰石、磁铁矿、榍石及锆石。黑云母、榍石和磷灰石沿粒间呈填隙状产出，但均为早期结晶的矿物。似斑状奥长花岗岩由奥长石（65%±）、石英（20%±）和黑云母（10%±）组成，含微量磷灰石和钛磁铁矿。部分大晶粒斜长石呈“斑晶”产出，粒径一般为 2～5mm，内部包嵌中细粒石英，并与自形粒状磷灰石共生。黑云母中可见析出的金红石［彩图 2-8（b）］。

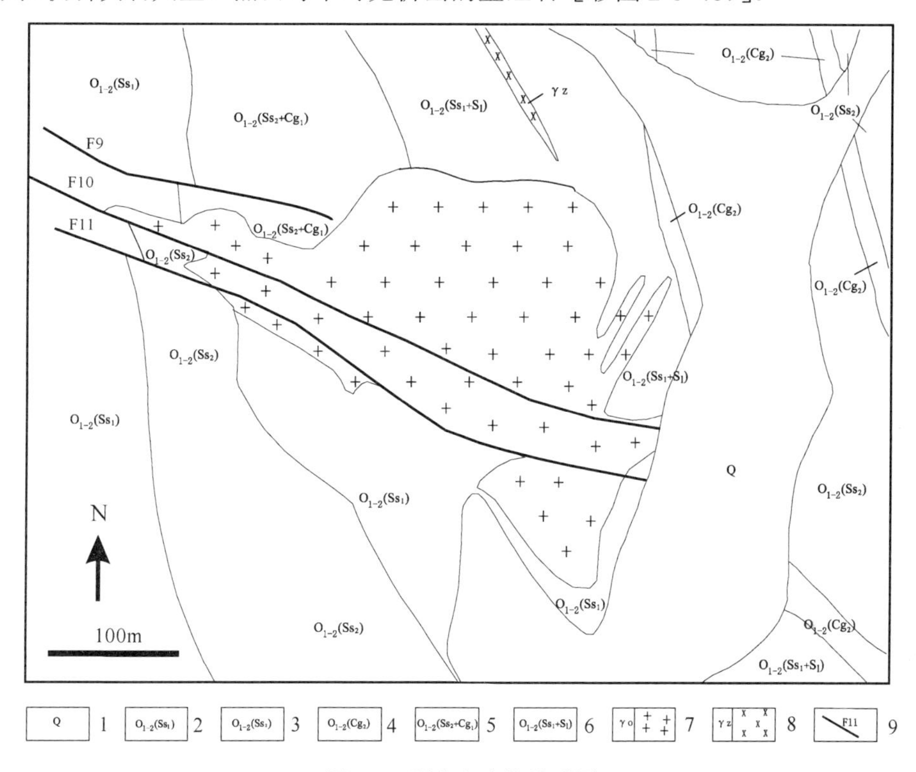

图 2-5　贾公台岩体地质图

1．第四系；2．中-下奥陶统岩屑砂岩；3．中-下奥陶统细砾岩；4．中-下奥陶统岩屑长石砂岩夹含砾砂岩；5．中-下奥陶统细砾岩夹砂质泥板岩；6．中-下奥陶统细砂岩夹砂质泥板岩；7．黑云母奥长花岗岩；8．花岗细晶岩；9．断层

五、鸡叫沟岩体

鸡叫沟岩体出露在党河南山东段鸡叫沟—狗熊沟一带，面积约 3.5km^2。岩体由辉石闪长岩、角闪石英二长岩（角闪石闪长岩）及二长花岗岩组成，以辉石闪长岩和二长花岗岩为主（图 2-6）。角闪石英二长岩穿插侵位于辉石闪长岩中（图 2-3），其中见有辉石闪长岩的捕掳体，二长花岗岩穿插角闪石英二长岩，后期钾长花岗

岩和淡色二长花岗岩呈脉状或小岩枝状穿插于二长花岗岩和角闪石英二长岩中。该复式岩体可分为 4 期，第Ⅰ期以辉石闪长岩为主，主要见于鸡叫沟沟脑及沟口（图 2-7），呈小岩株及小型岩脉产出，辉石闪长岩中发现暗色深源包体[彩图 2-9（a）]，由大量透辉石及伴生的他形云母组成。此外，还可见次闪石化的暗色矿物团斑，显示岩浆深部来源的特征［彩图 2-9（b）］。第Ⅱ期主要为角闪石英二长岩，穿插切割辉石闪长岩，在鸡叫沟中上游呈岩株状产出（图 2-7）。第Ⅲ期以黑云母二长花岗岩为代表，主要呈小型岩脉出露于鸡叫沟北侧。第Ⅱ期和第Ⅲ期中都含有辉石闪长岩包体（彩图 2-10），因此这三期岩体之间存在着成因上的密切联系，很可能是基性岩浆和酸性岩浆分阶段不均一混合和侵位的结果。第Ⅳ期呈小岩脉、岩枝产出，主要为钾长花岗岩和二长花岗岩。

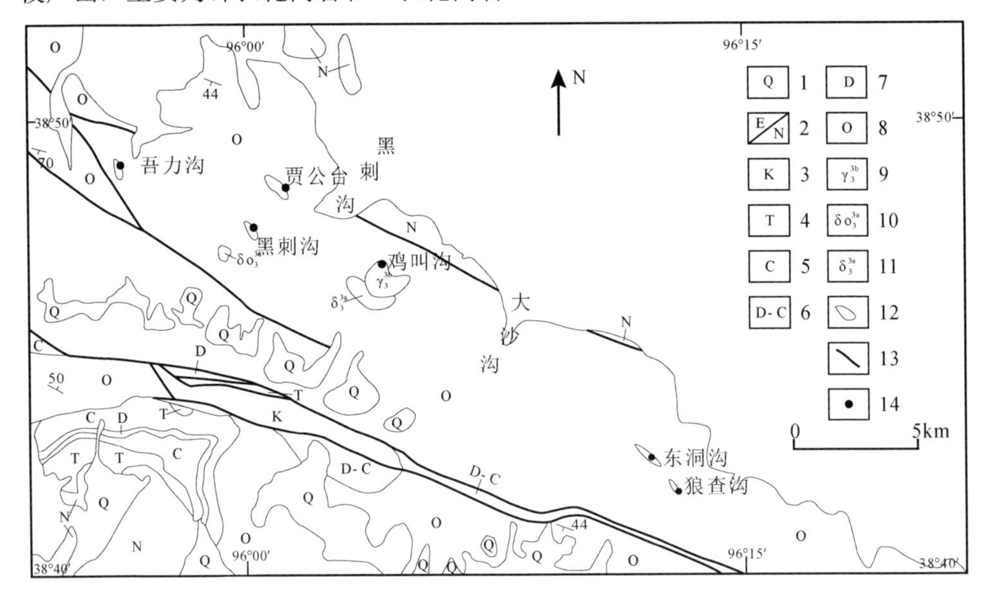

图 2-6　党河南山东部地质简图

1. 第四系；2. 古近系/新近系；3. 白垩系；4. 三叠系；5. 石炭系；6. 泥盆系—石炭系；7. 泥盆系；8. 奥陶系；9. 花岗岩、二长花岗岩、斜长花岗岩；10. 石英闪长岩；11. 闪长岩；12. 中酸性侵入体；13. 断层；14. 金矿床及位置

辉石闪长岩呈灰黑色，中细粒状结构，块状构造。岩石中暗色矿物约占 40%，其中透辉石为 30%～40%，角闪石和黑云母占 10%左右。浅色矿物为斜长石（45%左右）、钾长石（7%～15%）和石英（2%～5%）。辉石呈自形短柱状，可见黑云母镶边或退变质的黑云母［彩图 2-11（a）］。斜长石主要为中长石，自形-半自形［彩图 2-11（b）］。钾长石主要为微斜长石，含量大于 10%时称正长闪长岩或二长闪长岩（彩图 2-12）。副矿物主要有钛磁铁矿、磷灰石、榍石和锆石。

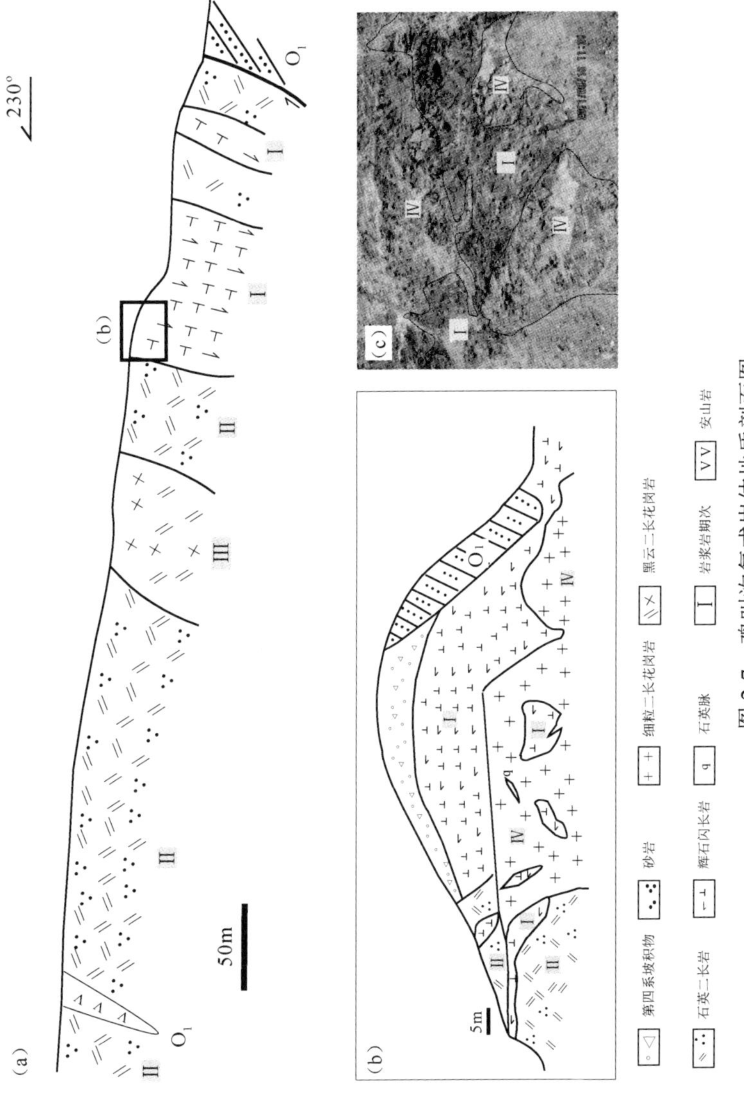

图 2-7　鸡叫沟复式岩体地质剖面图

（a）鸡叫沟岩体地质剖面图；（b）不同期次岩体穿插接触关系素描图；（c）第Ⅳ期细粒二长花岗岩与第Ⅰ期辉石闪长岩的侵入接触关系

角闪石英二长岩呈灰黑色、浅灰红色，中粗粒结构，块状构造［彩图 2-10（a）和彩图 2-13（a）］，正长石含量多时称角闪石正长闪长岩，岩石呈浅灰绿色，表面风化后成浅黄色［彩图 2-13（b）］。岩石暗色矿物一般占 15%～35%，以普通角闪石为主［彩图 2-14（a）］，黑云母和透辉石很少。浅色矿物为奥长石（50%左右）、微斜长石（20%～30%）和石英（5%～7%）。副矿物有钛磁铁矿和磷灰石，偶见锆石和帘石。

二长花岗岩呈肉红色，中粗粒—中细粒结构，块状构造［彩图 2-10（b）和彩图 2-14（b）］。暗色矿物占 5%～10%，以普通角闪石为主，黑云母次之。浅色矿物为钠—奥长石（30%）、微斜长石（35%左右）和石英（30%左右）。副矿物为锆石、磷灰石和榍石。

第Ⅳ期钾长花岗岩呈肉红色、灰红色，中细粒结构，块状构造［彩图 2-15（a）］。主要由浅色矿物组成，钾长石含量占 30%～40%，奥长石含量为 30%～40%，石英含量为 20%左右［图 2-15（b）］。

六、东洞沟岩体

东洞沟岩体出露在党河南山东段东洞沟矿区，呈小岩枝或脉状，在狼查沟矿区也有岩脉出露（图 2-6）。岩体主要为石英闪长岩或石英闪长岩，穿插侵入于下奥陶统吾力沟群千枚岩、变质砂岩、变质泥岩中［彩图 2-16（a）］。岩体明显受到后期构造作用的改造，与围岩接触带处矿化蚀变强烈，蚀变后呈浅红色至褐红色［彩图 2-16（b）］。岩石本身含有较多的细粒浸染状毒砂，可达 5%～8%，由外向内可见蚀变逐渐发育的现象［彩图 2-17（a）］。蚀变岩石发育黄铁矿化、褐铁矿化、钾长石化、硅化、绢云母化、钠黝帘石化和碳酸盐化等，黄铁矿呈团斑状产出，是主要的载金矿物［彩图 2-17（b）］。

石英闪长岩呈灰色，斑状结构，基质具显微粒状结构，块状构造。岩石比较新鲜，斑晶由斜长石和角闪石组成，均为半自形板状、宽板状。石英闪长玢岩，深灰色—浅灰绿色，斑状结构，基质为半自形-他形粒状结构，块状构造。斑晶含量为 30%～35%，主要为普通角闪石，少量斜长石，角闪石呈自形柱状，粒径 0.5～1.5mm［彩图 2-18（a）］。基质含量为 65%～70%，由普通角闪石、斜长石和少量石英（10%左右）组成。石英闪长岩与石英闪长玢岩的区别在于前者具连续不等粒结构，角闪石粒径从 1.5mm 直至与基质粒径差不多的 0.1mm，其他特征基本一致［彩图 2-18（b）］。

第三章　岩体年代学及岩浆活动期次

第一节　LA-ICP-MS 锆石 U-Pb 年代学

为了确定党河南山地区中酸性侵入岩的年代和岩浆活动期次，采用单颗粒锆石 U-Pb 法测定岩体年代。根据野外岩体侵入、穿插关系和岩石类型，选择扎子沟岩体、石块地岩体、鸡叫沟岩体（辉石闪长岩和角闪石英二长岩各 1 件）、吾力沟岩体、贾公台岩体和振兴梁岩体 7 个具代表性的岩体，分别采集地表或钻孔岩心中的新鲜岩石样品，每件质量 2～5kg。样品在河北省地质调查院岩矿测试室进行锆石分离，然后在大陆动力学国家重点实验室（西北大学）进行制靶和阴极荧光（CL）照相，最后进行锆石 U-Pb 测定，其中 5 件［扎子沟岩体、石块地岩体、鸡叫沟岩体（2 件）和吾力沟岩体］样品在大陆动力学国家重点实验室（西北大学）测定。锆石测年在 Agilent 7500 型 ICP-MS、ComPex102 ArF 准分子激光器（工作物质 ArF，波长 193nm）以及 GeoLas 200M 光学系统联机上进行，激光束斑直径为 32μm，激光剥蚀样品的深度为 20～40μm，采用氦气作为剥蚀物质的载气，用 NIST610 进行仪器最佳化，锆石年龄采用国际标准锆石 91500 作为外标标准物质，元素含量采用 NIST610 作为外标，^{29}Si 作为内标（Yuan et al.，2003）。原始数据处理采用 GLITTER_ver4.0（Macyuarie University）程序，年龄计算采用 Isoplot（ver3.00）软件进行（Ludwig，2003）。2 件样品在中国科学院青藏高原研究所大陆碰撞与高原隆升重点实验室激光剥蚀电感耦合等离子体质谱仪（LA-ICP-MS）上测定。激光器波长为 193nm，脉冲宽度<4ns，束斑直径为 10/15/20/25/35/50/75/100/125μm，可调。采用 Plesovice（年龄为 337±0.37Ma，Slama et al.，2008）作为外标进行基体校正；成分标样采用 NIST SRM 612，其中 ^{29}Si 作为内标元素。样品的同位素比值及元素含量计算采用 GLITTER_ver4.0（van Achterbergh et al.，2001）程序，普通铅校正采用 Anderson（2002）提出的 ComPbCorr#3.17 校正程序，U-Pb 谐和图、年龄分布频率图绘制和年龄权重平均计算采用 Isoplot/Ex_ver3 程序完成。测试结果见表 3-1。

一、鸡叫沟辉石闪长岩岩体

鸡叫沟辉石闪长岩岩体，样品编号为 NJJ-10。本样品共测量锆石 30 颗，锆石 U-Pb 测年结果见表 3-1。锆石长宽比为 1∶1～2∶1，最大锆石长 200μm，宽 100μm。

表 3-1　党河南山岩体 LA-ICP-MS 锆石 U-Pb 年龄测试结果

岩体	样点	Pb*/10^{-6}	Th/10^{-6}	U/10^{-6}	Th/U	$^{207}Pb/^{206}Pb$		$^{207}Pb/^{235}U$		$^{206}Pb/^{238}U$		$^{208}Pb/^{232}Th$		$^{207}Pb/^{206}Pb$		$^{207}Pb/^{235}U$		$^{206}Pb/^{238}U$		$^{208}Pb/^{232}Th$		谐和度
						比值	1σ	比值	1σ	比值	1σ	比值	1σ	年龄/Ma	1σ	年龄/Ma	1σ	年龄/Ma	1σ	年龄/Ma	1σ	
鸡叫沟辉石闪长岩岩体	J-10-03	—	—	—	—	0.0813	0.0026	2.2416	0.0345	0.2000	0.0027	0.0628	0.0008	1228.2	61.36	1194.2	10.81	1175.2	14.26	1230.6	14.32	104
	J-10-08	—	—	—	—	0.0652	0.0021	1.1266	0.0160	0.1253	0.0016	0.0396	0.0005	781.1	64.64	766.1	7.65	760.8	9.35	784.2	9.58	101
	J-10-22	—	—	—	—	0.0570	0.0018	0.6022	0.0088	0.0767	0.0010	0.0234	0.0003	489.5	68.69	478.6	5.57	476.2	6.17	466.5	5.13	101
吾力沟正长闪长岩岩体	W-01	9.94	86.48	100.05	0.86	0.0550	0.0019	0.5482	0.0120	0.0723	0.0010	0.0227	0.0003	412.5	74.89	443.8	7.88	449.8	6.16	453.6	6.05	99
	W-02	15.51	117.33	153.40	0.76	0.0583	0.0021	0.6316	0.0157	0.0785	0.0012	0.0236	0.0004	541.1	78.75	497.1	9.76	487.3	6.87	471.5	6.86	102
	W-03	20.33	21.22	21.30	1.00	0.0647	0.0029	0.6605	0.0230	0.0741	0.0012	0.0253	0.0005	763.0	90.41	514.9	14.05	460.7	6.88	504.2	9.08	112
	W-04	33.94	243.01	371.27	0.65	0.0551	0.0017	0.5481	0.0087	0.0722	0.0010	0.0227	0.0003	415.6	67.06	443.7	5.68	449.1	5.96	453.6	5.38	99
	W-05	7.16	65.00	73.20	0.89	0.0555	0.002	0.5497	0.0135	0.0718	0.0010	0.0234	0.0003	432.3	78.88	444.8	8.84	447.1	6.19	468.1	6.51	99
	W-06	9.61	65.94	89.14	0.74	0.0566	0.0022	0.6267	0.0172	0.0803	0.0012	0.0248	0.0004	475.0	83.56	494.1	10.74	497.9	7.10	495.5	8.07	99
	W-07	16.71	144.61	150.16	0.96	0.0569	0.0019	0.5827	0.0112	0.0742	0.0011	0.0235	0.0003	488.3	71.73	466.2	7.20	461.5	6.28	469.6	5.87	101
	W-08	16.84	153.56	162.58	0.94	0.0555	0.0018	0.5590	0.0099	0.0730	0.0010	0.0219	0.0003	433.3	69.62	450.9	6.46	454.2	6.11	437.1	5.28	99
	W-09	58.55	701.24	512.15	1.37	0.0544	0.0017	0.5595	0.0083	0.0746	0.0010	0.0236	0.0003	388.2	66.60	451.2	5.38	463.5	6.14	471.1	5.29	97
	W-10	16.67	143.75	143.55	1.00	0.0592	0.0018	0.6152	0.0098	0.0754	0.0010	0.0247	0.0003	573.6	65.86	486.9	6.13	468.6	6.21	492.5	5.94	104
	W-11	15.06	132.66	133.91	0.99	0.0570	0.0018	0.5909	0.0100	0.0752	0.0010	0.0240	0.0003	491.2	68.54	471.5	6.36	467.2	6.21	479.7	5.70	101
鸡叫沟角闪石英二长岩岩体	J-01	18.34	137.37	175.19	0.78	0.0588	0.0017	0.6040	0.0160	0.0745	0.0006	0.0249	0.0003	560.2	61.02	479.8	10.16	463.1	3.55	496.4	6.74	104
	J-02	39.28	341.41	400.46	0.85	0.0558	0.0010	0.5492	0.0086	0.0715	0.0004	0.0225	0.0002	441.9	39.87	444.5	5.64	444.9	2.49	449.8	3.50	100
	J-03	25.85	226.35	257.51	0.88	0.0592	0.0013	0.6100	0.0118	0.0747	0.0005	0.0249	0.0002	575.7	46.40	483.5	7.43	464.3	2.91	496.7	4.54	104
	J-05	34.11	320.75	345.43	0.93	0.0560	0.0013	0.5556	0.0114	0.0719	0.0005	0.0228	0.0002	453.7	49.45	448.6	7.41	447.5	2.89	455.8	4.45	100
	J-06	17.16	153.39	145.99	1.05	0.0568	0.0020	0.5928	0.0202	0.0757	0.0007	0.0228	0.0003	483.5	77.84	472.6	12.85	470.2	4.33	456.2	6.54	101
	J-07	19.07	162.20	190.62	0.85	0.0561	0.0013	0.5630	0.0115	0.0727	0.0005	0.0227	0.0002	457.7	49.43	453.5	7.48	452.5	2.87	453.2	4.35	100
	J-09	22.85	184.66	226.27	0.82	0.0539	0.0012	0.5541	0.0106	0.0746	0.0005	0.0231	0.0002	365.5	47.57	447.7	6.91	463.7	2.80	461.0	4.29	97
	J-10	16.52	148.45	160.45	0.93	0.0562	0.0014	0.5697	0.0133	0.0735	0.0005	0.0234	0.0002	460.7	55.80	457.8	8.60	457.0	3.12	468.3	4.79	100
	J-12	15.68	142.17	155.29	0.92	0.0560	0.0015	0.5569	0.0134	0.0721	0.0005	0.0225	0.0003	453.0	56.88	449.5	8.75	448.7	3.12	449.5	4.88	100
	J-13	17.18	162.11	175.78	0.92	0.0558	0.0019	0.5490	0.0180	0.0713	0.0007	0.0224	0.0003	445.5	75.14	444.3	11.78	444.0	3.98	447.7	6.54	100
	J-14	25.96	257.56	269.83	0.95	0.0551	0.0013	0.5618	0.0120	0.0739	0.0005	0.0218	0.0002	417.8	51.21	452.7	7.83	459.5	3.05	436.4	4.33	99

续表

岩体	样点	Pb*/10^{-6}	Th/10^{-6}	U/10^{-6}	Th/U	^{207}Pb/^{206}Pb		^{207}Pb/^{235}U		^{206}Pb/^{238}U		^{208}Pb/^{232}Th		^{207}Pb/^{206}Pb		^{207}Pb/^{235}U		^{206}Pb/^{238}U		^{208}Pb/^{232}Th		谐和度
						比值	1σ	比值	1σ	比值	1σ	比值	1σ	年龄/Ma	1σ	年龄/Ma	1σ	年龄/Ma	1σ	年龄/Ma	1σ	
鸡叫沟角闪石英二长岩岩体	J-16	15.35	145.96	156.24	0.93	0.0562	0.0015	0.5723	0.0143	0.0738	0.0006	0.0221	0.0003	459.7	59.07	459.5	9.21	459.2	3.32	442.0	5.06	100
	J-18	28.20	214.22	273.33	0.78	0.0583	0.0017	0.6404	0.0175	0.0797	0.0007	0.0241	0.0003	539.3	63.28	502.5	10.81	494.3	3.97	482.0	6.69	102
	J-19	40.14	442.69	383.89	1.15	0.0532	0.0010	0.5474	0.0084	0.0746	0.0004	0.0222	0.0002	337.8	40.17	443.3	5.54	463.7	2.56	444.5	3.01	96
	J-20	27.39	268.28	273.58	0.98	0.0558	0.0012	0.5440	0.0107	0.0707	0.0005	0.0213	0.0002	443.8	47.54	441.1	7.01	440.4	2.77	426.9	3.83	100
	J-21	22.50	199.04	214.36	0.93	0.0545	0.0013	0.5572	0.0125	0.0742	0.0005	0.0222	0.0002	390.1	53.91	449.7	8.17	461.3	3.13	443.6	4.57	97
	J-22	27.01	266.75	286.98	0.93	0.0558	0.0013	0.5510	0.0116	0.0716	0.0005	0.0208	0.0002	444.1	50.46	445.7	7.59	445.8	2.93	416.6	4.09	100
	J-23	22.85	202.96	237.59	0.85	0.0528	0.0013	0.5349	0.0119	0.0734	0.0005	0.0219	0.0002	321.4	54.15	435.0	7.87	456.7	3.06	437.0	4.59	95
	J-24	23.79	215.97	219.56	0.98	0.0555	0.0011	0.5472	0.0094	0.0715	0.0004	0.0215	0.0002	431.8	42.71	443.2	6.19	445.2	2.60	429.2	3.44	100
	J-26	20.67	201.08	214.91	0.94	0.0550	0.0013	0.5505	0.0123	0.0726	0.0005	0.0216	0.0002	412.5	52.91	445.3	8.06	451.6	3.03	431.4	4.35	99
	J-28	29.44	270.94	291.40	0.93	0.0563	0.0012	0.5786	0.0107	0.0746	0.0005	0.0222	0.0002	461.8	45.63	463.6	6.87	463.7	2.83	444.1	3.83	100
	J-29	33.18	311.15	330.07	0.94	0.0564	0.0011	0.5842	0.0101	0.0752	0.0005	0.0228	0.0002	466.0	43.47	467.2	6.50	467.2	2.78	456.1	3.77	100
	J-30	15.81	145.08	152.98	0.95	0.0545	0.0017	0.5326	0.0153	0.0709	0.0006	0.0207	0.0003	390.8	66.91	433.5	10.15	441.5	3.53	413.2	5.31	98
扎子沟黑云母二长花岗岩岩体	Q-01	40.75	308.60	440.44	0.70	0.0541	0.0016	0.5525	0.0084	0.0740	0.0010	0.0199	0.0002	375.6	66.82	446.6	5.52	460.3	6.12	397.4	4.79	97
	Q-02	39.61	288.17	401.73	0.72	0.0532	0.0016	0.5635	0.0085	0.0768	0.0011	0.0238	0.0003	338.0	67.25	453.8	5.50	476.8	6.32	474.3	5.50	95
	Q-03	50.40	345.81	520.37	0.66	0.0530	0.0016	0.5492	0.0085	0.0752	0.0010	0.0255	0.0003	327.8	67.83	444.4	5.54	467.1	6.21	509.7	5.96	95
	Q-04	59.07	588.59	615.73	0.96	0.0568	0.0017	0.5519	0.0082	0.0704	0.0010	0.0216	0.0003	483.6	66.11	446.2	5.35	438.7	5.83	432.3	4.95	102
	Q-05	52.50	404.00	592.48	0.68	0.0551	0.0017	0.5240	0.0082	0.0689	0.0010	0.0221	0.0003	416.4	66.71	427.8	5.48	429.7	5.74	442.7	5.25	100
	Q-06	38.21	271.40	409.72	0.66	0.0551	0.0017	0.5553	0.0086	0.0730	0.0010	0.0231	0.0003	416.8	66.49	448.5	5.60	454.5	6.05	462.4	5.45	99
	Q-08	42.73	404.29	429.6	0.94	0.0552	0.0017	0.5561	0.0087	0.0731	0.0010	0.0226	0.0003	418.5	66.93	449.0	5.68	454.7	6.06	451.2	5.27	99
	Q-09	37.67	325.21	377.59	0.86	0.0565	0.0017	0.5758	0.0090	0.0739	0.0010	0.0238	0.0003	469.9	66.97	461.8	5.77	459.8	6.12	475.5	5.55	100
	Q-10	35.79	252.75	367.81	0.69	0.0645	0.0020	0.6568	0.0100	0.0739	0.0010	0.0255	0.0003	757.4	63.38	512.7	6.10	459.3	6.11	508.0	5.95	112
	Q-11	48.51	341.55	524.19	0.65	0.0568	0.0017	0.5638	0.0084	0.0719	0.0010	0.0236	0.0003	484.8	66.72	454.0	5.46	447.6	5.94	471.4	5.47	101
	Q-13	42.19	625.97	414.66	1.51	0.0643	0.0020	0.6731	0.0108	0.0759	0.0011	0.0129	0.0002	751.1	64.82	522.6	6.57	471.6	6.30	258.4	3.11	111
	Q-14	42.64	287.27	410.07	0.7	0.0631	0.0020	0.6803	0.0111	0.0782	0.0011	0.0275	0.0003	711.5	65.61	526.9	6.73	485.2	6.48	548.2	6.63	109
	Q-15	40.80	277.86	435.54	0.64	0.0544	0.0017	0.5536	0.0087	0.0737	0.0010	0.0226	0.0003	389.1	68.17	447.4	5.67	458.6	6.10	451.5	5.38	98
	Q-16	44.09	306.61	444.54	0.69	0.0684	0.0021	0.7076	0.0106	0.0750	0.0010	0.0252	0.0003	880.1	62.60	543.3	6.32	466.3	6.19	502.5	5.88	117

续表

岩体	样点	Pb*/10⁻⁶	Th/10⁻⁶	U/10⁻⁶	Th/U	$^{207}Pb/^{206}Pb$		$^{207}Pb/^{235}U$		$^{206}Pb/^{238}U$		$^{208}Pb/^{232}Th$		$^{207}Pb/^{206}Pb$		$^{207}Pb/^{235}U$		$^{206}Pb/^{238}U$		$^{208}Pb/^{232}Th$		谐和度
						比值	1σ	比值	1σ	比值	1σ	比值	1σ	年龄/Ma	1σ	年龄/Ma	1σ	年龄/Ma	1σ	年龄/Ma	1σ	
扎子沟黑云母二长花岗岩岩体	Q-18	56.57	424.26	595.38	0.71	0.0553	0.0017	0.5570	0.0084	0.0730	0.0010	0.0228	0.0003	423.9	67.15	449.5	5.46	454.4	6.02	456.1	5.30	99
	Q-19	56.86	474.99	605.64	0.78	0.0561	0.0017	0.5466	0.0082	0.0706	0.0010	0.0224	0.0003	455.8	67.51	442.7	5.40	440.0	5.84	447.0	5.19	101
	Q-21	55.69	481.44	583.57	0.82	0.0559	0.0017	0.5509	0.0084	0.0714	0.0010	0.0220	0.0003	449.7	67.81	445.6	5.48	444.6	5.90	440.3	5.13	100
	Q-22	54.82	390.96	594.46	0.66	0.0598	0.0019	0.5844	0.0089	0.0708	0.0010	0.0233	0.0003	598.0	66.16	467.3	5.70	441.0	5.86	464.7	5.46	106
	Q-23	51.53	411.61	520.80	0.79	0.0573	0.0018	0.5863	0.0090	0.0743	0.0010	0.0233	0.0003	500.7	67.98	468.5	5.77	461.7	6.13	464.9	5.45	101
	Q-24	46.22	362.00	476.88	0.76	0.0561	0.0018	0.5687	0.0089	0.0735	0.0010	0.0228	0.0003	457.6	68.47	457.2	5.78	456.9	6.08	455.2	5.39	100
	Q-25	49.45	419.17	587.17	0.71	0.0592	0.0019	0.5216	0.0079	0.0639	0.0009	0.0205	0.0002	575.4	66.80	426.2	5.29	399.0	5.31	409.8	4.80	107
	Q-26	57.49	479.86	577.74	0.83	0.0562	0.0018	0.5692	0.0088	0.0735	0.0010	0.0235	0.0003	457.9	68.55	457.5	5.70	457.2	6.07	470.2	5.51	100
	Q-28	39.80	382.83	422.15	0.91	0.0583	0.0019	0.5533	0.0090	0.0688	0.0010	0.0212	0.0003	541.5	69.27	447.2	5.89	428.8	5.73	423.2	5.06	104
	Q-29	34.46	282.21	353.58	0.8	0.0582	0.0019	0.5813	0.0095	0.0724	0.0010	0.0230	0.0003	536.0	69.23	465.3	6.07	450.9	6.01	459.3	5.52	103
	Q-30	39.01	393.35	406.11	0.97	0.0590	0.0019	0.5692	0.0092	0.0699	0.0010	0.0202	0.0002	567.9	68.30	457.5	5.96	435.7	5.81	405.0	4.83	105
贾公台奥长花岗岩岩体	j-1-01	39.20	72.14	511.57	0.14	0.0555	0.0010	0.5338	0.0085	0.0698	0.0005	0.0217	0.0001	432	40	434	6	435	3	435	3	100
	j-1-02	47.91	95.68	637.00	0.15	0.0584	0.0013	0.5491	0.0114	0.0682	0.0005	0.0268	0.0007	546	32	444	7	425	3	535	14	104
	j-1-03	28.71	73.71	359.37	0.21	0.0559	0.0024	0.5326	0.0225	0.0691	0.0008	0.0215	0.0002	449	100	434	15	431	5	430	4	101
	j-1-06	48.29	89.62	616.67	0.15	0.0592	0.0009	0.5865	0.0079	0.0719	0.0005	0.0335	0.0005	573	18	469	5	448	3	665	9	105
	j-1-07	60.35	238.47	722.28	0.33	0.0591	0.0010	0.5777	0.0087	0.0709	0.0005	0.0120	0.0002	571	22	463	6	442	3	241	3	105
	j-1-08	53.38	179.35	577.43	0.31	0.0596	0.0024	0.6035	0.0233	0.0735	0.0006	0.0190	0.0008	588	70	479	15	457	4	379	16	105
	j-1-09	20.87	25.33	264.04	0.10	0.0567	0.0012	0.5668	0.0111	0.0725	0.0005	0.0161	0.0011	480	31	456	7	451	3	322	21	101
	j-1-10	30.35	39.24	390.34	0.10	0.0592	0.0012	0.5871	0.0103	0.0720	0.0005	0.0421	0.0010	573	25	469	7	448	3	834	18	105
	j-1-11	30.78	29.91	414.50	0.07	0.0595	0.0015	0.5867	0.0133	0.0715	0.0006	0.0405	0.0012	587	35	469	8	445	4	802	24	105
	j-1-12	50.47	38.74	645.28	0.06	0.0599	0.0023	0.6002	0.0221	0.0727	0.0008	0.0392	0.0016	601	60	477	14	452	5	778	31	106
	j-1-13	51.18	145.52	692.82	0.21	0.0591	0.0015	0.5525	0.0137	0.0679	0.0005	0.0210	0.0001	569	58	447	9	423	3	420	3	106
	j-1-14	80.83	262.91	1031.21	0.25	0.0566	0.0011	0.5218	0.0099	0.0669	0.0004	0.0208	0.0002	474	45	426	7	418	3	416	4	102
	j-1-15	66.19	171.64	890.67	0.19	0.0612	0.0009	0.5980	0.0075	0.0710	0.0005	0.0297	0.0004	645	16	476	5	442	3	592	7	108
	j-1-16	70.77	157.41	923.94	0.17	0.0579	0.0007	0.5902	0.0057	0.0740	0.0005	0.0281	0.0003	524	11	471	4	460	3	560	5	102
	j-1-17	21.83	35.29	286.24	0.12	0.0595	0.0011	0.6003	0.0099	0.0732	0.0005	0.0317	0.0007	587	24	477	6	455	3	630	13	105

续表

岩体	样点	Pb*/10^{-6}	Th/10^{-6}	U/10^{-6}	Th/U	$^{207}Pb/^{206}Pb$		$^{207}Pb/^{235}U$		$^{206}Pb/^{238}U$		$^{208}Pb/^{232}Th$		$^{207}Pb/^{206}Pb$		$^{207}Pb/^{235}U$		$^{206}Pb/^{238}U$		$^{208}Pb/^{232}Th$		谐和度
						比值	1σ	比值	1σ	比值	1σ	比值	1σ	年龄/Ma	1σ	年龄/Ma	1σ	年龄/Ma	1σ	年龄/Ma	1σ	
贾公台奥长花岗岩岩体	j-1-18	62.97	129.68	843.70	0.15	0.0575	0.0007	0.5726	0.0058	0.0723	0.0004	0.0259	0.0003	510	12	460	4	450	3	518	5	102
	j-1-19	36.06	62.21	484.49	0.13	0.0586	0.0010	0.5998	0.0092	0.0743	0.0005	0.0257	0.0004	458	43	460	7	461	3	461	3	100
石块地黑云母二长花岗岩岩体	S-01	6.64	75.34	63.46	1.19	0.0572	0.0034	0.5727	0.0298	0.0726	0.0012	0.0233	0.0005	500.3	126.56	459.7	19.27	451.5	7.43	465.6	9.58	102
	S-02	9.12	101.30	95.39	1.06	0.0551	0.0031	0.5215	0.0255	0.0686	0.0012	0.0219	0.0005	417.9	121.40	426.2	17.00	427.7	6.96	437.2	9.13	100
	S-04	7.12	75.82	79.48	0.95	0.0553	0.0031	0.5071	0.0247	0.0666	0.0011	0.0207	0.0005	422.2	121.99	416.5	16.66	415.4	6.82	413.4	9.24	100
	S-05	15.01	168.19	167.11	1.01	0.0562	0.0025	0.5119	0.0172	0.0661	0.0010	0.0205	0.0003	459.7	94.96	419.7	11.52	412.3	5.92	409.7	6.78	102
	S-06	4.47	37.81	44.80	0.84	0.0578	0.0033	0.6009	0.0299	0.0754	0.0013	0.0246	0.0006	521.9	121.36	477.8	18.93	468.6	7.48	491.8	11.11	102
	S-07	7.66	68.55	89.05	0.77	0.0561	0.0037	0.4950	0.0295	0.0640	0.0012	0.0218	0.0006	454.9	141.62	408.3	20.04	400.0	7.33	436.6	12.32	102
	S-08	5.24	53.54	56.65	0.95	0.0553	0.0032	0.5135	0.0257	0.0674	0.0011	0.0209	0.0005	424.0	123.92	420.8	17.25	420.1	6.65	418.3	9.07	100
	S-09	11.26	92.99	127.25	0.73	0.0584	0.0027	0.5450	0.0195	0.0677	0.0010	0.0213	0.0004	543.4	96.54	441.7	12.83	422.4	6.21	426.5	8.34	105
	S-11	19.54	180.39	223.87	0.81	0.0581	0.0023	0.5248	0.0142	0.0655	0.0009	0.0212	0.0003	534.6	83.06	428.3	9.42	408.7	5.55	423.7	6.40	105
	S-12	8.38	80.51	92.79	0.87	0.0549	0.0034	0.5124	0.0279	0.0677	0.0012	0.0208	0.0005	409.0	131.86	420.1	18.73	422.1	7.24	415.9	10.50	100
	S-13	5.08	50.45	52.17	0.97	0.0547	0.0038	0.5463	0.0346	0.0725	0.0013	0.0230	0.0006	400.1	148.61	442.6	22.71	450.9	7.89	460.5	11.63	98
	S-14	2.12	21.53	21.06	1.02	0.0526	0.0088	0.5438	0.0889	0.0751	0.0025	0.0227	0.0014	309.3	342.48	441.0	58.48	466.6	15.16	454.2	26.63	95
	S-15	5.02	49.88	53.41	0.93	0.0578	0.0034	0.5667	0.0286	0.0711	0.0012	0.022	0.0005	521.6	122.98	455.9	18.53	442.9	7.27	439.0	10.23	103
	S-16	38.55	531.76	364.37	1.46	0.0595	0.0027	0.5830	0.0211	0.0711	0.0011	0.0222	0.0004	583.6	97.00	466.4	13.56	442.9	6.63	443.2	7.12	105
	S-17	21.02	147.52	249.77	0.59	0.0562	0.0024	0.5349	0.0165	0.0691	0.0010	0.0222	0.0004	458.3	90.46	435.0	10.93	430.6	6.05	443.6	8.21	101
	S-18	3.92	42.27	44.39	0.95	0.0549	0.0049	0.4997	0.0418	0.066	0.0015	0.0217	0.0008	408.4	188.38	411.5	28.29	412.0	8.95	433.8	14.78	100
	S-19	9.07	137.92	102.06	1.35	0.0579	0.0035	0.4925	0.0263	0.0617	0.0011	0.0192	0.0004	524.1	128.52	406.6	17.88	386.2	6.63	383.9	8.07	105
	S-20	3.02	28.42	29.45	0.97	0.0568	0.0045	0.6010	0.0441	0.0767	0.0014	0.0253	0.0007	484.3	166.38	477.8	27.94	476.3	8.58	505.1	13.73	100
	S-21	2.87	28.47	28.41	1.00	0.0563	0.0077	0.5785	0.0761	0.0746	0.0025	0.0252	0.0014	462.0	277.91	463.5	48.96	463.7	14.79	502.2	26.66	100
	S-22	5.68	81.50	65.10	1.25	0.0559	0.004	0.4776	0.0309	0.0619	0.0012	0.0197	0.0005	449.7	151.44	396.4	21.22	387.3	7.27	393.9	9.71	102
	S-23	28.18	277.90	332.49	0.84	0.0566	0.0019	0.5241	0.0104	0.0672	0.0009	0.0201	0.0003	475.4	74.63	427.9	6.95	418.9	5.38	402.8	5.08	102
	S-24	12.77	175.83	148.82	1.18	0.0556	0.0031	0.4829	0.0228	0.0630	0.0011	0.0191	0.0004	437.5	119.28	400.0	15.62	393.5	6.42	381.8	7.79	102
	S-25	21.58	146.53	254.51	0.58	0.0569	0.0020	0.5641	0.0121	0.0719	0.0010	0.0221	0.0003	488.3	76.56	454.2	7.87	447.4	5.80	442.1	6.33	102
	S-26	10.10	94.47	132.99	0.71	0.0589	0.0040	0.5142	0.0309	0.0634	0.0012	0.0175	0.0006	562.4	140.23	421.3	20.73	396.0	7.43	351.2	11.73	106

续表

岩体	样点	Pb*/10^{-6}	Th/10^{-6}	U/10^{-6}	Th/U	^{207}Pb/^{206}Pb		^{207}Pb/^{235}U		^{206}Pb/^{238}U		^{208}Pb/^{232}Th		^{207}Pb/^{206}Pb		^{207}Pb/^{235}U		^{206}Pb/^{238}U		^{208}Pb/^{232}Th		谐和度
						比值	1σ	比值	1σ	比值	1σ	比值	1σ	年龄/Ma	1σ	年龄/Ma	1σ	年龄/Ma	1σ	年龄/Ma	1σ	
石块地黑云母二长花岗岩岩体	S-27	3.02	37.30	31.96	1.17	0.0594	0.0059	0.5630	0.0531	0.0687	0.0017	0.0224	0.0008	583.4	203.10	453.5	34.50	428.3	10.29	447.9	15.88	106
	S-28	5.83	72.82	58.13	1.25	0.0565	0.0042	0.5747	0.0392	0.0737	0.0015	0.0219	0.0006	472.0	158.07	461.0	25.30	458.7	8.89	437.1	11.62	101
	S-29	4.90	46.32	61.82	0.75	0.0567	0.0034	0.5050	0.0266	0.0646	0.0011	0.0204	0.0005	479.9	128.54	415.1	17.92	403.4	6.76	409.0	10.54	103
	S-30	3.13	30.61	35.56	0.86	0.0569	0.0039	0.5467	0.0342	0.0697	0.0012	0.0222	0.0006	485.4	146.47	442.8	22.46	434.6	7.40	443.5	12.15	102
振兴梁奥长花岗岩岩体	Z-01-1	47.40	99.52	602.53	0.17	0.0558	0.0009	0.5289	0.0075	0.0688	0.0004	0.0214	0.0001	443	35	431	5	429	3	428	2	100
	Z-01-2	89.36	838.99	1104.81	0.76	0.0574	0.0012	0.5040	0.0098	0.0637	0.0004	0.0054	0.0002	506	31	414	7	398	3	108	3	104
	Z-01-3	58.44	164.89	729.91	0.23	0.0598	0.0012	0.5540	0.0100	0.0673	0.0005	0.0214	0.0003	596	27	448	7	420	3	428	7	107
	Z-01-4	64.74	198.61	771.08	0.26	0.0593	0.0010	0.5817	0.0091	0.0712	0.0005	0.0220	0.0001	577	38	466	6	443	3	440	2	105
	Z-01-5	20.95	20.64	234.46	0.09	0.0581	0.0016	0.6289	0.0156	0.0786	0.0006	0.0342	0.0010	532	40	495	10	488	4	679	20	101
	Z-01-6	57.68	269.33	637.32	0.42	0.0588	0.0011	0.6008	0.0107	0.0741	0.0005	0.0229	0.0001	561	42	478	7	461	3	458	2	104
	Z-01-8	82.32	317.19	1006.93	0.32	0.0599	0.0009	0.5892	0.0073	0.0713	0.0004	0.0201	0.0002	601	16	470	5	444	3	403	4	106
	Z-01-9	30.54	40.68	387.89	0.1	0.0598	0.0015	0.5701	0.0131	0.0692	0.0005	0.0309	0.0009	596	36	458	8	431	3	615	17	106
	Z-01-10	69.90	230.53	804.44	0.29	0.0602	0.0010	0.6162	0.0087	0.0743	0.0005	0.0226	0.0003	611	20	487	5	462	3	452	5	105
	Z-01-12	39.10	247.46	431.88	0.57	0.0589	0.0015	0.5686	0.0138	0.0700	0.0005	0.0174	0.0003	565	41	457	9	436	3	349	5	105
	Z-01-13	31.25	248.53	317.78	0.78	0.0572	0.0030	0.5931	0.0305	0.0753	0.0008	0.0134	0.0004	497	96	473	19	468	5	268	8	101
	Z-01-14	48.63	85.81	615.80	0.14	0.0590	0.0009	0.5653	0.0070	0.0695	0.0004	0.0272	0.0003	567	16	455	5	433	3	542	7	105
	Z-01-15	82.94	527.18	1013.79	0.52	0.0613	0.0010	0.5862	0.0077	0.0694	0.0004	0.0105	0.0001	648	18	468	5	433	3	211	2	108
	Z-01-16	44.23	84.94	568.60	0.15	0.0554	0.0008	0.5288	0.0063	0.0693	0.0004	0.0241	0.0003	428	16	431	4	432	2	482	6	100
	Z-01-17	80.59	449.83	1069.51	0.42	0.0599	0.0008	0.5512	0.0053	0.0668	0.0004	0.0114	0.0001	600	11	446	3	417	2	228	2	107
	Z-01-18	54.27	100.94	671.60	0.15	0.0568	0.0008	0.5513	0.0065	0.0704	0.0004	0.0221	0.0003	484	16	446	4	439	3	442	6	102
	Z-01-19	49.00	139.38	589.96	0.24	0.0592	0.0010	0.5878	0.0089	0.0720	0.0004	0.0223	0.0001	576	36	469	6	448	3	445	2	105
	Z-01-20	53.52	138.86	631.27	0.22	0.0570	0.0013	0.5838	0.0125	0.0743	0.0006	0.0197	0.0004	492	34	467	8	462	3	395	9	101
	Z-01-21	78.41	528.89	882.98	0.60	0.0558	0.0013	0.5418	0.0120	0.0704	0.0005	0.0077	0.0002	444	38	440	8	439	3	154	4	100
	Z-01-22	64.37	154.85	802.59	0.19	0.0562	0.0010	0.5501	0.0086	0.0710	0.0005	0.0209	0.0003	459	23	445	6	442	3	418	7	101
	Z-01-23	65.37	163.22	829.20	0.20	0.0566	0.0008	0.5506	0.0066	0.0705	0.0004	0.0237	0.0003	476	16	445	4	439	3	473	5	101

CL 图像如图 3-1 所示，多数锆石裂纹发育，表面发黑，可能与其 U、Th 含量较高有关，部分锆石 CL 图像上有白色色斑，可能为变质重结晶作用所致。岩体的加权平均年龄为 476±6Ma，另有一个锆石的 $^{206}Pb/^{238}U$ 年龄为 1228±61Ma，可能为继承锆石的年龄。

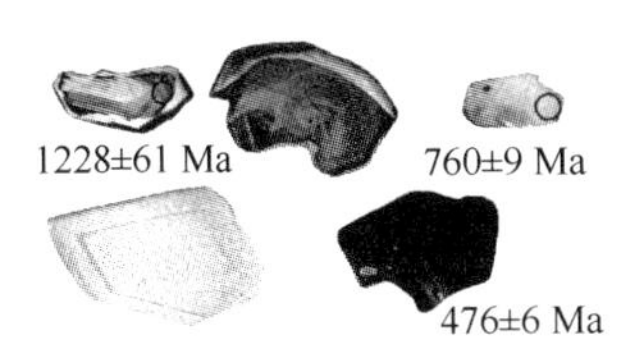

图 3-1　鸡叫沟 NJJ-10 样品锆石的 CL 图像

二、吾力沟正长闪长岩岩体

吾力沟正长闪长岩岩体，样品编号为 FTW。本样品共测量锆石 11 颗，测量结果详见表 3-1。锆石长宽比为 1∶1～2∶1，最大锆石长 200μm，宽 100μm。CL 图像如图 3-2 所示，多数锆石裂纹较发育，Th/U=0.65～1.36，平均值为 0.92，部

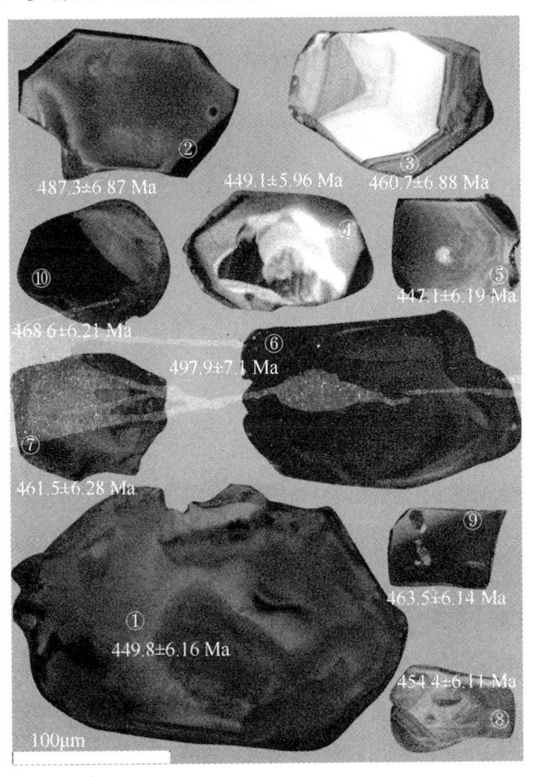

图 3-2　吾力沟 FTW 样品锆石的 CL 图像

分锆石 CL 图像上具有白色色斑，可能为变质重结晶的结果，另有一些锆石具有黑边（锆石②和⑥），可能与样品受后期的流体改造有关。部分锆石的 $^{206}Pb/^{238}U$ 年龄与其余锆石年龄相比偏大 20～50Ma，在年龄加权平均时剔除不用。其余 9 颗锆石的 $^{206}Pb/^{238}U$ 年龄较一致，范围为 447.1～467.2Ma，加权平均年龄为 457.8±6.3Ma（图 3-3）。这一年龄代表了吾力沟正长闪长岩的主要结晶年龄，这一年龄与下述鸡叫沟角闪石英二长岩年龄相近，暗示其可能为同一构造活动的产物。

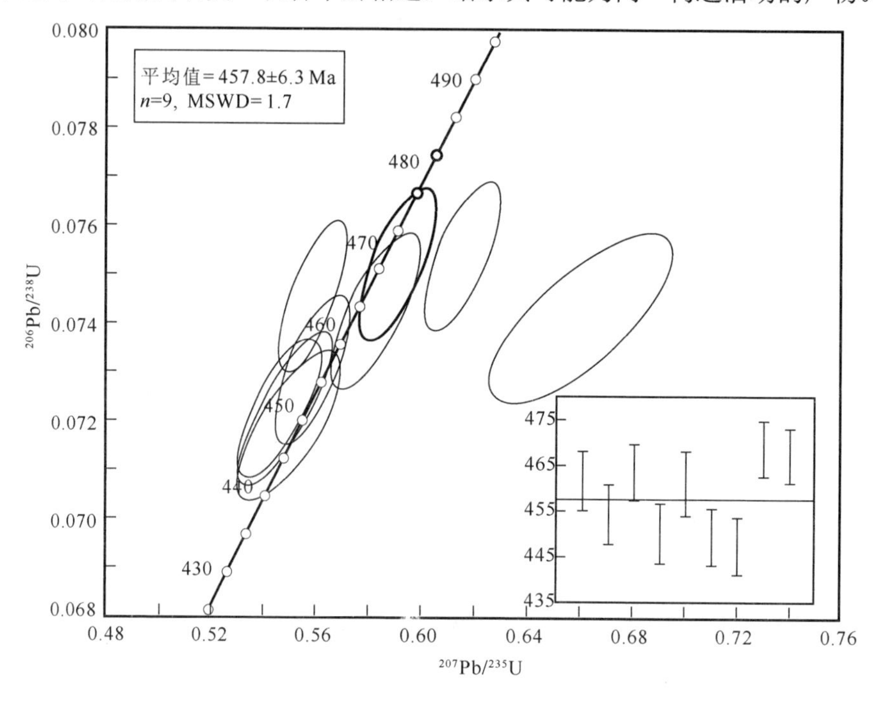

图 3-3　吾力沟 FTW 样品锆石 U-Pb 谐和图与均值图

三、鸡叫沟角闪石英二长岩岩体

鸡叫沟角闪石英二长岩岩体，样品编号为 NJJ-6。锆石 Th/U=0.78～1.15，长宽比为 1∶1～2∶1，锆石具有典型的岩浆振荡环带，环带较窄，部分锆石有继承锆石的残留核（锆石⑳、㉒、㉘、㉚）（图 3-4）。本件样品共测试锆石 30 颗，其中 23 颗锆石的表面年龄 t（$^{206}Pb/^{238}U$）均在谐和度以内，基本在 440～494Ma，加权平均年龄值为 455.6±5.6Ma，代表了该岩体的结晶年龄（图 3-5）。另外有 7 颗锆石的年龄数据构成的不一致线，其下交点年龄为 404±70Ma，可能表明岩浆源区在 404Ma 左右经历过一次 Pb 的丢失。

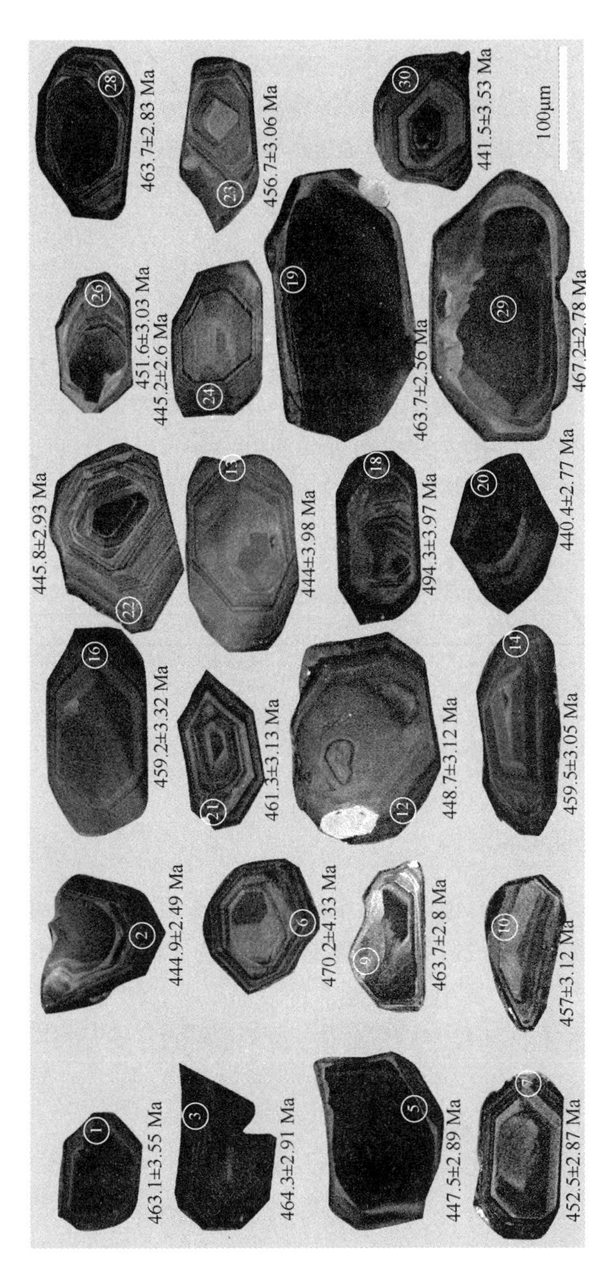

图 3-4　鸡叫沟 NJJ-6 样品锆石的 CL 图像

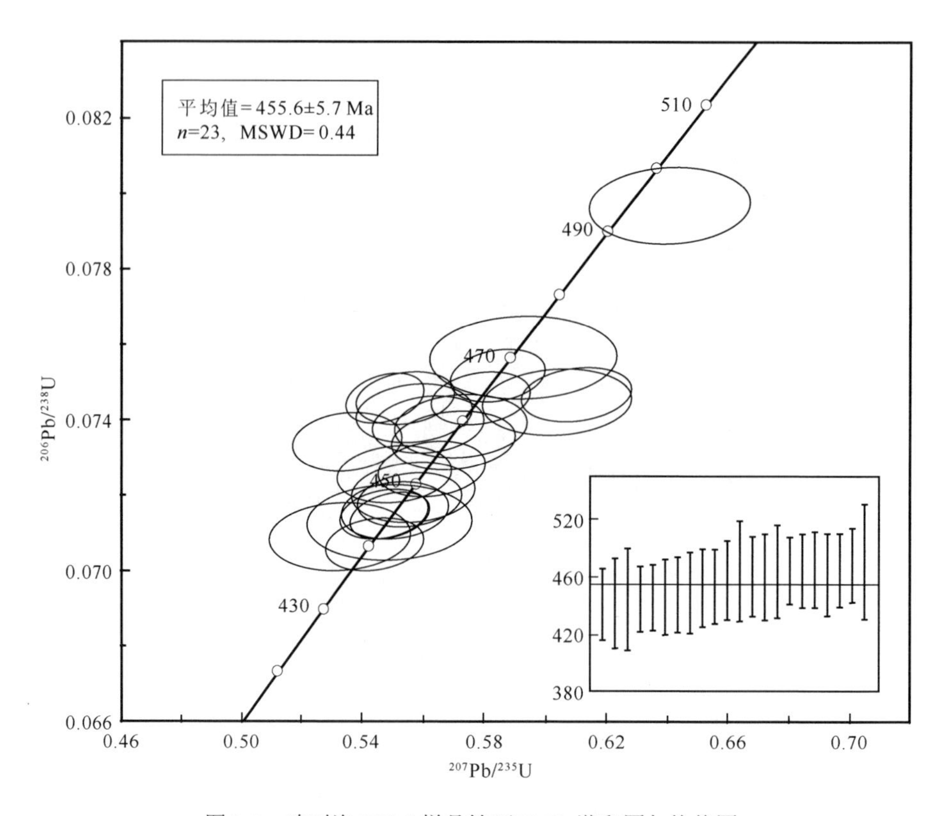

图 3-5　鸡叫沟 NJJ-6 样品锆石 U-Pb 谐和图与均值图

四、扎子沟黑云母二长花岗岩岩体

扎子沟黑云母二长花岗岩岩体，样品编号为 NQ-1。锆石 Th/U=0.63～1.50，变化范围较大，长宽比为 1.2～2，具有明显的环带结构（图 3-6）。本件样品共测试锆石 30 颗，由图 3-7 可知，其中 24 颗锆石的表面年龄 t（$^{206}Pb/^{238}U$）在谐和度以内，范围在 428～485Ma，加权平均年龄值 t（$^{206}Pb/^{238}U$）为 450±12Ma。

五、贾公台奥长花岗岩岩体

贾公台奥长花岗岩岩体，样品编号为 J-1。本件样品共测量锆石 17 颗，锆石 U-Pb 测年结果见表 3-1。锆石长宽比为 1∶1.2～2∶1，最大锆石长 200μm，宽 80μm。CL 图像如图 3-8 所示，多数锆石裂纹发育，大部分锆石发黑，可能为其 U、Th 含量较高所致，大部分锆石具有典型岩浆锆石成因的振荡环带（吴元保和郑永飞，

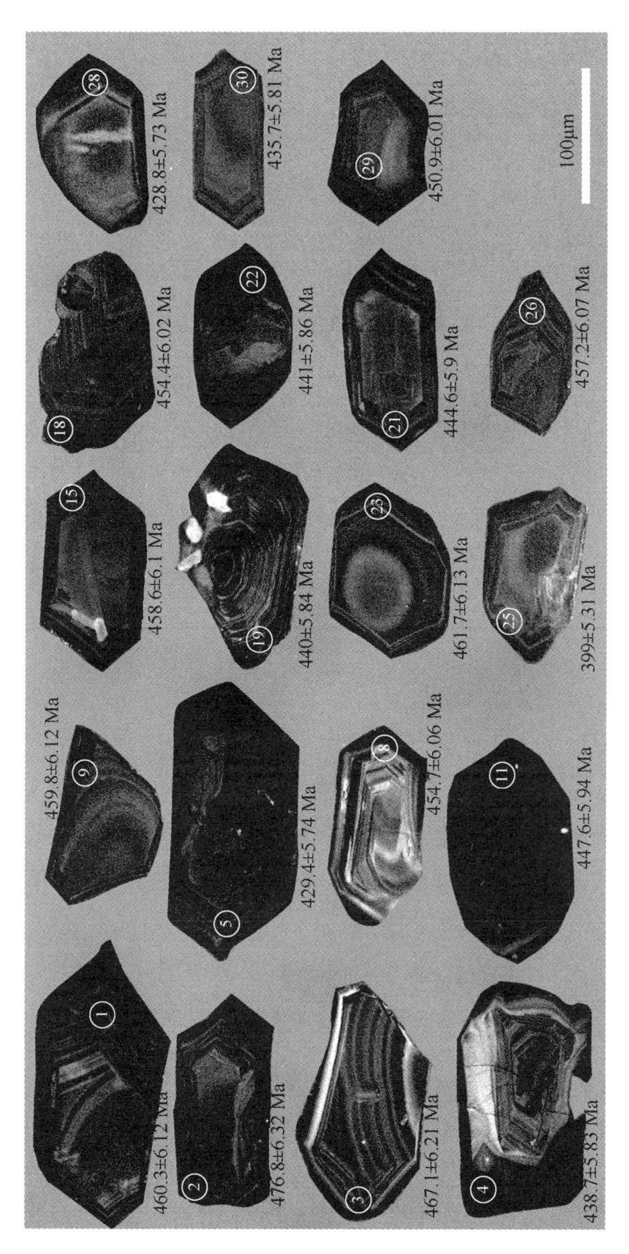

图 3-6　扎子沟 NQ-1 样品锆石的 CL 图像

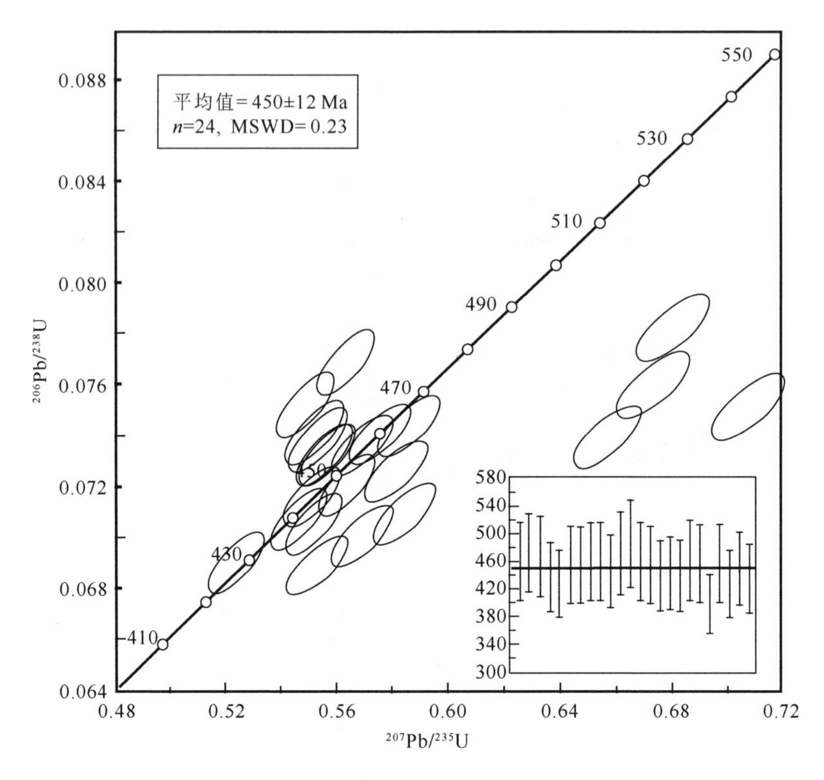

图 3-7　扎子沟 NQ-1 样品锆石 U-Pb 谐和图与均值图

2004；Belousova et al，2002）。两个锆石的 $^{206}Pb/^{238}U$ 年龄与其他大部分结果相比变化较大，在年龄加权平均时剔除。其余锆石的 $^{206}Pb/^{238}U$ 年龄较一致，范围在 418～461Ma，加权平均年龄为 442.7±6.8Ma，表明贾公台岩体主要形成于 442.7±6.8Ma（图 3-9）。

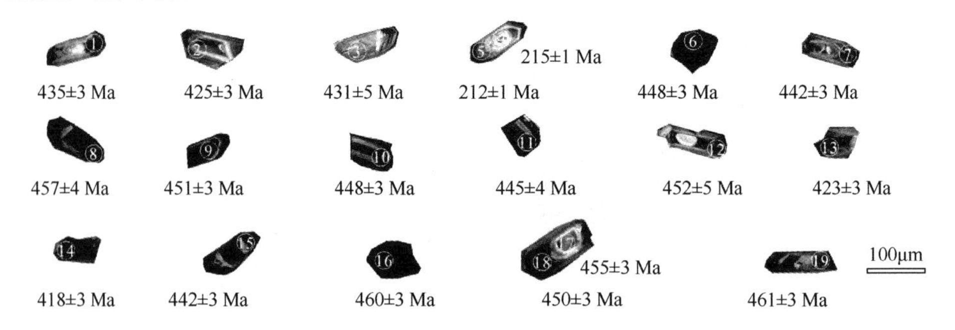

图 3-8　贾公台 J-1 样品锆石的 CL 图像

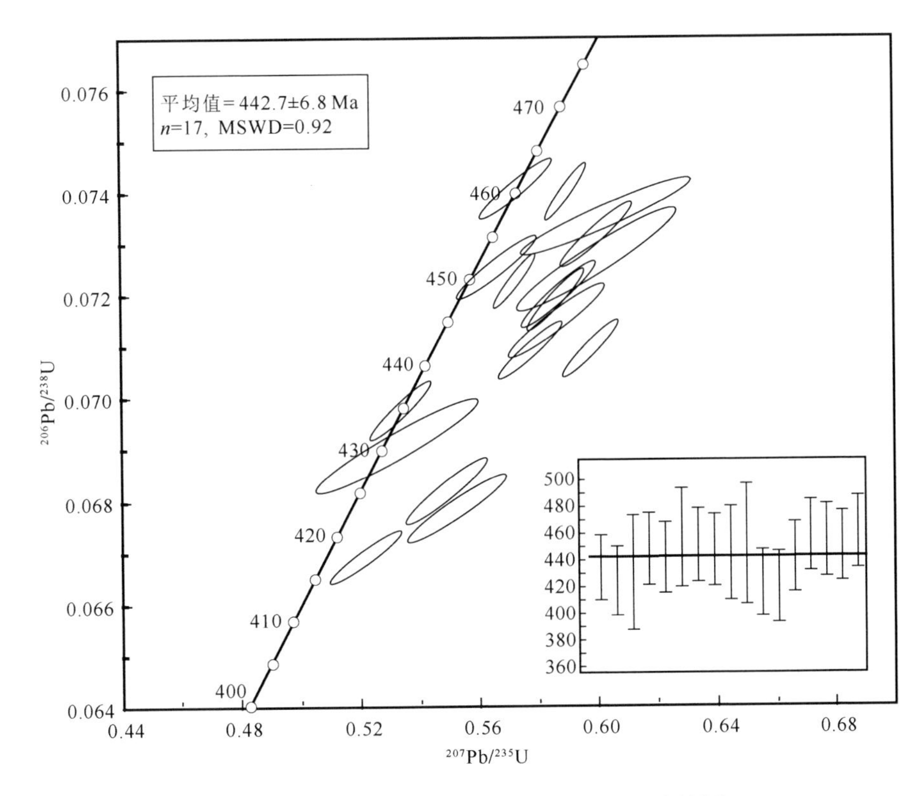

图 3-9 贾公台 J-1 样品锆石 U-Pb 谐和图与均值图

六、振兴梁奥长花岗岩岩体

振兴梁奥长花岗岩岩体，样品编号为 Z-1。本件样品共测量锆石 19 颗，打点 21 个，其中有 2 颗锆石分别在边部和核部打了 1 个点，单颗粒锆石的 U-Pb 含量及年龄结果见表 3-1。锆石长宽比 1∶1.2～2∶1，最大锆石长 150μm，宽 80μm。CL 图像如图 3-10 所示，锆石多呈港湾状，裂纹发育，部分锆石发黑，可能与其 U、Th 含量高有关，大部分锆石具有典型岩浆锆石成因的振荡环带（吴元保和郑永飞，2004；Belousova et al.，2002）。部分锆石的 $^{206}Pb/^{238}U$ 年龄与其他大部分结果相比变化较大，在年龄加权平均时剔除。其中 13 颗锆石的 $^{206}Pb/^{238}U$ 年龄较一致，范围为 398～468Ma，加权平均年龄为 437.6±8.1Ma，表明振兴梁奥长花岗岩主要形成于 437.6±8.1Ma（图 3-11）。

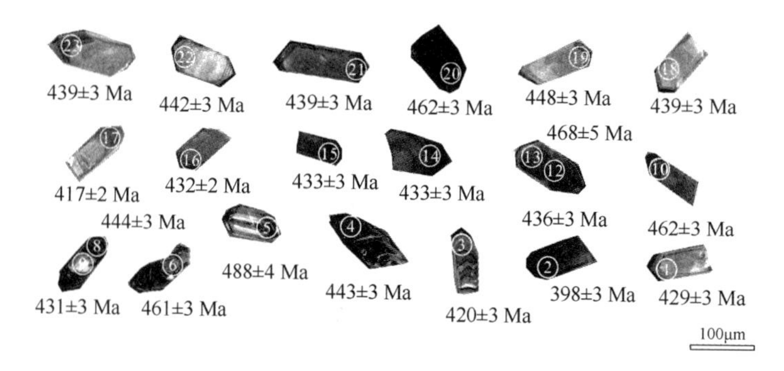

图 3-10　振兴梁 Z-1 样品锆石的 CL 图像

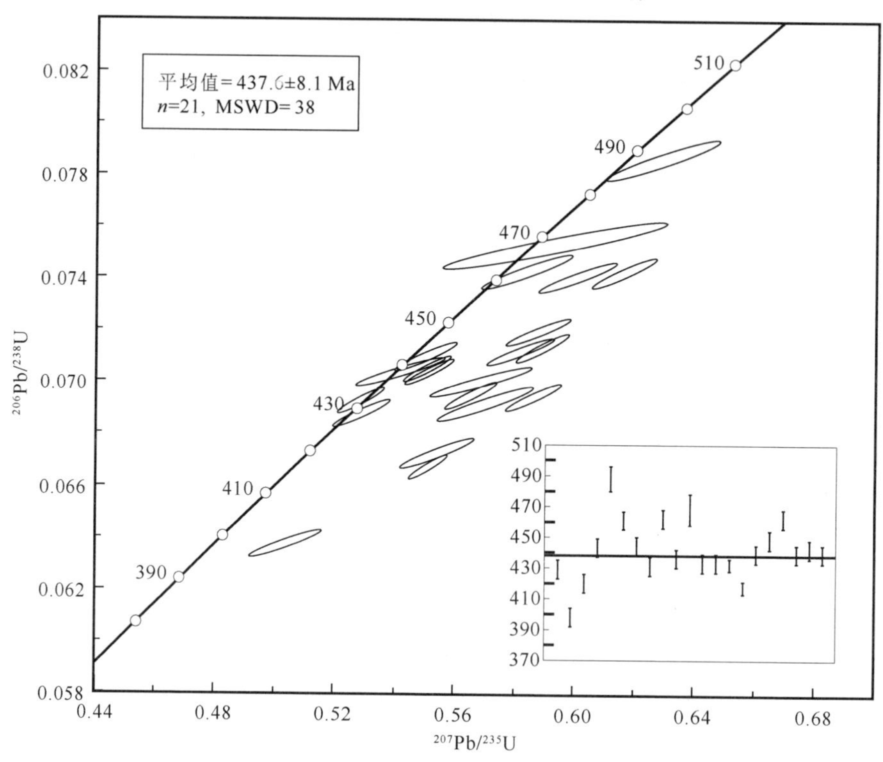

图 3-11　振兴梁 Z-1 样品锆石 U-Pb 谐和图与均值图

七、石块地黑云母二长花岗岩岩体

石块地黑云母二长花岗岩岩体，样品编号为 NS-2。大部分锆石发亮，可能与其 Th、U 含量较低有关，Th/U=0.59～1.45，平均值为 0.96，锆石的长宽比为 1.5～1，锆石具有明显的环带结构，符合岩浆锆石的特点，一些锆石具有扇状分带（锆石⑥、⑦、⑮、㉑、㉒）（图 3-12）。锆石的 $^{206}Pb/^{238}U$ 年龄为 386～476Ma，加权平均年龄为 420±12Ma（图 3-13）。

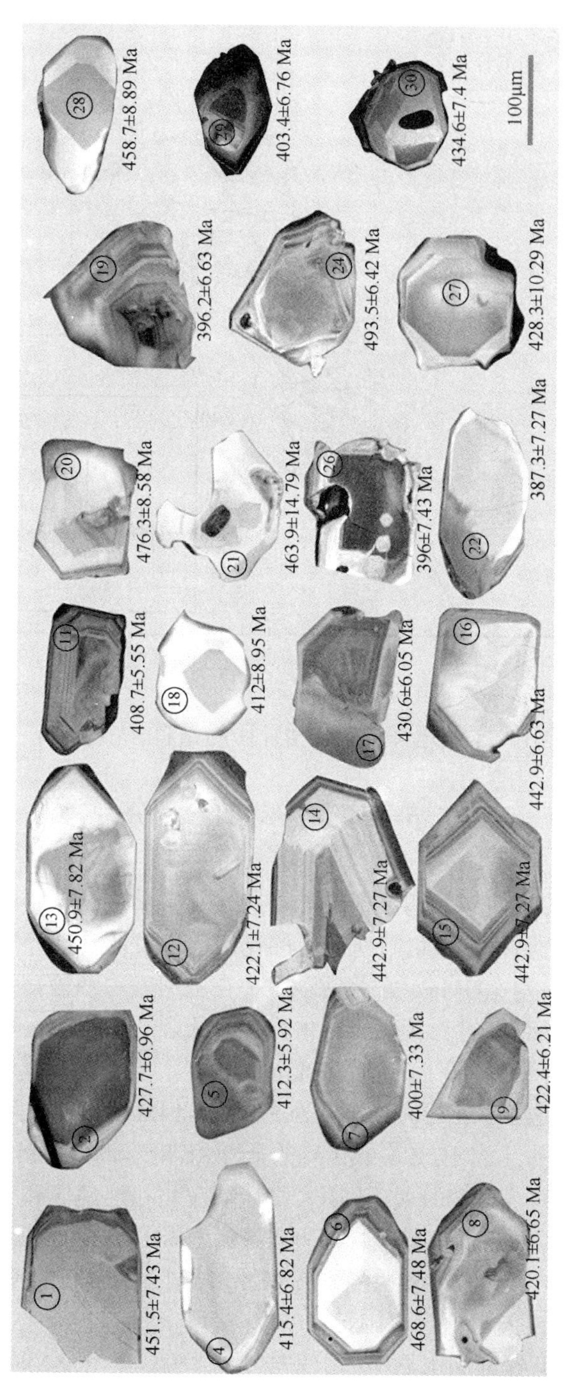

图 3-12 石块地 NS-2 样品锆石的 CL 图像

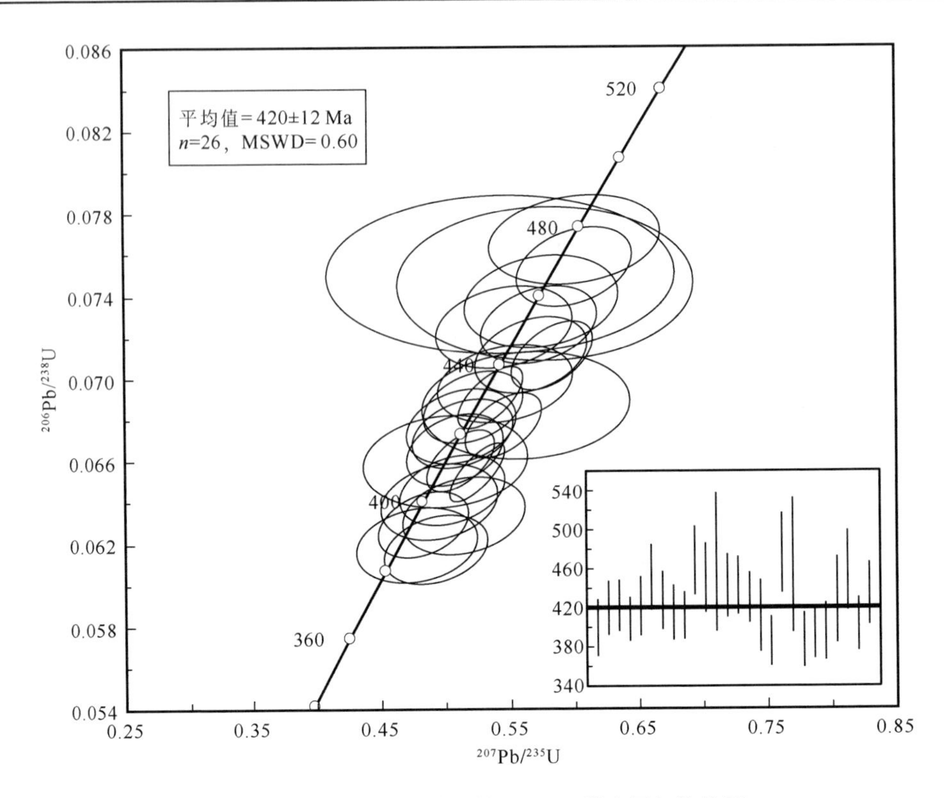

图 3-13　石块地 NS-2 样品锆石 U-Pb 谐和图与均值图

第二节　岩浆活动期次划分

根据前文获得的岩体年代和已报道的花岗岩的年龄数据，结合岩体的侵入接触关系和区域岩浆活动特征，可将研究区的花岗质岩浆活动划分为五期。

第一期：时代约为 500Ma，岩浆活动主要在党河南山西段，以扎子沟—石块地花岗闪长岩和小黑刺沟斜长花岗岩岩体为典型代表。扎子沟—石块地花岗闪长岩岩体为一巨大的岩基，出露面积在 200km^2 以上，主要分布在党河南山北坡清水沟至大红沟一带，全岩 Rb-Sr 等时线年龄为 510.85±14Ma（刘志武等，2006），岩体侵入于震旦系中基性火山岩中，该套火山岩的全岩 Rb-Sr 等时线年龄为 684.87±71～666.63±1.6Ma（赵虹等，2001）。该期岩浆活动在北祁连地区和柴北缘地区比较发育。在北祁连地区中西段有野马咀花岗岩（锆石 SHRIMP U-Pb 年龄为 508Ma）和柯柯里花岗质岩体（锆石 SHRIMP U-Pb 年龄为 501～512Ma）（吴才来等，2010，2006）。在东段有白银米家山花岗闪长岩（Rb-Sr 等时线年龄为 516±64Ma）（王春英等，2000）。柴北缘滩间山岛弧火山岩带火山岩的 LA-ICP-MS 锆石 U-Pb 年龄为 514±8.5Ma（史仁灯等，2004a），后期侵入的辉长岩脉（锆石 U-Pb 年龄为

496.3±6.3Ma）也属该期岩浆活动的产物（袁桂邦等，2002）。小黑刺沟斜长花岗岩的地球化学特征具洋岛花岗岩的特征，可能与大道尔基超基性岩体同期形成，表明中寒武世—早奥陶世南祁连地区可能处于拉张最强时期。

第二期：时代为480～465Ma，岩浆活动仅在党河南山东段，以鸡叫沟辉石闪长岩为代表，其LA-ICP-MS锆石U-Pb测年结果为476.2±6.17Ma，岩体形成于岛弧活动带（张莉莉等，2013）。该期岩浆的侵入活动在祁连山构造带较少被报道，只在北祁连东段出露一些零星的小岩体，在景泰县井子川石英闪长岩岩体的锆石U-Pb SHRIMP年龄为464±15Ma，属岛弧环境高钾钙碱性岩石（吴才来等，2004）。这期岩浆活动在柴北缘地区比较发育，在柴北缘西段发育赛什腾山花岗岩和团鱼山花岗岩等I型花岗岩，锆石SHRIMP U-Pb年龄分别为465.4±3.5Ma和469.7±4.6Ma，形成于岛弧或活动大陆边缘，与板块俯冲有关（吴才来等，2008）。嗷唠山花岗岩的锆石 SHRIMP U-Pb 年龄变化于445±15.3～496±7.6Ma，平均为473Ma，属钙碱性I型花岗岩，形成于岛弧或活动陆缘环境（吴才来等，2001）。

第三期：时代为460～450Ma，岩浆活动在党河南山东、西段均发育，东段以吾力沟正长闪长岩（LA-ICP-MS锆石U-Pb年龄为457.8±6.3Ma）、鸡叫沟角闪石英二长岩（LA-ICP-MS锆石U-Pb年龄为455.6±5.6Ma）为代表，西段以清水沟二长花岗岩（LA-ICP-MS锆石U-Pb年龄为450±12Ma）为代表，岩浆活动以钙碱性I型花岗岩为主。在北祁连西段发育板块俯冲期野牛滩花岗闪长岩体，锆石U-Pb年龄为459.6±2.5Ma（毛景文等，2000a，2000b）。在北祁连东段秦祁结合部位，王家岔石英闪长岩体的锆石年龄为454.7±1.7Ma，具岛弧火成岩的特征（陈隽璐等，2006）。

第四期：时代为445～420Ma，在东段有贾公台岩体和振兴梁岩体，西段有石块地二长花岗岩岩体。贾公台岩体的LA-ICP-MS锆石U-Pb年龄为442.7±6.8Ma，振兴梁花岗岩主要形成于 437.6±8.1Ma。北祁连西段石包城花岗岩的锆石SHRIMP U-Pb年龄为435±4Ma，形成于岛弧环境（李建锋等，2010）；中祁连西段野马岛弧型南山花岗岩的锆石年龄为444+38/−33Ma（苏建平等，2004），中祁连东段什川花岗岩岩基二长花岗岩的锆石U-Pb年龄为444.6Ma，为加厚地壳拆沉所形成（陈隽璐等，2008）。贾公台岩体与南祁连东段基性岩墙的年龄442.4±1.6Ma接近（张照伟等，2012），可能指示南祁连处于造山后环境。在大柴旦塔塔棱河一带，环斑花岗岩体具S型花岗岩的特点，卢欣祥等（2007）获得的锆石SHIRIMP U-Pb年龄为440±14Ma，认为其形成于柴达木陆块与中南祁连板块碰撞环境；而吴才来等（2007）获得的锆石SHIRIMP U-Pb年龄为446.3±3.9Ma，认为其形成于后碰撞拉张环境。石块地似斑状黑云母二长花岗岩的LA-ICP-MS锆石U-Pb年龄为420±11Ma，部分显示出A型花岗岩的特征，表明党河南山一带此时可能处于闭合碰撞的构造环境。

第五期：主要是出露在东段的一些后期浅成侵入岩，包括东洞沟石英闪长岩、闪长玢岩和狼查沟闪长玢岩等，本书没有对这些岩体开展测年工作。另外，还有一些煌斑岩穿插于这些岩体之中，具有拉张环境岩石的特点，应为中祁连与南祁连碰撞造山后陆壳拉张减薄形成的产物。

第四章　花岗岩类地球化学特征、岩石成因与构造环境

第一节　岩石主量元素特征

本书使用野外采集的新鲜岩石样品进行地球化学性质分析，常量元素在兰州大学西部环境教育部重点实验室 Philips®PW2403 型 XRF 上测量，微量和稀土元素在长安大学国土资源部成矿作用及其动力学实验室 ICP-MS 上完成，分析结果分别见表 4-1、表 4-2 和表 4-3。

一、第一期侵入岩

（一）小黑刺沟斜长花岗岩

该斜长花岗岩体分布于小黑刺沟矿区，岩石 SiO_2 质量分数为 61.90%～66.24%，平均为 64.02%；K_2O 质量分数为 0.99%～2.48%，平均为 1.72%。在 TAS 图解上均投入花岗闪长岩系列范围内（图 4-1）；在 AR-SiO_2 图解上投入钙碱性系列范围内（图 4-2）。CaO、Na_2O 等质量分数较高，CaO 质量分数为 4.38%～5.96%，$Mg^{\#}$为 43.88～67.13，变化范围较大，全铁质量分数为 4.53%～5.49%，里特曼指数为 0.29～1.43。从 AFM 图解上可以看出，岩石不具有富铁的趋势（图 4-3）；

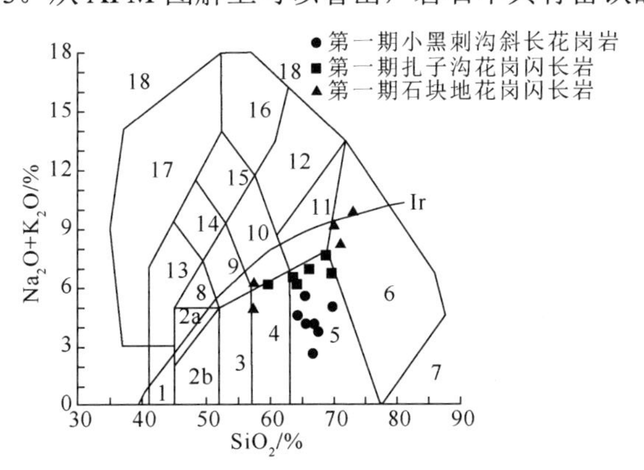

图 4-1　第一期侵入岩 TAS 图解

1．橄榄辉长岩；2a．碱性辉长岩；2b．亚碱性辉长岩；3．辉长闪长岩；4．闪长岩；5．花岗闪长岩；6．花岗岩；7．硅英岩；8．二长辉长岩；9．二长闪长岩；10．二长岩；11．石英二长岩；12．正长岩；13．副长石辉长岩；14．副长石二长闪长岩；15．副长石二长正长岩；16．副长正长岩；17．副长深成岩；18．霓方钠岩/磷霞岩/粗白榴岩；Ir．分界线，上方为碱性，下方为亚碱性

表 4-1　党河南山岩体常量元素数据

期次	位置	样品编号	岩性	SiO_2	TiO_2	Al_2O_3	Fe_2O_3	FeO	MnO	MgO	CaO	Na_2O	K_2O	P_2O_5	LOI	总量	σ	A/NK	A/CNK	$Mg^{\#}$
第一期	小黑刺沟	HX-3	斜长花岗岩	64.69	0.40	16.13	1.55	3.66	0.05	3.27	4.38	0.18	2.33	0.09	3.27	100	0.29	5.71	1.49	53.56
	小黑刺沟	HX-5	斜长花岗岩	64.09	0.39	16.23	1.75	3.45	0.10	2.45	5.22	3.05	0.99	0.10	2.18	100	0.77	2.66	1.04	46.50
	小黑刺沟	HX-6	斜长花岗岩	61.90	0.40	15.91	1.96	3.73	0.09	2.41	5.37	3.28	1.04	0.10	3.81	100	0.99	2.44	0.98	43.88
	小黑刺沟	HX-7	斜长花岗岩	61.33	0.42	15.77	1.81	3.03	0.06	2.99	2.96	3.00	2.12	0.08	6.43	100	1.43	2.18	1.25	53.36
	小黑刺沟	HX-8	斜长花岗岩	66.24	0.42	14.93	1.60	3.29	0.06	5.42	2.55	1.14	2.48	0.12	1.75	100	0.56	3.27	1.62	67.13
	小黑刺沟	HX-9	斜长花岗岩	65.58	0.31	13.52	1.66	2.87	0.07	1.93	3.28	2.86	1.81	0.09	6.02	100	0.97	2.03	1.07	44.08
	小黑刺沟	HX-12	斜长花岗岩	64.30	0.30	14.38	1.62	3.18	0.07	2.37	5.96	2.64	1.26	0.09	3.83	100	0.71	2.52	0.87	47.67
	扎子沟	DB180*	花岗闪长岩	69.14	0.20	14.69	1.81	1.87	0.08	1.55	3.24	3.25	3.37	0.11	0.69	100	1.68	1.63	0.99	44.12
	扎子沟	DB186*	花岗闪长岩	62.76	0.50	15.78	2.11	4.10	0.13	2.29	4.58	3.16	3.18	0.18	1.23	100	2.03	1.82	0.93	40.49
	扎子沟	DB281*	花岗闪长岩	65.48	0.70	15.12	2.96	2.54	0.12	1.97	3.09	3.88	2.99	0.13	1.02	100	2.10	1.57	0.99	40.29
	扎子沟	DB282*	花岗闪长岩	59.14	0.56	16.60	4.39	3.70	0.15	3.01	5.38	3.78	2.30	0.18	0.81	100	2.29	1.90	0.90	41.22
	扎子沟	DB191*	花岗闪长岩	63.64	0.60	16.37	2.56	3.49	0.12	1.82	4.17	3.57	2.48	0.18	1.00	100	1.77	1.91	1.01	35.90
	扎子沟	DB285*	花岗闪长岩	67.80	0.24	14.64	1.96	2.09	0.10	1.43	2.69	3.36	4.18	0.15	1.36	100	2.29	1.45	0.98	39.81
	石块地	HS-3	花岗闪长岩	55.69	0.96	15.88	2.31	4.40	0.11	4.34	8.15	2.57	2.15	0.25	3.19	100	1.76	2.42	0.74	54.42
	石块地	HS-4	花岗闪长岩	55.51	1.23	15.74	3.08	5.03	0.14	3.80	5.70	3.27	2.71	0.34	3.45	100	2.86	1.89	0.84	46.47
	石块地	HS-7	花岗闪长岩	69.32	0.34	14.55	1.00	1.20	0.04	0.42	2.56	4.37	3.58	0.12	2.50	100	2.40	1.31	0.92	26.28
	石块地	HS-8	花岗闪长岩	66.29	0.42	13.58	1.37	1.48	0.05	0.77	1.70	3.67	4.99	0.13	5.55	100	3.22	1.19	0.93	33.60
	石块地	HS-9	花岗闪长岩	69.08	0.15	12.38	0.48	0.48	0.03	0.15	2.56	4.26	5.09	0.04	5.30	100	3.35	0.99	0.72	22.67
第二期	鸡叫沟	HJJ-1	辉石闪长岩	49.21	1.15	15.30	3.51	6.25	0.18	6.19	8.93	2.58	3.09	0.65	2.96	100	5.18	2.01	0.64	53.97
	鸡叫沟	HJJ-2	黑云透辉闪长岩	50.33	1.22	16.55	3.10	5.04	0.14	5.07	8.15	2.70	3.61	1.65	2.44	100	5.43	1.98	0.71	53.58
	鸡叫沟	HJJ-10	黑云透辉闪长岩	50.51	1.11	17.27	3.48	4.94	0.14	3.69	8.05	4.53	3.02	2.65	0.61	100	7.59	1.61	0.68	44.90
	鸡叫沟	HJJ-27	黑云辉石正长闪长岩	48.70	1.21	15.64	3.40	6.78	0.20	6.75	10.48	2.49	2.44	3.65	—	101.70	4.26	2.32	0.61	55.01
	鸡叫沟	15HJJ-6	辉石闪长岩	49.44	0.92	14.10	3.27	6.15	0.23	7.13	9.74	2.94	2.47	4.65	2.11	103.20	4.54	1.88	0.56	58.29
	鸡叫沟	15HJJ-9	辉石闪长岩	43.62	1.92	10.71	4.46	9.71	0.24	9.24	12.44	1.99	1.15	5.65	1.74	102.90	15.90	2.37	0.39	54.55

*引自刘志武等，2006。

续表

期次	位置	样品编号	岩性	SiO_2	TiO_2	Al_2O_3	Fe_2O_3	FeO	MnO	MgO	CaO	Na_2O	K_2O	P_2O_5	LOI	总量	σ	A/NK	A/CNK	$Mg^{\#}$
第二期	鸡叫沟	HJJ-26	黑云透辉闪长岩	51.00	0.95	15.78	3.48	5.40	0.22	5.61	8.43	3.45	3.06	6.65	1.24	105.30	5.30	1.75	0.65	53.96
第三期	鸡叫沟	HJJ-14	角闪石英二长岩	56.61	0.18	17.54	2.36	2.55	0.05	1.99	4.41	4.90	5.08	0.07	4.26	100	7.32	1.29	0.81	43.13
	鸡叫沟	HJJ-17	粗粒花岗岩	56.75	0.57	16.84	2.48	2.80	0.09	1.82	5.01	5.06	3.93	0.40	4.25	100	5.88	1.34	0.78	39.20
	鸡叫沟	HJJ-20	角闪石英二长岩	56.68	0.51	16.87	2.46	2.78	0.11	2.20	5.62	4.71	4.42	0.36	3.28	100	6.09	1.34	0.74	43.99
	鸡叫沟	HJJ-21	石英二长岩	56.02	0.49	17.24	2.54	2.82	0.10	2.03	5.30	5.25	4.02	0.37	3.82	100	6.60	1.33	0.76	41.48
	鸡叫沟	HJJ-23	角闪透辉二长岩	55.05	0.49	18.77	2.50	2.97	0.12	2.05	6.10	5.90	2.96	0.38	2.71	100	6.51	1.45	0.78	41.18
	鸡叫沟	HJJ-24	黑云母二长花岗岩	70.57	0.17	12.64	0.57	0.57	0.02	0.24	1.16	3.71	5.53	0.05	4.77	100	3.10	1.04	0.89	28.32
	鸡叫沟	HJJ-30	钾长花岗岩	60.36	0.40	16.53	1.95	2.13	0.08	1.67	4.18	5.02	4.24	0.25	3.19	100	4.94	1.29	0.81	43.38
	鸡叫沟	15HJJ-8	闪长岩	52.18	0.89	16.69	3.92	4.68	0.20	4.10	7.25	3.92	3.20	0.65	1.74	99.42	5.52	1.68	0.72	47.10
	鸡叫沟	HJJ-22	角闪透辉二长岩	56.49	0.52	18.15	2.67	3.39	0.16	2.52	5.98	4.69	2.85	0.31	1.68	99.41	4.21	1.68	0.84	43.68
	吾力沟	HW-10	角闪石英二长岩	50.86	0.87	16.77	2.92	3.59	0.13	3.10	7.64	4.85	3.64	0.53	5.10	100	9.17	1.41	0.65	47.05
	吾力沟	HW-13	黑云母二长花岗岩	61.40	0.49	15.76	1.39	1.42	0.05	1.20	3.34	5.40	4.12	0.29	5.14	100	4.93	1.18	0.81	44.47
	吾力沟	HW-1	角闪石英二长岩	54.64	0.65	15.55	3.00	2.61	0.15	2.97	6.58	4.28	3.87	0.46	4.67	99.43	5.71	1.38	0.67	49.93
	吾力沟	HW-14	黑云石英正长闪长岩	59.16	0.43	15.69	1.43	1.45	0.07	1.45	4.01	5.63	3.84	0.25	6.59	100	5.55	1.17	0.76	48.57
	黑刺沟	HH27	角闪二长岩	55.44	0.51	17.20	2.61	2.79	0.14	1.92	5.80	6.06	3.60	0.35	3.58	100	7.50	1.24	0.70	39.98
	黑刺沟	HH-28	角闪正长闪长岩	54.44	0.75	16.53	3.36	3.93	0.27	2.83	7.57	4.07	3.07	0.53	2.15	99.50	4.46	1.65	0.69	42.04

续表

期次	位置	样品编号	岩性	SiO_2	TiO_2	Al_2O_3	Fe_2O_3	FeO	MnO	MgO	CaO	Na_2O	K_2O	P_2O_5	LOI	总量	σ	A/NK	A/CNK	$Mg^{\#}$
第三期	黑刺沟	HH-29	角闪石英正长闪长岩	53.94	0.54	17.11	2.82	3.04	0.14	2.13	5.97	5.71	3.84	0.41	4.35	100	8.34	1.26	0.70	40.50
	黑刺沟	HH-44	黑云母花岗岩	53.05	0.68	13.97	2.86	4.04	0.14	5.05	6.09	3.53	3.42	0.35	6.82	100	4.81	1.47	0.68	57.65
	清水沟	HQ-20	花岗闪长岩	70.14	0.20	13.02	1.05	2.81	0.069	1.85	2.60	4.30	0.88	0.04	2.40	99.40	0.99	1.62	1.02	46.76
	清水沟	HQ-22	黑云母二长花岗岩	65.86	0.48	14.73	2.16	2.31	0.13	1.87	2.98	4.08	3.23	0.19	1.72	99.70	2.34	1.44	0.94	43.93
	清水沟	HQ-14	黑云母二长花岗岩	69.21	0.26	14.18	0.87	1.00	0.04	0.51	2.08	4.19	4.04	0.11	3.51	100	2.58	1.26	0.94	33.77
第四期	贾公台	HJ-1	黑云斜长花岗岩	63.02	0.40	16.40	1.55	1.97	0.06	1.29	3.51	5.90	1.76	0.18	3.96	100	2.93	1.41	0.91	40.60
	贾公台	HJ-2	奥长花岗岩	61.84	0.43	16.67	1.57	2.02	0.06	1.42	4.06	5.50	2.07	0.19	4.17	100	3.04	1.48	0.89	42.44
	贾公台	HJ-3	黑云奥长花岗岩	60.46	0.46	15.77	1.81	2.35	0.06	1.44	4.67	5.80	1.62	0.19	5.37	100	3.15	1.40	0.80	39.21
	贾公台	HJ-4	黑云奥长花岗岩	65.11	0.46	18.26	1.65	2.33	0.05	0.40	1.47	4.01	2.67	0.16	3.43	100	2.02	1.92	1.50	15.75
	贾公台	HJ-5	黑云奥长花岗岩	64.69	0.39	16.30	1.52	2.01	0.05	1.26	2.94	5.00	2.25	0.15	3.44	100	2.42	1.53	1.02	39.94
	贾公台	HJ-6	黑云奥长花岗岩	60.85	0.41	16.76	1.65	2.09	0.04	1.20	3.88	5.01	2.61	0.16	5.34	100	3.25	1.51	0.92	37.44
	贾公台	HJ-7	黑云奥长花岗岩	63.76	0.40	16.59	1.54	2.01	0.04	1.04	4.00	5.67	1.78	0.16	3.01	100	2.67	1.47	0.89	35.31
	贾公台	HJ-8	奥长花岗岩	61.38	0.48	17.56	1.66	2.33	0.04	1.02	3.50	3.77	2.95	0.16	5.15	100	2.46	1.87	1.11	32.23
	贾公台	HJ-9	黑云奥长花岗岩	61.57	0.44	16.45	1.74	2.16	0.06	1.55	3.51	6.01	1.84	0.17	4.50	100	3.32	1.38	0.90	42.58
	贾公台	HJ-10	花岗岩	62.68	0.41	16.51	1.63	1.91	0.04	1.15	3.35	6.25	2.13	0.17	3.77	100	3.57	1.31	0.88	37.77
	贾公台	15HJ-16	奥长花岗岩	65.44	0.49	15.75	1.76	2.22	0.094	1.74	4.95	4.06	1.35	0.18	1.74	99.80	1.30	1.93	0.92	44.92
	贾公台	15HJ-20	奥长花岗岩	65.44	0.47	16.13	1.56	2.34	0.099	1.81	4.64	4.27	1.19	0.17	1.96	100.10	1.33	1.94	0.96	46.29

续表

期次	位置	样品编号	岩性	SiO_2	TiO_2	Al_2O_3	Fe_2O_3	FeO	MnO	MgO	CaO	Na_2O	K_2O	P_2O_5	LOI	总量	σ	A/NK	A/CNK	$Mg^{\#}$
第四期	贾公台	15HJ-28	奥长花岗岩	64.51	0.42	16.50	1.55	2.46	0.11	1.76	4.51	4.39	1.70	0.16	2.04	100.10	1.72	1.82	0.95	44.87
	贾公台	15HJ-30	奥长花岗岩	64.83	0.45	16.24	2.17	2.08	0.11	1.89	4.62	4.62	1.19	0.19	1.75	100.10	1.55	1.83	0.94	45.52
	贾公台	15HJ-24	奥长花岗岩	59.78	1.63	15.75	1.34	3.47	1.13	1.63	5.27	4.44	1.67	0.16	2.57	98.80	2.22	1.73	0.84	38.32
	振兴梁	HZ-1	黑云奥长花岗岩	63.62	0.41	15.21	1.46	1.95	0.05	1.21	3.39	5.64	1.43	0.16	5.47	100	2.42	1.40	0.89	39.79
	振兴梁	15HZ-5	似斑状二长花岗岩	67.10	0.41	15.27	1.46	2.17	0.09	1.63	4.08	4.10	1.30	0.16	1.75	99.50	1.21	1.87	0.98	45.47
	振兴梁	15HZ-9	似斑状二长花岗岩	64.18	0.24	15.65	1.37	2.35	0.08	1.97	3.07	4.89	1.35	0.13	3.20	98.50	1.84	1.65	1.04	49.50
	振兴梁	HZ-13	中粒二长花岗岩	72.18	0.21	11.41	0.91	1.21	0.04	0.95	1.22	2.68	3.87	0.06	5.26	100	1.47	1.33	1.05	45.49
	振兴梁	HZ-15	中粒二长花岗岩	67.97	0.32	10.72	1.39	2.26	0.07	2.16	3.51	2.84	2.18	0.09	6.49	100	1.01	1.52	0.80	52.31
	石块地	HS-2	黑云母二长花岗岩	62.65	0.63	14.68	1.67	1.67	0.06	0.93	2.34	4.81	4.76	0.20	5.60	100	4.66	1.12	0.85	34.32
	石块地	HS-9	黑云母二长花岗岩	64.38	0.58	14.67	1.75	1.90	0.05	1.18	2.22	4.20	4.74	0.21	4.12	100	3.74	1.22	0.91	37.71
	石块地	15HS-14	似斑状二长花岗岩	69.69	0.31	14.25	0.58	2.07	0.12	1.59	0.98	4.36	3.54	0.11	1.14	98.70	2.34	1.29	1.11	52.23
	石块地	15HS-18	黑云母二长花岗岩	69.91	0.35	14.45	0.67	1.91	0.07	0.89	2.84	3.71	2.82	0.10	0.94	98.70	1.58	1.58	1.01	38.70
	石块地	HS-19	黑云母二长花岗岩	68.48	0.42	13.94	0.64	2.00	0.08	1.30	1.28	3.20	4.91	0.12	4.40	100.70	2.58	1.32	1.08	47.36
	石块地	HS20	角闪黑云二长花岗岩	66.77	0.47	14.19	1.45	1.62	0.06	0.87	2.41	3.68	4.93	0.15	3.40	100	3.12	1.24	0.90	34.65
	石块地	HS21	二长花岗岩	67.88	0.54	17.49	1.17	1.60	0.03	1.07	0.96	0.08	6.84	0.17	2.17	100	1.92	2.32	1.88	41.82

续表

期次	位置	样品编号	岩性	SiO_2	TiO_2	Al_2O_3	Fe_2O_3	FeO	MnO	MgO	CaO	Na_2O	K_2O	P_2O_5	LOI	总量	σ	A/NK	A/CNK	$Mg^{\#}$
第五期	东洞沟	HD-1	石英闪长岩	63.50	0.46	13.33	1.81	2.94	0.09	2.49	4.38	2.44	2.91	0.12	5.50	100	1.40	1.86	0.88	49.28
	东洞沟	HD-2	黑云石英闪长岩	63.46	0.37	11.94	1.67	3.95	0.15	3.29	4.54	1.77	1.97	0.15	6.20	99.46	0.68	2.36	0.90	51.82
	东洞沟	HD-6	石英闪长岩	60.48	0.66	14.40	2.18	3.63	0.09	2.97	3.83	1.25	4.00	0.20	6.31	100.00	1.58	2.25	1.08	48.63
	东洞沟	HD-21	角闪石英闪长岩	55.42	0.60	14.54	3.91	4.05	0.21	5.05	6.42	5.05	2.86	0.30	4.20	106.50	5.04	1.27	0.63	54.32
	东洞沟	HD-19	奥长花岗岩	54.69	0.39	14.97	1.88	4.44	0.16	5.75	4.06	3.54	1.79	0.32	4.90	101.60	2.43	1.93	0.99	62.57
	狼查沟	HL-3	闪长岩	62.20	0.62	15.29	2.16	3.86	0.09	2.65	3.70	1.14	3.59	0.12	4.60	100.00	1.17	2.65	1.22	44.87
	狼查沟	HL-41	闪长玢岩	50.64	0.43	14.68	1.34	6.42	0.23	4.94	5.31	2.11	2.19	0.18	10.20	102.60	2.42	2.51	0.95	53.59
	狼查沟	HL-32	角闪石英闪长玢岩	50.26	0.79	16.64	4.55	7.09	0.15	4.56	3.85	5.32	1.13	0.40	8.20	115.40	5.73	1.67	0.98	42.09
	狼查沟	HL-33	闪长玢岩	57.18	0.76	14.98	2.88	5.46	0.18	4.35	4.40	2	2.50	0.16	5.15	100.00	1.43	2.50	1.07	49.06
	狼查沟	HL-34	闪长玢岩	54.44	0.86	13.78	3.51	7.09	0.27	5.20	5.17	2.34	1.78	0.18	5.38	100.00	1.48	2.38	0.91	47.49
	狼查沟	HL-35	闪长玢岩	57.76	0.75	16.12	2.64	4.72	0.15	3.87	4.15	1.90	3.07	0.15	4.72	100.00	1.67	2.50	1.15	49.29
	小黑刺沟	HX-10	英安斑岩	66.21	0.43	14.77	1.30	2.90	0.10	2.14	4.76	3.45	1.31	2.34	0.29	100.00	0.98	2.08	0.94	48.38
	石块地	HS-13	流纹斑岩	75.76	0.06	12.34	0.57	1.04	0.059	0.30	0.37	2.40	6.63	3.34	0.70	103.60	2.49	1.11	1.04	25.61
	振兴梁	HZ-17	含石英斜长斑岩	67.30	0.65	14.55	2.47	4.16	0.07	3.38	1.89	1.92	3.45	0.16	—	100.00	1.19	2.11	1.41	48.58
	狼查沟	HL-39	英安斑岩	55.95	0.69	18.32	3.40	5.64	0.14	0.64	3.84	1.04	4.53	0.16	5.65	100.00	2.40	2.76	1.35	11.59
	黑刺沟	HH-21	粒辉煌斑岩	46.93	1.29	13.70	2.86	4.04	0.22	7.02	9.03	2.53	1.43	5.34	5.61	100.00	3.99	2.40	0.62	65.42
	狼查沟	HL-29	黑云闪斜煌斑岩	49.19	0.50	11.23	2.20	6.25	0.19	13.85	6.99	1.45	0.64	0.22	5.35	105.80	0.71	3.65	0.71	75.00
	东洞沟	HD-20	煌斑岩	49.02	0.52	11.99	3.34	4.71	0.18	9.46	8.21	1.80	2.78	0.28	7.86	107.30	3.48	2.01	0.57	68.61
	东洞沟	HD-22	云闪辉（二长）煌斑岩	49.51	0.56	11.62	2.81	5.20	0.16	9.11	7.39	1.94	3.22	0.30	8.12	107.40	4.09	1.74	0.58	67.75
	东洞沟	HD-8	透辉云煌岩	51.15	0.67	13.26	2.73	5.70	0.18	8.73	7.33	2.21	4.12	0.36	3.19	102.30	4.92	1.64	0.62	65.61
	狼查沟	15HL-5	淡色闪斜煌斑岩	49.44	0.44	12.74	1.92	5.76	0.16	6.00	8.23	2.40	1.55	0.34	6.75	101.00	2.42	2.26	0.62	58.82

σ=（K_2O+Na_2O）^{2}/（SiO_2−43）（t%）；A/NK=Al_2O_3/（Na_2O+K_2O）（mol）；A/CNK=Al_2O_3/（$CaO+Na_2O+K_2O$）（mol）；$Mg^{\#}=Mg^{2+}$/（$Mg^{2+}+Fe^{2+}$）×100（mol）。

表 4-2　党河南山岩体微量元素数据

期次	采样地点	样号	岩性	Li	Be	Sc	Cr	Co	Ni	Cu	Zn	Ga	Rb	Sr	Y
第五期	黑刺沟	HH-21	煌斑岩	15.52	0.61	32.55	53.89	22.74	5.26	14.35	28.21	15.10	31.36	527.30	26.56
	黑刺沟	HH-25	斑岩	51.36	3.45	18.08	72.49	40.01	24.23	64.46	90.57	23.79	68.06	891.40	26.37
	小黑刺沟	HX-14	煌斑岩	18.75	4.37	26.21	587.90	71.49	325.00	62.40	85.08	22.17	166.20	461.20	27.45
	贾公台	HJ-301	辉绿岩脉	63.38	1.10	26.59	1118.00	68.05	492.20	17.95	67.00	10.34	2.53	98.09	13.21
	狼查沟	HL-29	煌斑岩	53.47	1.41	39.17	122.50	95.86	75.63	287.20	86.37	18.00	96.07	241.40	22.12
	东洞沟	HD-8	煌斑岩	19.27	2.67	30.86	432.00	165.40	219.80	29.92	82.59	15.26	127.50	384.30	20.12
	东洞沟	HD-21	黑云角闪石英闪长岩	22.93	1.82	23.18	130.60	45.99	51.38	141.70	70.81	15.44	86.77	310.40	15.20
	东洞沟	HD-2	角闪黑云石英闪长岩	9.24	2.60	22.01	107.90	51.86	34.91	49.50	30.04	16.41	119.30	278.80	20.58
	东洞沟	HD-22	煌斑岩	23.25	2.98	28.18	505.10	58.12	231.10	86.63	76.28	15.90	167.20	367.20	19.23
	鸡叫沟	HJJ-24	正长花岗岩	0.015	3.04	0.67	8.20	180.00	1.82	13.62	6.51	10.10	206.90	237.40	4.48
	小黑刺沟	HX-10	次英安斑岩	0.34	1.51	4.81	25.79	40.79	18.97	134.40	98.11	16.58	91.40	515.10	14.83
第四期	贾公台	HJ-9	似斑状花岗岩	0.38	1.09	1.86	9.20	112.20	3.76	131.50	73.18	13.59	33.71	523.20	3.84
	贾公台	HJ-4	似斑状黑云奥长花岗岩	0.025	1.10	1.47	27.90	147.20	15.38	30.98	30.21	11.87	56.46	83.58	2.84
	贾公台	HJ-5	似斑状黑云奥长花岗岩	0.34	1.48	1.63	9.45	106.70	3.83	18.65	48.16	12.20	38.95	282.50	2.77
	贾公台	HJ-1	正长花岗岩	0.66	1.05	1.64	7.80	122.40	2.49	11.69	60.05	13.14	25.59	563.50	3.39
	贾公台	HJ-3	奥长花岗岩	1.57	0.87	4.12	20.53	74.26	10.14	64.12	86.16	16.37	31.57	419.90	5.68
	石块地	HS-20	角闪黑云二长花岗岩	35.02	1.69	4.76	36.57	173.10	11.74	18.99	162.40	16.68	71.29	140.50	21.12
	石块地	HS-46	花岗闪长岩	52.85	1.77	21.97	54.63	88.64	20.70	240.50	243.29	17.35	105.10	283.20	23.69
	石块地	HS-9	似斑状二长花岗岩	26.92	1.79	5.39	11.63	141.90	4.94	96.79	50.72	17.39	43.97	148.70	24.59
	鸡叫沟	HJJ-11	花岗岩	0.023	1.90	0.29	11.70	266.30	2.96	22.84	0.02	7.84	176.30	72.75	0.21
	石块地	HS-19	黑云二长花岗岩	33.54	2.27	4.62	22.31	143.70	54.78	264.90	217.50	17.12	404.40	196.90	26.29
	贾公台	15HJ-20	奥长花岗岩	1.10	0.90	2.94	9.60	50.90	20.76	55.40	131.40	18.73	70.06	1034.00	5.50
	贾公台	15HJ-24	奥长花岗岩	5.63	1.11	5.94	283.90	46.62	28.36	66.35	183.00	20.73	79.81	997.20	18.00
	振兴梁	15HZ-5	奥长花岗岩	0.32	0.89	2.58	18.58	63.31	26.31	215.60	188.20	16.87	75.61	874.50	5.99
	振兴梁	15HZ-9	奥长花岗岩	3.60	0.95	3.05	8.18	42.99	17.19	26.58	100.80	18.04	65.24	588.20	4.22

续表

期次	采样地点	样号	岩性	Li	Be	Sc	Cr	Co	Ni	Cu	Zn	Ga	Rb	Sr	Y
第三期	黑刺沟	HH27	花岗闪长岩	5.27	4.41	5.29	39.50	101.60	16.22	20.28	74.06	20.88	15.75	985.50	21.27
	黑刺沟	HH28	中粒闪长岩	9.97	4.25	7.57	35.19	86.35	17.80	17.55	107.80	28.44	16.99	1505.00	35.96
	黑刺沟	HH29	中细粒闪长岩	9.86	4.70	6.43	19.66	70.55	10.16	22.07	64.45	23.41	24.51	886.70	25.42
	清水沟	HQ-14	花岗岩	10.92	1.56	1.73	6.73	182.30	1.51	8.97	31.84	13.68	114.80	376.00	5.32
	吾力沟	HW-10	闪长岩	29.05	3.87	9.51	39.62	115.90	22.32	24.93	117.50	26.17	48.36	1349.00	23.33
	吾力沟	HW-1	花岗闪长岩	35.60	2.28	8.29	44.76	45.83	20.93	38.28	85.32	21.27	49.94	662.20	17.26
	吾力沟	HW-13	斜长花岗岩	23.25	3.15	3.48	15.38	109.60	8.92	18.33	54.70	21.73	80.81	1193.00	7.83
	鸡叫沟	HJJ-14	角闪石英二长岩	5.88	3.95	5.32	40.56	94.87	16.20	39.43	35.74	20.24	53.50	854.50	20.68
	鸡叫沟	HJJ-20	角闪石英二长岩	10.97	4.00	7.15	52.02	131.60	22.16	18.59	55.03	21.11	58.56	968.90	23.02
	鸡叫沟	HJJ-22	角闪透辉二长岩	7.27	3.04	5.82	62.27	72.97	43.99	164.60	236.60	20.84	171.30	2190.00	16.16
第二期	鸡叫沟	HJJ-1	辉石闪长岩	34.27	4.27	20.69	199.20	53.87	93.12	100.00	115.30	25.45	105.70	1216.00	28.11
第一期	小黑刺沟	HX-5	斜长花岗岩	0.06	0.21	6.98	27.14	133.00	12.57	571.10	35.28	12.05	19.21	251.70	8.99
	小黑刺沟	HX-6	斜长花岗岩	6.32	0.46	14.12	8.07	142.90	3.00	152.50	27.61	13.91	8.52	247.90	8.83

期次	采样地点	样号	岩性	Zr	Nb	Cd	In	Cs	Ba	Hf	Ta	Pb	Bi	Th	U
第五期	黑刺沟	HH-21	煌斑岩	40.91	1.76	0.03	0.036	3.95	757.40	1.17	0.11	5.56	0.21	20.34	1.15
	黑刺沟	HH-25	斑岩	207.90	12.68	0.13	0.079	11.04	1298.00	5.94	0.70	32.58	0.26	45.40	8.96
	小黑刺沟	HX-14	煌斑岩	229.90	13.74	0.10	0.068	3.48	1506.00	6.17	0.70	23.88	0.42	34.36	9.59
	贾公台	HJ-301	辉绿岩脉	54.83	3.64	0.04	0.046	0.89	54.62	1.76	0.27	3.52	0.02	7.00	2.01
	狼查沟	HL-29	煌斑岩	88.78	6.39	0.03	0.085	5.26	1436.00	2.98	0.47	10.07	0.19	10.34	1.98
	东洞沟	HD-8	煌斑岩	104.70	7.53	0.12	0.074	1.67	787.20	3.13	0.50	16.79	0.17	13.99	3.25
	东洞沟	HD-21	黑云角闪石英闪长岩	107.00	6.47	0.10	0.059	1.78	798.20	3.21	0.48	29.83	0.18	16.02	4.16
	东洞沟	HD-2	角闪黑云石英闪长岩	124.00	6.50	0.10	0.070	3.55	693.20	3.63	0.47	13.48	0.06	20.27	5.19
	东洞沟	HD-22	煌斑岩	109.00	6.74	0.08	0.060	7.87	873.00	3.36	0.51	25.08	0.30	16.94	4.12
	鸡叫沟	HJJ-24	正长花岗岩	86.09	6.08	0.02	0.006	6.34	547.30	2.87	0.36	61.72	0.36	35.94	8.58
	小黑刺沟	HX-10	次英安斑岩	121.80	7.61	0.70	0.056	2.33	1072.00	3.88	0.91	43.84	4.20	7.46	2.31
第四期	贾公台	HJ-9	似斑状花岗岩	81.71	3.92	0.04	0.034	1.54	1096.00	2.70	0.26	7.81	0.06	4.43	1.71
	贾公台	HJ-4	似斑状黑云奥长花岗岩	85.61	3.41	0.03	0.028	4.67	259.40	2.80	0.12	10.03	0.07	4.83	2.29

续表

期次	采样地点	样号	岩性	Zr	Nb	Cd	In	Cs	Ba	Hf	Ta	Pb	Bi	Th	U
第四期	贾公台	HJ-5	似斑状黑云奥长花岗岩	68.30	3.57	0.02	0.024	3.03	332.10	2.37	0.23	6.92	0.04	4.28	1.77
	贾公台	HJ-1	正长花岗岩	72.83	3.42	0.04	0.034	0.97	288.70	2.33	0.19	67.78	0.16	3.98	1.72
	贾公台	HJ-3	奥长花岗岩	98.80	5.17	0.06	0.063	3.84	558.70	3.03	0.18	17.40	0.93	4.84	2.86
	石块地	HS-20	角闪黑云二长花岗岩	324.40	14.71	0.91	0.081	3.13	1304.00	9.08	0.50	27.22	0.49	13.89	3.79
	石块地	HS-46	花岗闪长岩	338.00	10.41	188.90	4.950	5.85	504.60	7.88	0.63	106.40	7.92	8.84	2.18
	石块地	HS-9	似斑状二长花岗岩	382.50	16.86	0.19	0.065	3.84	1485.00	10.01	0.74	21.09	0.27	11.63	2.01
	鸡叫沟	HJJ-11	花岗岩	57.89	0.55	0.01	0.002	3.44	238.00	3.13	0.02	17.28	0.19	9.24	7.07
	石块地	HS-19	黑云二长花岗岩	296.00	16.58	1.66	0.250	6.12	1786.00	8.15	2.98	169.40	11.06	19.86	4.50
	贾公台	15HJ-20	奥长花岗岩	76.31	3.47	0.66	0.050	1.90	777.20	2.33	0.63	28.29	0.27	5.15	0.92
	贾公台	15HJ-24	奥长花岗岩	123.80	48.14	1.16	0.085	1.91	936.30	3.99	6.26	66.18	0.85	10.13	3.11
	振兴梁	15HZ-5	奥长花岗岩	80.19	4.61	0.41	0.061	1.47	1022.00	2.55	0.99	33.16	0.40	6.39	1.25
	振兴梁	15HZ-9	奥长花岗岩	69.55	3.82	0.31	0.046	1.21	1183.00	2.17	0.57	24.92	0.26	5.12	0.91
第三期	黑刺沟	HH27	花岗闪长岩	247.40	14.74	0.11	0.063	0.75	938.10	6.67	0.88	55.49	0.21	35.20	6.18
	黑刺沟	HH28	中粒闪长岩	255.10	21.47	0.14	0.078	1.05	832.60	6.54	1.30	40.23	0.26	33.50	5.91
	黑刺沟	HH29	中细粒闪长岩	226.50	14.75	0.10	0.064	1.19	689.90	6.35	0.72	44.16	0.28	45.59	8.61
	清水沟	HQ-14	黑云母二长花岗岩	137.00	6.55	0.03	0.021	2.98	731.30	4.20	0.56	28.17	0.07	23.51	1.50
	吾力沟	HW-10	角闪石英二长岩	222.30	19.42	0.15	0.057	8.28	1299.00	6.28	1.13	39.97	0.15	18.06	4.18
	吾力沟	HW-1	角闪石英二长岩	187.20	14.19	0.13	0.056	5.26	1452.00	5.33	0.73	45.13	1.34	13.35	3.79
	吾力沟	HW-13	黑云母二长花岗岩	196.50	10.48	0.05	0.022	11.64	2157.00	5.74	0.50	42.99	1.20	12.06	3.05
	鸡叫沟	HJJ-14	角闪石英二长岩	239.30	13.37	0.08	0.047	3.43	1407.00	6.66	0.89	29.82	0.56	33.81	6.09
	鸡叫沟	HJJ-20	花岗闪长岩	222.90	14.18	0.10	0.057	8.30	1543.00	6.25	0.98	41.71	1.01	28.27	5.60
	鸡叫沟	HJJ-22	角闪透辉二长岩	132.10	8.24	2.25	0.091	6.05	3230.00	3.34	1.14	76.89	1.86	14.78	3.02
第二期	鸡叫沟	HJJ-1	辉石闪长岩	147.30	12.11	0.10	0.092	3.32	1328.00	4.68	0.74	40.16	0.22	20.48	4.97
第一期	小黑刺沟	HX-5	斜长花岗岩	48.76	2.34	0.03	0.020	1.72	209.30	1.54	0.18	5.87	0.23	2.22	0.54
	小黑刺沟	HX-6	斜长花岗岩	44.84	2.20	0.02	0.006	1.15	203.00	1.41	0.17	4.86	0.07	2.66	0.55

表 4-3　党河南山岩体稀土元素数据

期次	位置	样品编号	La	Ce	Pr	Nd	Sm	Eu	Gd	Tb	Dy	Ho	Er	Tm	Yb	Lu	Y	ΣREE	LREE	HREE	LREE/HREE	$(La/Yb)_N$	δEu	δCe
第五期	黑刺沟	HH-21	57.77	97.98	14.33	63.67	11.53	2.94	9.98	1.31	6.49	1.31	3.34	0.46	2.95	0.44	26.56	274.49	248.21	26.27	9.45	14.06	0.82	0.81
	狼查沟	HL-29	30.14	68.19	9.99	42.69	8.92	1.93	8.11	1.07	5.32	1.05	2.66	0.36	2.21	0.33	22.12	182.95	161.85	21.10	7.67	9.80	0.68	0.96
	东洞沟	HD-8	29.85	60.41	8.16	33.04	6.68	1.66	6.23	0.88	4.61	0.96	2.51	0.36	2.27	0.34	20.12	157.95	139.79	18.16	7.70	9.43	0.77	0.93
	东洞沟	HD-22	28.73	58.83	8.00	31.77	6.53	1.65	6.14	0.87	4.57	0.92	2.46	0.34	2.30	0.34	19.23	153.45	135.51	17.94	7.55	8.97	0.78	0.94
	东洞沟	HD-21	27.78	55.29	7.36	28.91	5.60	1.41	5.05	0.69	3.66	0.75	1.99	0.28	1.87	0.29	15.20	140.92	126.34	14.58	8.67	10.68	0.80	0.93
	东洞沟	HD-2	39.99	78.31	10.09	38.61	7.32	1.92	6.80	0.91	4.66	0.95	2.48	0.34	2.30	0.35	20.58	195.03	176.23	18.79	9.38	12.46	0.82	0.93
	小黑刺沟	HX-10	22.54	44.78	5.53	21.52	3.96	1.02	4.22	0.43	3.00	0.50	1.65	0.23	1.48	0.20	14.83	111.07	99.36	11.71	8.48	10.93	0.76	0.95
第四期	石块地	HS-19	55.53	101.74	11.57	44.91	7.22	1.77	7.73	0.89	5.44	1.01	3.22	0.47	2.85	0.43	26.29	244.79	222.74	22.05	10.10	13.98	0.72	0.93
	石块地	HS-20	38.66	76.65	9.51	33.70	5.51	1.29	5.40	0.84	4.80	1.06	2.97	0.44	3.03	0.47	21.12	184.33	165.32	19.01	8.69	9.15	0.72	0.95
	石块地	HS-9	40.72	78.14	10.44	37.58	6.44	1.63	6.28	1.01	5.70	1.24	3.45	0.51	3.47	0.53	24.59	197.13	174.95	22.18	7.89	8.43	0.77	0.91
	贾公台	HJ-9	9.56	24.01	2.52	10.65	2.11	0.69	1.89	0.23	1.06	0.19	0.48	0.07	0.41	0.06	3.84	53.93	49.54	4.38	11.30	16.62	1.03	1.17
	贾公台	HJ-4	7.75	18.60	2.67	10.90	1.77	0.52	1.46	0.18	0.88	0.16	0.39	0.05	0.34	0.05	2.84	45.74	42.22	3.53	11.97	16.36	0.96	1.00
	贾公台	HJ-5	5.18	16.31	1.55	6.56	1.33	0.41	1.20	0.16	0.81	0.15	0.38	0.05	0.34	0.05	2.77	34.47	31.33	3.14	9.97	11.02	0.96	1.40
	贾公台	HJ-1	8.77	23.68	2.41	10.03	1.97	0.60	1.70	0.22	1.02	0.18	0.44	0.06	0.36	0.05	3.39	51.49	47.48	4.02	11.81	17.70	0.98	1.24
	贾公台	HJ-3	15.41	31.60	3.82	15.47	3.02	0.95	2.71	0.34	1.61	0.29	0.70	0.09	0.58	0.08	5.68	76.67	70.27	6.40	10.98	19.16	0.99	0.98
	振兴梁	15HZ-5	16.73	31.22	3.92	15.61	2.81	0.85	2.64	0.25	1.24	0.21	0.50	0.09	0.40	0.08	5.99	76.55	71.14	5.41	13.15	29.64	0.93	0.91
	振兴梁	15HZ-9	13.51	24.36	3.18	12.67	2.02	0.68	1.95	0.18	0.87	0.15	0.36	0.06	0.30	0.05	4.22	60.34	56.43	3.91	14.44	32.71	1.04	0.88

续表

期次	位置	样品编号	La	Ce	Pr	Nd	Sm	Eu	Gd	Tb	Dy	Ho	Er	Tm	Yb	Lu	Y	ΣREE	LREE	HREE	LREE/HREE	$(La/Yb)_N$	δEu	δCe
第三期	清水沟	HQ-14	28.39	49.25	5.82	19.22	2.75	0.69	2.19	0.28	1.34	0.26	0.70	0.10	0.66	0.10	5.32	111.76	106.12	5.64	18.82	30.84	0.83	0.89
	黑刺沟	HH28	144.31	297.45	33.17	125.14	20.23	4.60	15.89	1.88	8.53	1.64	4.33	0.60	4.01	0.62	35.96	662.42	624.90	37.52	16.65	25.79	0.76	1.01
	黑刺沟	HH29	89.36	185.69	20.22	75.36	12.93	3.06	10.27	1.28	5.98	1.17	3.17	0.45	3.12	0.48	25.42	412.55	386.62	25.93	14.91	20.53	0.79	1.03
	吾力沟	HW-10	91.39	175.41	23.36	89.82	14.80	3.54	11.00	1.32	5.89	1.08	2.73	0.36	2.28	0.33	23.33	423.31	398.32	24.99	15.94	28.81	0.81	0.91
	吾力沟	HW-1	61.25	101.68	15.24	63.08	9.60	2.35	7.37	0.90	4.16	0.79	2.05	0.27	1.79	0.27	17.26	270.80	253.19	17.61	14.38	24.48	0.82	0.79
	吾力沟	HW-13	47.43	93.53	12.10	43.51	6.14	1.57	4.40	0.48	2.07	0.38	0.93	0.13	0.78	0.12	7.83	213.57	204.28	9.28	22.00	43.89	0.88	0.93
	黑刺沟	HH27	63.95	139.14	15.97	65.43	10.54	2.61	8.44	1.05	5.02	0.99	2.68	0.39	2.69	0.42	21.27	319.31	297.63	21.67	13.73	17.05	0.82	1.04
	鸡叫沟	HJJ-14	53.23	110.21	13.57	56.01	9.42	2.26	7.62	0.99	4.85	0.97	2.63	0.37	2.57	0.40	20.68	265.13	244.71	20.42	11.99	14.84	0.79	0.98
	鸡叫沟	HJJ-20	58.43	122.74	15.18	63.22	10.50	2.49	8.51	1.10	5.37	1.07	2.85	0.41	2.80	0.42	23.02	295.10	272.57	22.53	12.10	14.98	0.78	0.99
	鸡叫沟	HJJ-22	59.13	109.62	12.80	50.75	8.74	3.11	8.27	0.72	3.67	0.56	1.83	0.24	1.41	0.20	16.16	261.05	244.15	16.90	14.45	30.08	1.10	0.93
第二期	鸡叫沟	HJJ-1	68.38	145.08	17.90	71.61	13.71	3.28	11.12	1.42	6.88	1.34	3.39	0.47	3.01	0.44	28.11	348.03	319.96	28.07	11.40	15.37	0.79	0.96
第一期	小黑刺沟	HX-5	6.03	13.45	1.57	6.51	1.46	0.53	1.75	0.30	1.88	0.43	1.28	0.20	1.38	0.23	8.99	36.99	29.54	7.45	3.97	2.96	1.01	1.01
	小黑刺沟	HX-6	7.31	13.22	1.69	6.84	1.49	0.56	1.75	0.30	1.90	0.44	1.30	0.20	1.40	0.22	8.83	38.62	31.11	7.51	4.14	3.52	1.07	0.86
	扎子沟	DB180*	23.34	39.54	4.14	13.77	2.52	0.93	2.04	0.35	1.28	0.36	0.98	0.15	0.78	0.16	8.53	90.34	84.24	6.10	13.81	21.46	1.21	0.91
	扎子沟	DB186*	41.28	79.94	8.19	29.49	5.04	1.32	4.14	0.63	2.56	0.56	1.28	0.26	1.41	0.25	16.07	176.35	165.26	11.09	14.90	21.00	0.86	1.00
	扎子沟	DB281*	29.64	54.36	5.46	18.14	2.64	1.11	3.85	0.36	1.83	0.34	1.11	0.17	1.34	0.20	11.72	120.55	111.35	9.20	12.10	15.87	1.06	0.97
	扎子沟	DB282*	26.08	53.28	6.21	22.38	4.49	1.78	3.27	0.61	3.21	0.57	1.74	0.30	1.81	0.24	17.68	125.97	114.22	11.75	9.72	10.34	1.36	0.99
	扎子沟	DB285*	26.99	58.21	5.83	20.79	3.39	1.71	3.29	0.46	1.69	0.45	1.32	0.21	1.65	0.23	12.25	126.22	116.92	9.30	12.57	11.73	1.54	1.09

样品岩性参考表 4-2；*数据引自刘志武等，2006。

Al_2O_3 质量分数为 13.52%～16.23%，铝饱和指数（A/CNK）为 0.87～1.62，在 A/CNK-A/NK 图解上显示为准铝质到过铝质（图 4-4）。

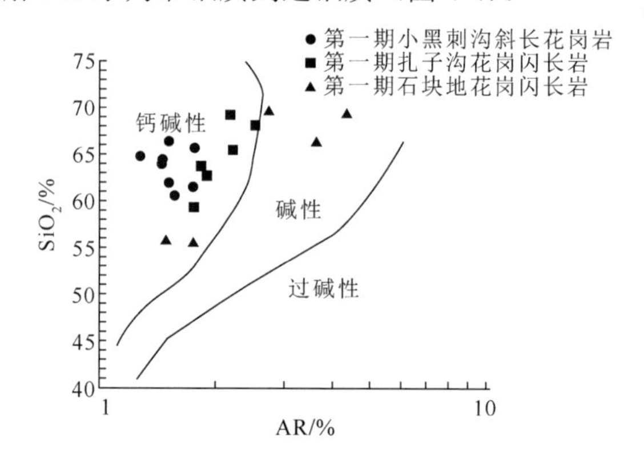

图 4-2　第一期侵入岩 AR-SiO_2 图解

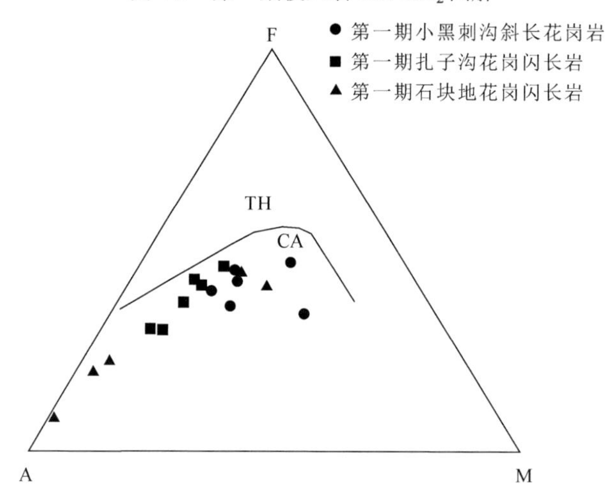

图 4-3　第一期侵入岩 AFM 图解

（二）扎子沟花岗闪长岩

该岩体中 SiO_2 质量分数为 59.14%～69.14%，平均为 64.66%；K_2O+Na_2O 质量分数为 6.05%～7.54%，K_2O/Na_2O 值为 0.61～1.24。在 TAS 图解上均投入闪长岩—花岗闪长岩范围内(图 4-1)；在 AR-SiO_2 图解上投入钙碱性系列范围内(图 4-2)。CaO 质量分数为 2.69%～5.38%，平均为 3.86%；MgO 质量分数为 1.55%～3.01%，平均为 2.01%；$Mg^{\#}$为 35.9～44.12，里特曼指数为 1.68～2.29。从 AFM 图解上可以看出，岩石具有富铁的趋势（图 4-3）；Al_2O_3 质量分数为 14.64%～16.6%，铝饱和指数为 0.93～1.01，在 A/CNK-A/NK 图解上显示几乎全为准铝质（图 4-4）。

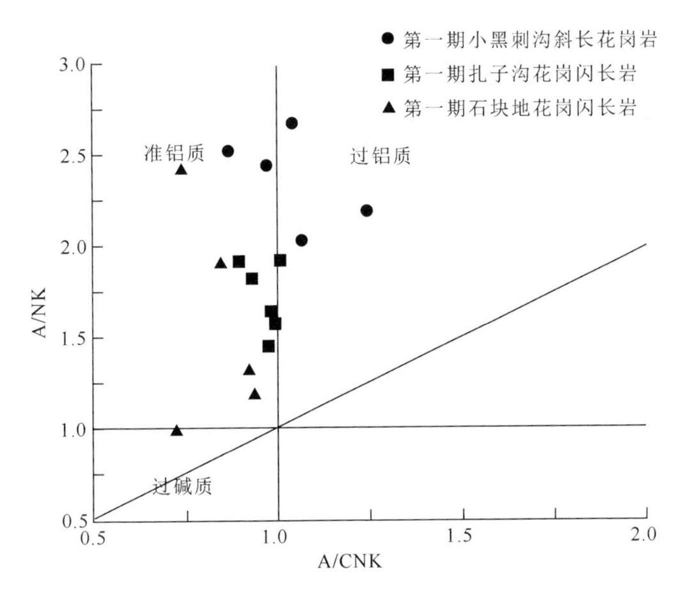

图 4-4　第一期侵入岩 A/CNK-A/NK 图解

（三）石块地花岗闪长岩

岩石 SiO_2 质量分数为 55.51%～69.32%，平均为 63.18%；K_2O 质量分数为 2.15%～5.09%，平均为 3.7%；Na_2O 质量分数为 2.57%～4.37%。在 TAS 图解上投入闪长岩、花岗岩、二长岩范围内（图 4-1）；在 AR-SiO_2 图解上投入钙碱性—碱性系列范围内（图 4-2）。岩石 CaO、Na_2O 等质量分数较高，CaO 质量分数为 1.7%～8.15%，$Mg^{\#}$为 22.67～54.42，变化范围较大，里特曼指数为 1.76～3.35。在 AFM 图解上可以看出，岩石具有富铁的趋势（图 4-3）；Al_2O_3 质量分数为 12.38%～15.88%，铝饱和指数为 0.72～0.93，在 A/CNK-A/NK 图解上显示为准铝质（图 4-4）。

二、第二期侵入岩

该期仅发育鸡叫沟辉石闪长岩，岩石 SiO_2 质量分数为 43.62%～51.00%，在 TAS 图解上大部分投入基性岩类（辉长岩等）范围内（图 4-5），Na_2O+K_2O 质量分数为 3.14%～7.55%，K_2O/Na_2O 值为 0.58～1.34，在 AR-SiO_2 图解上投入碱性系列范围内（图 4-6）。CaO 质量分数为 8.05%～12.44%，MgO 质量分数为 3.69%～9.24%，全铁质量分数为 8.14%～14.17%，$Mg^{\#}$为 44.9～58.29，里特曼指数为 4.26～15.9，Al_2O_3 质量分数为 10.71%～17.27%，铝饱和指数为 0.39～0.71，从 AFM 图解上可以看出，岩石不具有富铁的趋势（图 4-7），A/CNK-A/NK 图解上全部显示为准铝质（图 4-8）。

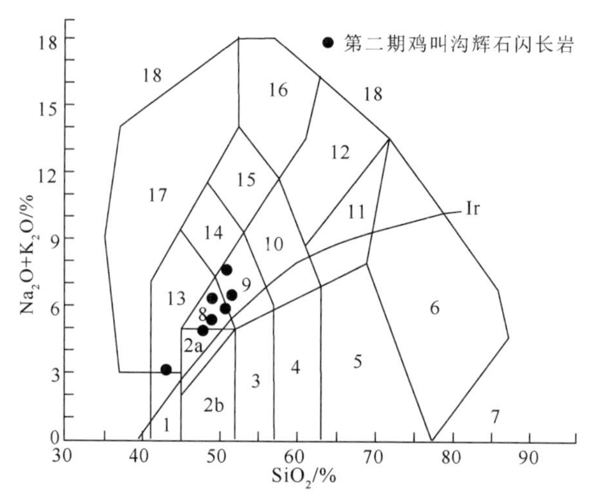

图 4-5　第二期侵入岩 TAS 图解

（图中数字意义同图 4-1 图注）

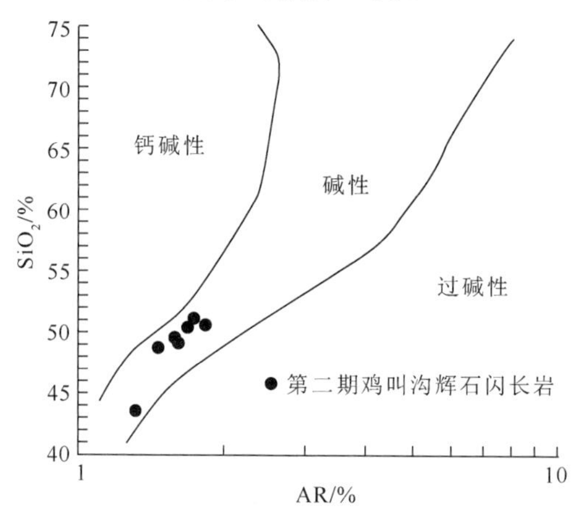

图 4-6　第二期侵入岩 AR-SiO_2 图解

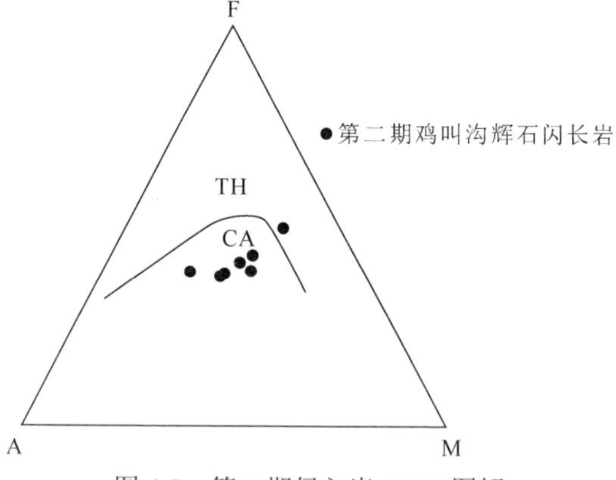

图 4-7　第二期侵入岩 AFM 图解

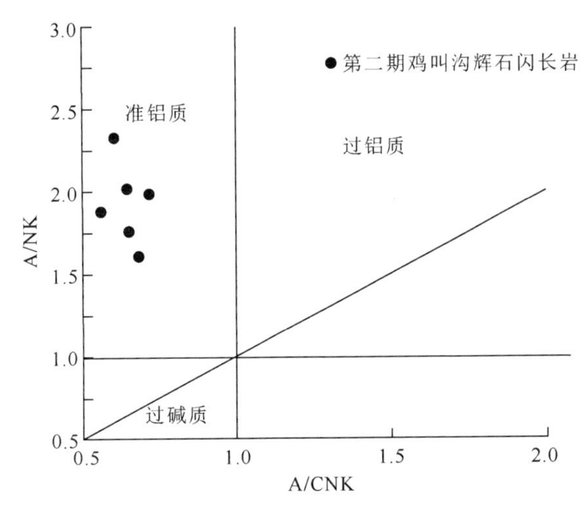

图 4-8 第二期侵入岩 A/CNK-A/NK 图解

三、第三期侵入岩

（一）鸡叫沟岩体

角闪石英二长岩类包括角闪石英二长岩、石英二长岩、钾长花岗岩和角闪透辉二长岩等。SiO_2 质量分数为 52.18%～60.36%，全碱（Na_2O+K_2O）质量分数为 7.12%～9.98%，K_2O/Na_2O 值为 0.50～1.00，在 TAS 图解上大多投入二长岩和闪长岩范围内（图 4-9），在 AR-SiO_2 图解上除一个点外，其他均投入碱性系列范围内（图 4-10）。MgO 质量分数为 1.82%～4.10%，CaO 质量分数为 4.18%～7.25%，全铁质量分数为 4.08%～8.60%，$Mg^{\#}$为 39.2～47.10，里特曼指数为 5.52～7.32。

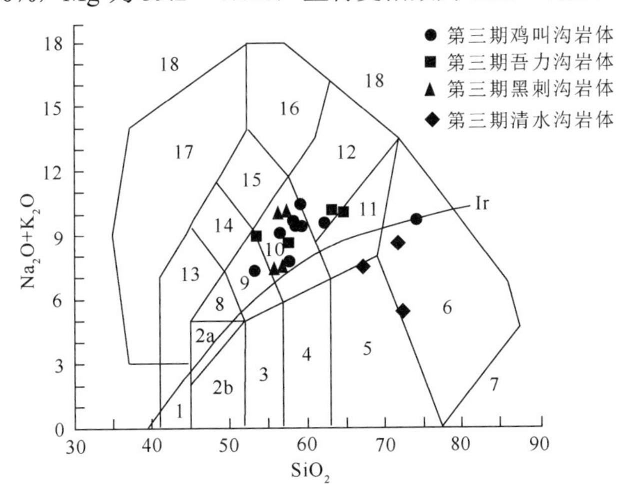

图 4-9 第三期侵入岩 TAS 图解

（图中数字意义同图 4-1 注）

从 AFM 图解上可以看出，岩石具有富铁的趋势，Al_2O_3 质量分数为 16.53%～18.77%，铝饱和指数为 0.74～0.84（图 4-11），在 A/CNK-A/NK 图解上显示准铝质特点（图 4-12）。

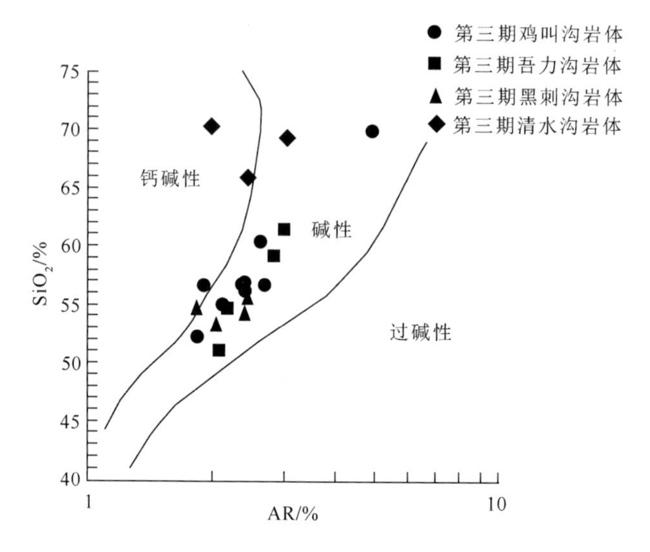

图 4-10　第三期侵入岩 AR-SiO_2 图解

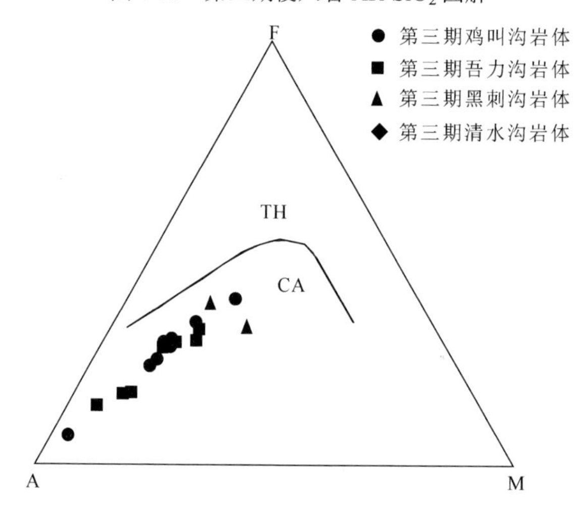

图 4-11　第三期侵入岩 AFM 图解

黑云母二长花岗岩 SiO_2 质量分数为 70.57%，全碱（K_2O+Na_2O）质量分数为 9.24%，K_2O/Na_2O 值为 1.29，在 TAS 图解上投入花岗岩范围内（图 4-9），在 AR-SiO_2 图解上均投入碱性系列范围内（图 4-10）。MgO 质量分数为 0.24%，CaO 质量分数为 1.16%，Al_2O_3 质量分数为 12.64%，全铁质量分数为 1.14%，$Mg^{\#}$为 28.32，里特曼指数为 3.1，属于钙碱性系列，铝饱和指数为 0.89，为准铝质（图 4-12）。

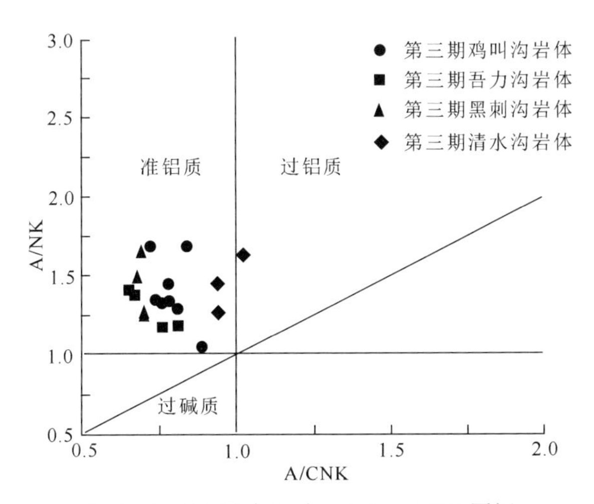

图 4-12　第三期侵入岩 A/CNK-A/NK 图解

（二）黑刺沟岩体

黑刺沟岩体包括正长闪长岩类、角闪二长岩类和黑云母花岗岩。正长闪长岩类 SiO_2 质量分数为 53.94%～54.44%，全碱（K_2O+Na_2O）质量分数为 7.14%～9.55%，K_2O/Na_2O 值为 0.67～0.75，在 TAS 图解上投入二长岩范围内（图 4-9），在 AR-SiO_2 图解上均投入碱性系列范围内（图 4-10）。MgO 质量分数为 2.13%～2.83%，CaO 质量分数为 5.97%～7.57%，$Mg^{\#}$为 40.50～42.04，里特曼指数为 4.46～8.34，从 AFM 图解上可以看出，岩石具有富铁的趋势（图 4-11）。Al_2O_3 质量分数为 16.53%～17.11%，铝饱和指数为 0.69～0.70，在 A/CNK-A/NK 图解上显示为准铝质（图 4-12）。角闪二长岩类 SiO_2 含量 55.44%，K_2O+Na_2O 全碱含量 9.96%，K_2O/Na_2O 比值 0.59，TAS 图解上投入二长岩范围内（图 4-9），在 AR-SiO_2 图解上均投入碱性系列范围内（图 4-10）。MgO 含量 1.92%，CaO 含量 5.8%，$Mg^{\#}$=39.98，里特曼指数 7.5，在 AFM 图解上看，岩石具有富铁的趋势（图 4-11）；Al_2O_3 含量 17.2%，含铝指数 A/CNK 为 0.70，A/CNK-A/NK 图解上显示为准铝质（图 4-12）。黑云母花岗岩 SiO_2 含量 53.05%，K_2O+Na_2O 全碱含量 6.95%，K_2O/Na_2O 比值 0.97，TAS 图解上投入二长岩范围内（图 4-9），在 AR-SiO_2 图解上均投入碱性系列范围内（图 4-10）。MgO 含量 5.05%，CaO 含量 6.09%，$Mg^{\#}$=57.65，里特曼指数 4.81，在 AFM 图解上看，岩石具有富铁的趋势（图 4-11）；Al_2O_3 含量 13.97%，含铝指数 A/CNK 0.68，A/CNK-A/NK 图解上显示为准铝质（图 4-12）。

（三）吾力沟岩体

吾力沟岩体总体可分为两类，一类为正长闪长岩，另一类为石英二长岩类。吾力沟正长闪长岩 SiO_2 质量分数为 59.16%，全碱（K_2O+Na_2O）质量分数为 9.47%，K_2O/Na_2O 值为 0.68，两者质量分数较接近，在 TAS 图解上均投入二长岩和正长岩范围内（图 4-9），在 AR-SiO_2 图解上两者均投入碱性系列范围内（图 4-10）。MgO 质量分数为 1.45%，CaO 质量分数为 4.01%，里特曼指数为 5.55，属于碱性系列。Al_2O_3 质量分数为 15.69%，铝饱和指数 A/CNK 值为 0.76，在 A/CNK-A/NK 图解上投入准铝质范围（图 4-12）。石英二长岩类 SiO_2 质量分数为 50.86%～56.64%，全碱（K_2O+Na_2O）质量分数为 8.15%～8.49%，Na_2O/K_2O 值为 0.75～0.90；TAS 图解上均投入碱性岩系列，MgO 质量分数为 2.97%～3.10%，CaO 质量分数为 6.58%～7.64%，里特曼指数为 5.71～9.17（图 4-9），从 AFM 图解上可以看出，岩石具有富铁的趋势（图 4-11）；Al_2O_3 质量分数为 15.55%～16.77%，铝饱和指数 A/CNK 值为 0.65～0.67，在 A/CNK-A/NK 图解上投入准铝质范围（图 4-12）。

（四）清水沟岩体

清水沟岩体 SiO_2 质量分数为 65.86%～70.14%，平均为 68.4%；全碱（K_2O+Na_2O）质量分数为 5.18%～8.23%，平均为 6.91%；K_2O/Na_2O 值为 1.26～1.62，平均为 1.44。在 TAS 图上均投入花岗岩和花岗闪长岩范围内（图 4-9），在 AR-SiO_2 图解上投入钙碱性—碱性系列范围内（图 4-10）。MgO 质量分数为 0.51%～1.87%，平均为 1.41%；CaO 质量分数为 2.08%～2.98%，平均为 2.55%。从 AFM 图解上（图 4-11）可以看出，岩石具有富铁的趋势。Al_2O_3 质量分数为 13.02%～14.73%，平均为 13.98%。里特曼指数为 0.99～2.58，$Mg^{\#}$为 15.75～46.29，铝饱和指数为 0.94～1.02，平均为 0.97，在 A/CNK-A/NK 图解上投入准铝质到弱过铝质范围（图 4-12）。

四、第四期侵入岩

（一）贾公台岩体

贾公台奥长花岗岩类 SiO_2 质量分数为 59.78%～65.44%，平均为 63.02%；全碱（K_2O+Na_2O）质量分数为 5.41%～8.38%，平均为 6.9%；K_2O/Na_2O 值为 0.26～0.78，平均为 0.4。在 TAS 图解上均投入花岗闪长岩和石英二长岩范围内（图 4-13），在 AR-SiO_2 图解上两者均投入钙碱性系列范围内（图 4-14）。MgO 质量分数为 0.40%～1.89%，平均为 1.37%；CaO 质量分数为 1.47%～5.27%，平均为 3.93%；MgO 和 CaO 的质量分数与典型埃达克岩中的平均质量分数基本一致，并且 Al_2O_3 均大于 15%，平均为 16.50%。从主量元素上看，该岩体具有埃达克岩的性质。里特曼指数为 1.30～3.57。从 AFM 图解上可以看出，岩石具有富铁的趋势；$Mg^{\#}$为 15.75～46.29，铝饱和指数为 0.80～1.5，平均为 0.96（图 4-15）；在 A/CNK-A/NK 图解上显示为准铝质到过铝质（图 4-16）。

（二）振兴梁岩体

振兴梁岩体 SiO_2 质量分数为 63.62%～72.18%，平均为 67.01%；全碱（K_2O+

Na_2O）质量分数为5.02%～7.07%，平均为6.06%；K_2O/Na_2O 值为0.25～1.44，平均为0.61。在TAS图解上均投入花岗岩和花岗闪长岩范围内（图4-13），在AR-SiO_2 图解上除一个样品落入碱性范围内外，其他样品均投入钙碱性范围内（图4-14）。MgO质量分数为0.95%～2.16%，平均为1.58%；CaO质量分数为1.22%～4.08%，平均为3.05%；Al_2O_3 质量分数为10.72%～15.65%，平均为13.65%；里特曼指数为1.01～2.42。从AFM图解上可以看出，岩石不具有富铁的趋势（图4-15）；$Mg^{\#}$为39.79～52.31，铝饱和指数为0.80～1.05，平均为0.95，在A/CNK-A/NK图解上显示为准铝质到过铝质（图4-16）。

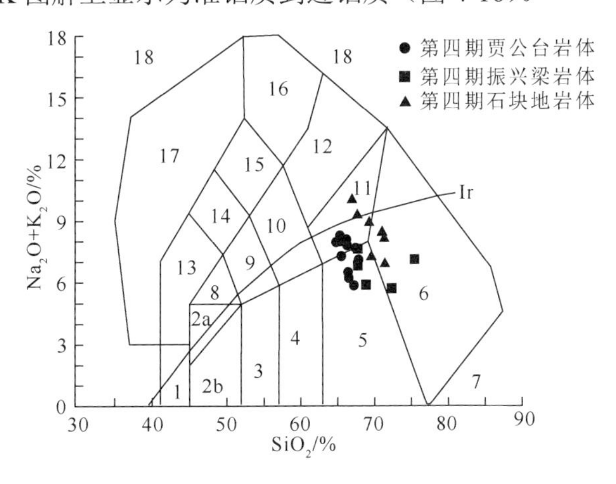

图4-13　第四期侵入岩TAS图解

（图中数字意义同图4-1图注）

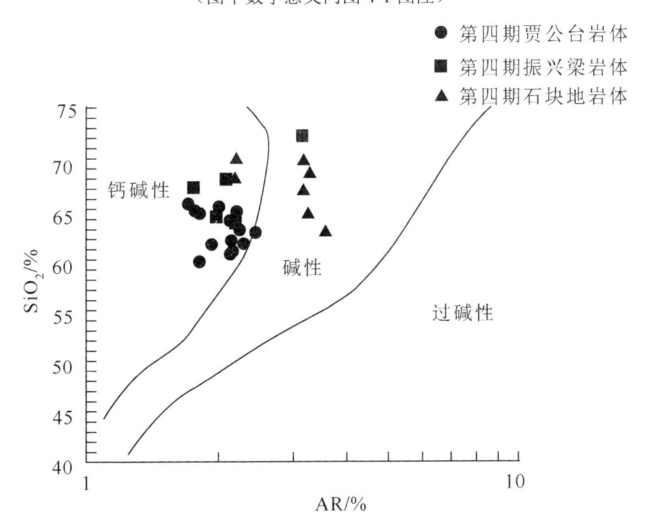

图4-14　第四期侵入岩AR-SiO_2 图解

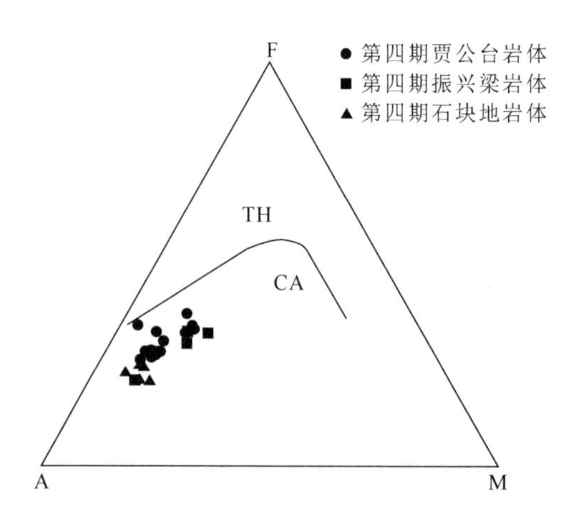

图 4-15　第四期侵入岩 AFM 图解

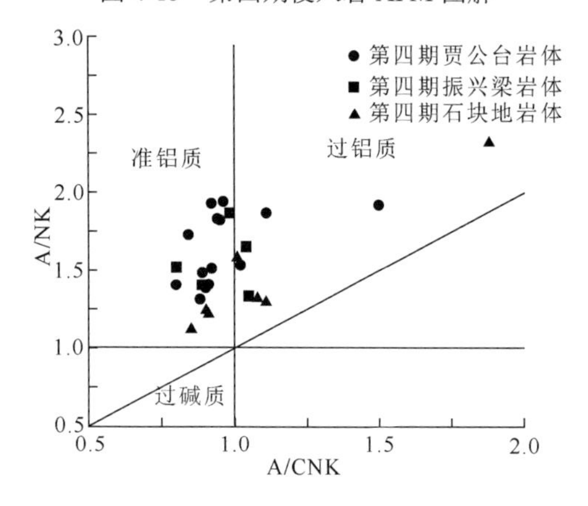

图 4-16　第四期侵入岩 A/CNK-A/NK 图解

（三）石块地岩体

石块地岩体 SiO_2 质量分数为 62.65%～69.91%，平均为 67.11%；全碱（K_2O+Na_2O）质量分数为 6.53%～9.57%，平均为 8.08%；K_2O/Na_2O 值为 0.76～1.31，平均为 1.09。在 TAS 图解上均投入花岗岩、花岗闪长岩和石英二长岩范围内（图 4-13），在 AR-SiO_2 图解上除两个样品落入钙碱性范围内外，其他均投入碱性范围内（图 4-14）。MgO 质量分数为 0.89%～1.59%，平均为 1.12%；CaO 质量分数为 0.96%～2.84%，平均为 1.86%；Al_2O_3 质量分数为 13.94%～17.49%，平均为 14.81%；里特曼指数为 1.58～4.66。从 AFM 图解上可以看出，岩石不具有富铁的趋势（图 4-15）；$Mg^{\#}$为 34.32～54.23，铝饱和指数为 0.85～1.88，平均为 1.11，在 A/CNK-A/NK 图解上显示为准铝质到过铝质（图 4-16）。

五、第五期侵入岩

（一）东洞沟岩体

东洞沟岩体包括石英闪长岩类和黑云奥长花岗岩，二者岩性基本相似。SiO_2质量分数为 54.69%～63.50%，平均为 59.51%。K_2O+Na_2O 质量分数为 3.74%～4.91%，K_2O/Na_2O 值为 0.51～3.20。在 TAS 图解上均投入花岗闪长岩和二长岩范围内（图4-17），在AR-SiO_2图解上除一个样品外，其他均投入钙碱性范围内（图4-18）。MgO 质量分数为 2.49%～5.75%，CaO 质量分数为 3.83%～6.42%，里特曼指数为0.68～5.04。从 AFM 图解上可以看出，岩石不具有富铁的趋势（图 4-19）；Al_2O_3质量分数为 11.93%～14.97%，铝饱和指数为 0.63～1.08，在 A/CNK-A/NK 图解上投入准铝质到过铝质范围（图 4-20）。

（二）狼查沟岩体

闪长玢岩类岩石 SiO_2 质量分数为 50.26%～57.76%，平均为 54.06%；K_2O+Na_2O 质量分数为 4.12%～6.45%，K_2O/Na_2O 为 0.21～1.62。在 TAS 图解上均投入闪长岩和二长闪长岩范围内（图 4-17），在 AR-SiO_2 图解上投入钙碱性—碱性范围内（图 4-18）。MgO 质量分数为 3.87%～5.2%，CaO 质量分数为 3.85%～5.31%，里特曼指数为 1.43～5.73。从 AFM 图解上可以看出，岩石不具有富铁的趋势（图 4-19）；Al_2O_3 质量分数为 13.78%～16.64%，铝饱和指数为 0.91～1.12，平均值为 1.01，在 A/CNK-A/NK 图解上显示为准铝质到弱过铝质（图 4-20）。

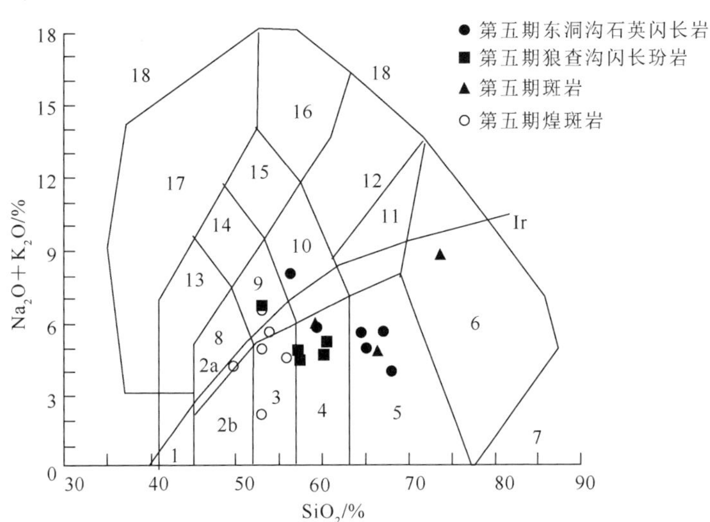

图 4-17　第五期侵入岩 TAS 图解

（图中数字意义同图 4-1 图注）

（三）斑岩

斑岩主要出露于研究区小黑刺沟、石块地、振兴梁和狼查沟部分地段，岩性以英安斑岩、流纹斑岩和石英斜长斑岩为主。SiO_2 质量分数为 55.95%～75.76%，平均为 66.30%；K_2O+Na_2O 质量分数为 4.76%～9.03%，K_2O/Na_2O 值为 0.38～4.36。在 TAS 图上均投入花岗岩、闪长岩和花岗闪长岩范围内（图 4-17），在 AR-SiO_2 图解上投入钙碱性范围内（图 4-18）。MgO 质量分数为 0.30%～3.38%，变化范围较大。CaO 质量分数为 0.37%～4.76%，里特曼指数为 0.98～2.49。从 AFM 图解上可以看出，岩石不具有富铁的趋势（图 4-19）；Al_2O_3 质量分数为 12.34%～18.32%，铝饱和指数为 0.94～1.41，平均值为 1.35，在 A/CNK-A/NK 图解上显示为准铝质到过铝质（图 4-20）。

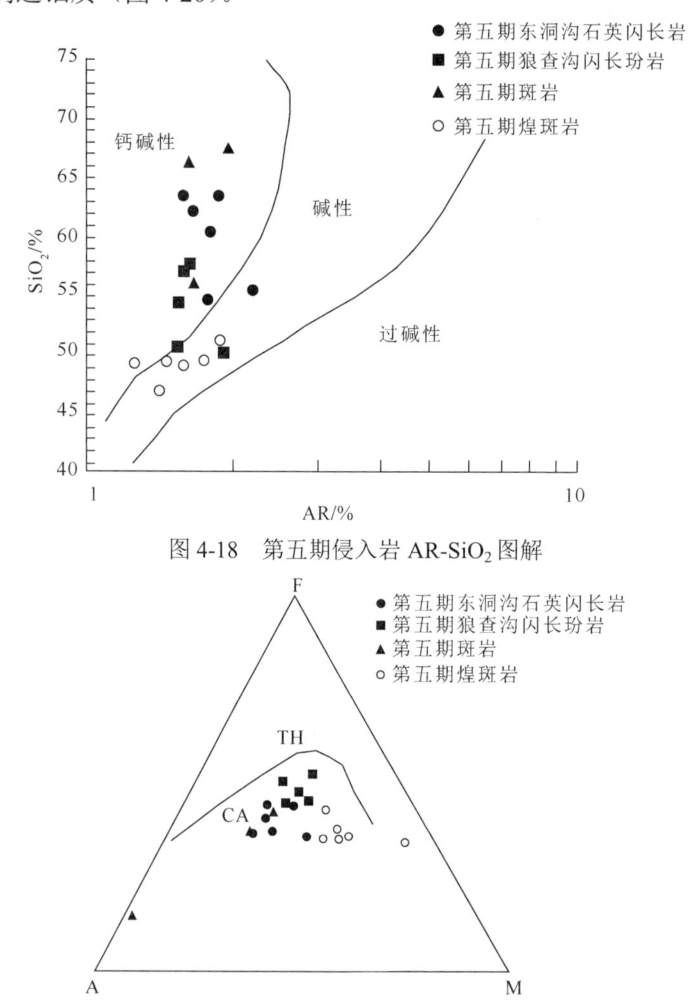

图 4-18　第五期侵入岩 AR-SiO_2 图解

图 4-19　第五期侵入岩 AFM 图解

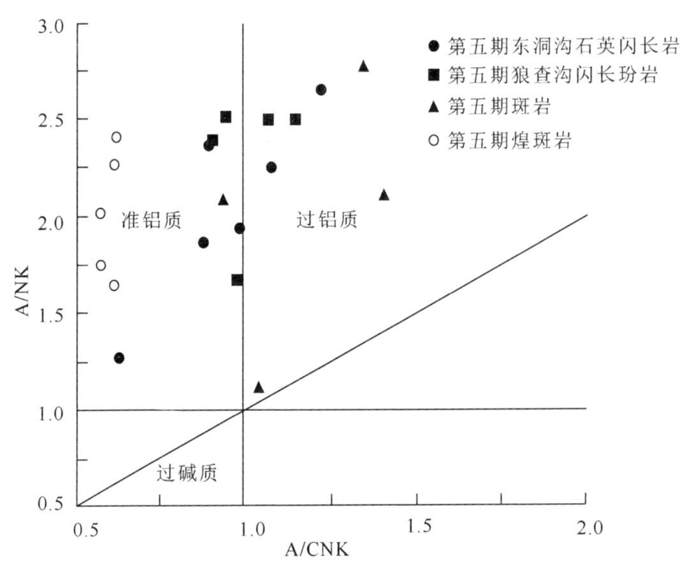

图 4-20　第五期侵入岩 A/CNK-A/NK 图解

（四）煌斑岩

煌斑岩体主要出露于黑刺沟、狼查沟、东洞沟、小黑刺沟一带,岩石类型为拉辉煌斑岩、闪斜煌斑岩、二长煌斑岩和透辉煌斑岩。岩石 SiO_2 质量分数为 46.93%～51.15%，平均为 49.20%; K_2O+Na_2O 值为 2.09%～6.33%，平均为 4.30%; K_2O/Na_2O 值为 0.44～1.86，平均为 1.12。在 TAS 图上主要投入辉长闪长岩和二长闪长岩范围内（图 4-17），在 AR-SiO_2 图解上主要投入碱性范围内（图 4-18）。MgO 质量分数为 6.00%～13.85%，平均为 9.03%；CaO 质量分数为 6.99%～9.03%，平均为 7.86%，里特曼指数为 0.71～4.92。从 AFM 图解上可以看出，岩石不具有富铁的趋势（图 4-19）；Al_2O_3 质量分数为 11.23%～13.70%，平均为 12.86%，在 A/CNK-A/NK 图解上显示为准铝质（图 4-20）。

第二节　岩石微量元素、稀土元素地球化学特征

一、第一期侵入岩

（一）小黑刺沟斜长花岗岩

小黑刺沟斜长花岗岩：$\sum$REE=36.99×10^{-6}～38.62×10^{-6}，LREE/HREE 为 3.97～4.14，轻、重稀土分馏不明显。$(La/Yb)_N$=2.96～3.52，$(La/Lu)_N$=2.75～3.39，稀土元素标准化曲线较平坦，δEu 为 1.01～1.06，Eu 异常不明显，表明不存在斜长石的分离结晶或源区残留，稀土元素含量与洋中脊稀土含量基本相同，

其形成可能与洋中脊密切相关（图 4-21）。微量元素标准化曲线较平坦，岩石相对富集 Rb、Ba、Th 和 Hf，亏损 Nb、Ta 和 Y，Ce 含量与洋脊花岗岩相似，Ta、Nb、Zr、Hf、Sm、Y 和 Yb 较亏损（图 4-22）。该岩体 Rb/Sr 值为 0.03～0.07，Nb/Ta 值为 13.19～13.31，Zr/Hf 值为 31.68～31.73，总体上与原始地幔接近。

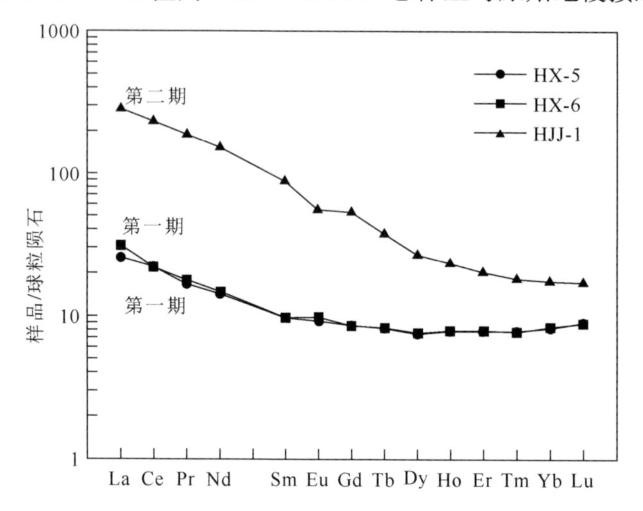

图 4-21　第一、第二期侵入岩稀土元素配分型式图

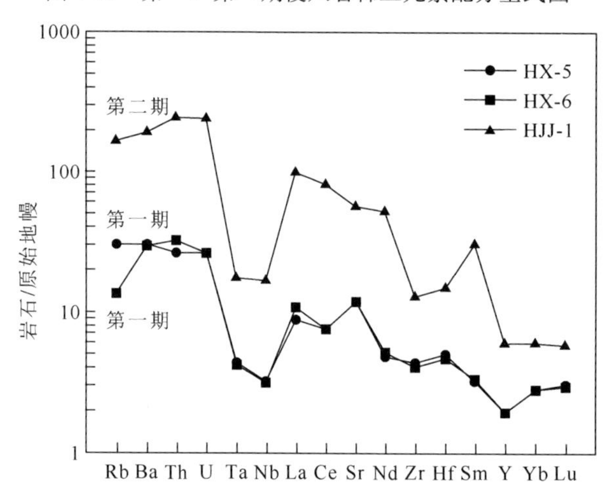

图 4-22　第一、第二期侵入岩微量元素原始地幔标准化蛛网图

（二）扎子沟花岗闪长岩

扎子沟花岗闪长岩：∑REE 为 90.34×10^{-6}～176.35×10^{-6}，丰度值与该区斜长花岗岩相比较高，LREE/HREE 为 3.97～4.14，轻、重稀土分馏不明显，但是较斜长花岗岩分馏作用要强，$(La/Yb)_N$=2.96～3.52，$(La/Lu)_N$=2.75～3.39，δEu 为

1.01～1.53，表现为 Eu 正异常。岩石总体较富集大离子亲石元素 Rb、Ba、Th 和 Ce，亏损 Zr、Hf 等高场强元素。

二、第二期侵入岩

鸡叫沟辉石闪长岩：∑REE=348.03×10^{-6}，稀土元素配分曲线上表现出明显的轻稀土富集、重稀土亏损的右倾型，LREE/HREE 为 11.4，表明轻、重稀土分馏较明显。$(La/Yb)_N$=15.37，δEu 为 0.79，表现出 Eu 的弱负异常（图 4-21）。微量元素原始地幔标准化蛛网图上呈现出峰谷交错的曲线形式（图 4-22）。辉石闪长岩相对富集大离子亲石元素 Rb、Ba、Th 和 U，相对亏损 Nb、Ta，显示出与岛弧俯冲带岩浆岩微量元素特征相似的特征（刘燊等，2003；Ionov et al.，1995）。辉石闪长岩 Rb/Sr 值为 0.06～0.08，Nb/Ta 值为 14.5～16.4，Zr/Hf 值为 31.5～35.9，总体上与原始地幔（Rb/Sr=0.029，Nb/Ta=17.59，Zr/Hf=36.30）的相应值（Sun et al.，1989；Hofmann，1988）较接近。

三、第三期侵入岩

（一）鸡叫沟岩体

角闪石英二长岩类：∑REE=265.13×10^{-6}～295.1×10^{-6}，稀土配分曲线较平坦（图 4-23），岩石相对富集大离子亲石元素 Rb、Ba、Th 和 U，相对亏损 Nb、Ta，总体呈现出峰谷交错的曲线形式（图 4-24）。石英二长岩样品 Rb/Sr 值为 0.06～0.08，Nb/Ta 值为 14.5～16.4，Zr/Hf 值为 31.5～35.9，与原始地幔（Rb/Sr=0.029，Nb/Ta=17.59，Zr/Hf=36.30）的相应值（Sun et al.，1989；Hofmann，1988）较接近。

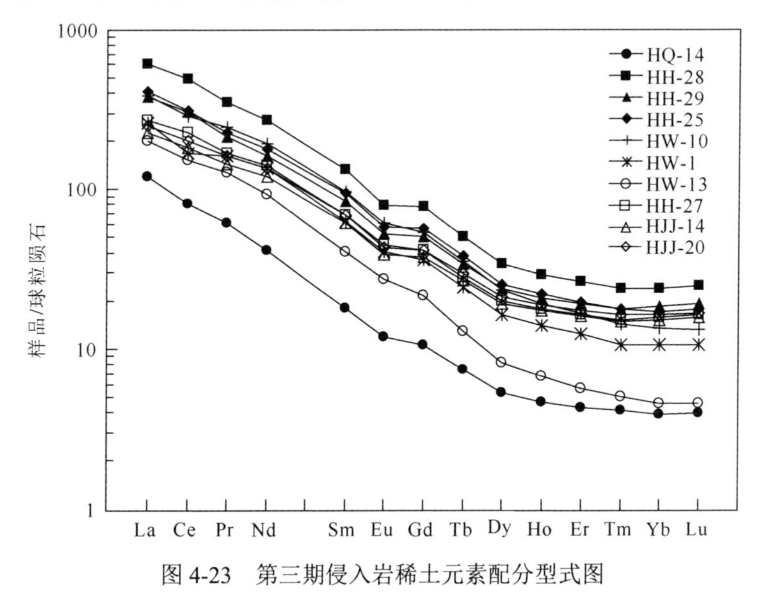

图 4-23　第三期侵入岩稀土元素配分型式图

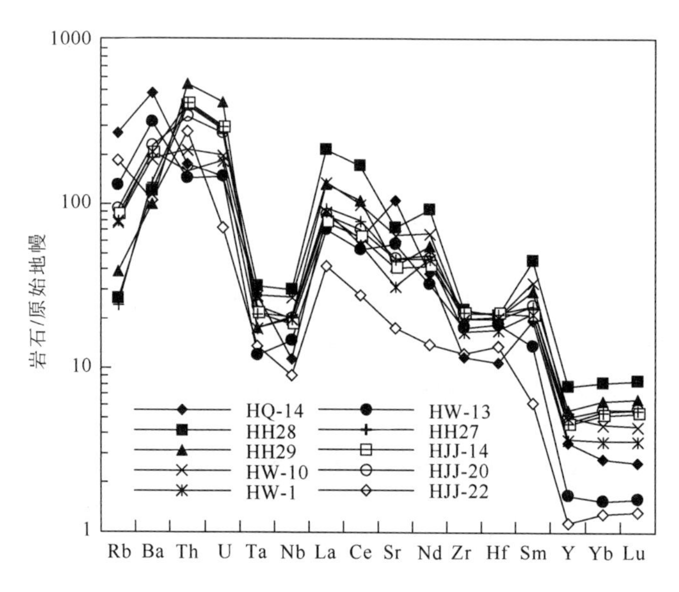

图 4-24　第三期侵入岩微量元素原始地幔标准化蛛网图

（标准化数据源自 Sun 等，1989）

（二）清水沟黑云母二长花岗岩

∑REE=111.76×10^{-6}，总稀土含量变化范围较大，LREE/HREE 为 18.82，轻、重稀土分馏较明显，稀土元素配分曲线上表现为轻稀土较富集，重稀土相对亏损的右倾型（图 4-23）。$(La/Yb)_N$=28.98，$(La/Lu)_N$ = 29.45，$(Gd/Lu)_N$=2.72，δEu 为 0.83，弱 Eu 负异常，表明岩浆分离结晶过程中存在斜长石的晶出。微量元素原始地幔标准化蛛网图总体呈现出峰谷交错的曲线形式，岩石相对富集 Rb、Ba、Th 和 Hf，亏损 Ta、Nb，尤其是 Zr（图 4-24）。该岩体 Rb/Sr 值为 0.31，Nb/Ta 值为 11.70，Zr/Hf 值为 32.62。

（三）吾力沟岩体

黑云母二长花岗岩：一个样品的∑REE=213.57×10^{-6}，稀土含量相对较低，LREE/HREE 为 22，轻稀土富集，重稀土亏损。稀土元素球粒陨石标准化模式与石英二长岩趋势基本一致，由于其分异程度较高，轻稀土相对富集程度较小，$(La/Yb)_N$=41.35，轻重稀土分馏作用较石英二长岩强，δEu=0.88，具弱的 Eu 负异常，可能是岩浆结晶分异过程中存在斜长石分离结晶作用的结果。微量元素原始地幔标准化蛛网图，总体呈现峰谷交错的曲线形式，岩石相对富集大离子亲石元素 Rb、Ba、Th 和 U, 亏损 Nb、Ta，显示出岛弧俯冲带岩浆岩的微量元素特征，表明其源区可能为岛弧背景（图 4-24）。

石英二长岩类：∑REE=270.8×10^{-6}～423.3×10^{-6}，LREE/HREE 为 14.38～15.94，轻稀土富集，重稀土亏损，在球粒陨石标准化分布模式图上呈向右倾斜的折线（图 4-23）。$(La/Yb)_N$=24.48～28.81，δEu=0.81～0.82，具弱 Eu 负异常。微量元素原始地幔标准化蛛网图总体呈现出峰谷交错的曲线形式。石英二长岩相比正长闪长岩更加富集 Nb、Ta、Sm、Eu、Dy、Y、Ho、Yb 和 Lu 元素，综合其稀土元素特征，认为其形成时间可能稍早于石英二长岩，形成于俯冲作用前期。

四、第四期侵入岩

（一）贾公台岩体

贾公台奥长花岗岩类：∑REE=34.47×10^{-6}～76.67×10^{-6}，稀土含量变化范围较大，LREE/HREE 为 9.97～11.97，表现出轻、重稀土分馏较强的特点。稀土元素配分曲线上表现出明显的轻稀土富集、重稀土亏损的右倾型，$(La/Yb)_N$=11.02～19.16，$(La/Lu)_N$=10.88～38.8，$(Gd/Lu)_N$=3.02～6.44（图 4-25）。总体上看，贾公台奥长花岗岩与北祁连构造带东段黑石山花岗岩稀土分布型式相同，而中祁连野马南山花岗岩的重稀土含量较前两者高。δEu 为 0.96～1.63，弱 Eu 负异常到中等正异常，表明源区不存在斜长石的分离结晶或残留。微量元素原始地幔标准化蛛网图总体呈现出峰谷交错的曲线形式，贾公台奥长花岗岩相对富集 Ba、Th 和 Hf，Hf

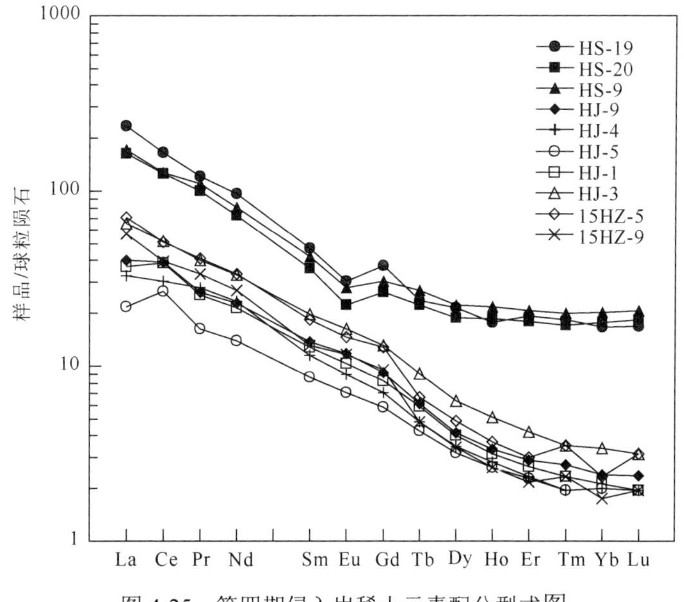

图 4-25　第四期侵入岩稀土元素配分型式图

元素的富集表明该岩体可能形成于岩浆作用分异晚期，强不相容元素 Rb 的富集可能表明岩浆分异作用较充分（图 4-26）。亏损 Ce、Y、Yb、Zr、Nb 和 Ta，特别是 Nb、Ta 的强烈亏损暗示原岩是地壳来源或曾经受到地壳物质混染。Sr 含量较高（419～563μg/g），另两个样品 Sr 含量为 83.58μg/g 和 282.46μg/g，这可能与 Sr 的主要赋存矿物斜长石发生蚀变有关，Yb 较低，为 0.095 63～0.64μg/g，Y 为 2.845 63～8.49μg/g。

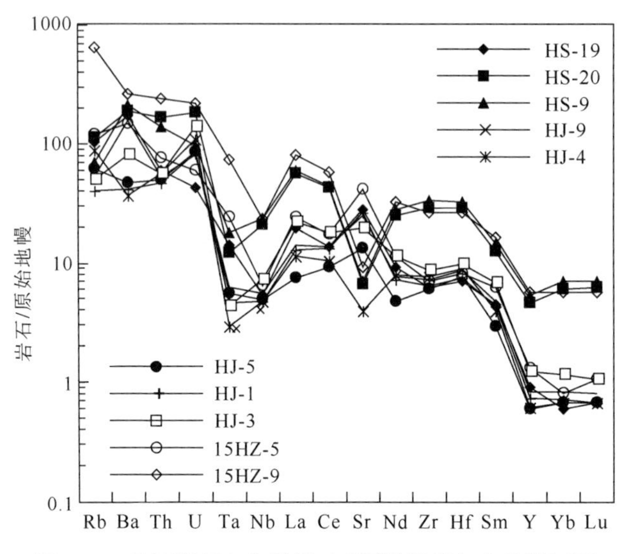

图 4-26　第四期侵入岩微量元素原始地幔标准化蛛网图

（二）石块地岩体

黑云母二长花岗岩类：∑REE=184.33×10^{-6}～244.79×10^{-6}，稀土含量变化范围较小，LREE/HREE 为 7.89～10.1，表现出轻、重稀土分馏较强的特点。稀土元素配分曲线上表现出明显的轻稀土富集、重稀土亏损的右倾型（图 4-25）。$(La/Yb)_N$=8.43～13.98，$(La/Lu)_N$=7.98～13.41，$(Gd/Lu)_N$=1.42～2.23，δEu 为 0.72～0.77，且弱 Eu 负异常，表明岩浆分离结晶过程中存在斜长石的分离结晶作用。微量元素原始地幔标准化图总体呈现出峰谷交错的曲线形式（图 4-26）。岩石富集 Rb、Ba、Th 和 Pb 等大离子亲石元素，亏损 Ta、Nb 和 Sr 等高场强元素。该岩体 Rb/Sr 值为 0.30～2.05、Nb/Ta 值为 5.56～29.42，Zr/Hf 值为 35.7～38.2。

五、第五期侵入岩

（一）石英闪长岩

石英闪长岩：∑REE=140.92×10^{-6}～195.03×10^{-6}，稀土含量较高，变化范围较大，LREE/HREE 为 8.67～9.38，表现出轻、重稀土分馏较强的特点。稀土元素配分曲线上表现出明显的轻稀土富集、重稀土亏损的右倾型，（La/Yb）$_N$=10.68～12.46，（La/Lu）$_N$=9.95～11.87，（Gd/Lu）$_N$=2.16～2.42，δEu=0.81～0.82，弱 Eu 负异常，表明岩浆分离结晶过程中存在斜长石的结晶分离作用（图 4-27）。微量元素原始地幔标准化蛛网图总体呈现出峰谷交错的曲线形式（图 4-28）。岩石相对富集 Rb、Ba、Th 和 Hf，亏损 Ce、Y、Yb 和 Zr。该岩体 Rb/Sr 值为 0.28～0.43，Nb/Ta 值为 13.5～13.9，Zr/Hf 值为 33.3～34.1。

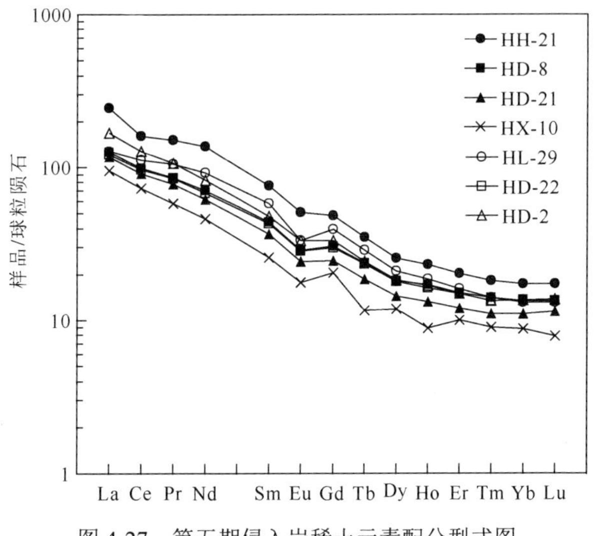

图 4-27 第五期侵入岩稀土元素配分型式图

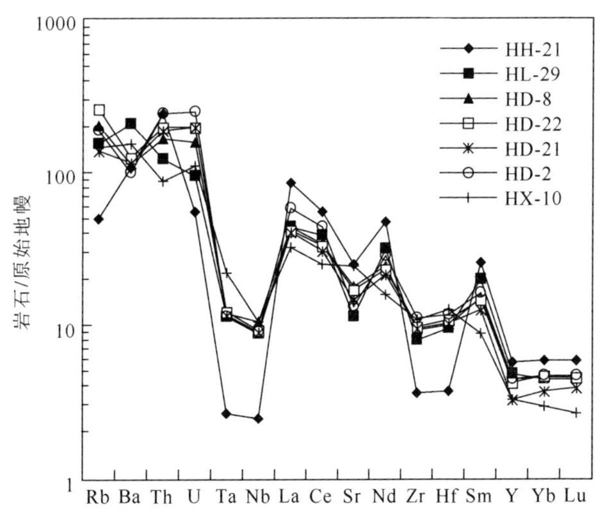

图 4-28 第五期侵入岩微量元素原始地幔标准化蛛网图

（二）煌斑岩

煌斑岩：ΣREE=153.45×10^{-6}～274.49×10^{-6}，LREE=135.51×10^{-6}～248.21×10^{-6}，HREE=17.94×10^{-6}～26.27×10^{-6}，稀土含量较高。岩石稀土元素球粒陨石配分图上表现为典型的轻稀土富集，重稀土相对亏损的右倾型（图 4-27）。$(La/Yb)_N$ 值为 8.97～14.06，LREE/HREE 值为 7.55～9.45，表明轻重稀土分馏明显，δEu 值为 0.68～0.82，表现为中到弱的 Eu 负异常，表明在成岩过程中可能有斜长石的分离结晶。

岩石微量元素原始地幔标准化蛛网图显示，富集大离子亲石元素（Rb、Ba、La、Ce 和 Sr）和 U、Pb，亏损高场强元素（Nb、Ta、Zr 和 Hf），具有与岛弧钙碱性玄武岩相似的微量元素配分模式，反映其源区具有俯冲组分的特点，其岩浆可能为富含 REE 和高场强元素的俯冲带流体交代过的富集地幔部分熔融所产生的岩浆（图 4-28）。

第三节　岩石同位素地球化学特征

确定岩浆的源区是研究岩浆岩成因的重要任务之一，而同位素地球化学特征能够很好地反映岩浆源区的性质。本书分析了党河南山贾公台岩体和吾力沟岩体的全岩 Rb-Sr 和 Sm-Nd 同位素组成，并对上述地区已经进行了年龄测定的样品同时进行了锆石 Hf 同位素测试，以期在主量、微量元素研究的基础上，进一步明确花岗岩源岩性质及演化过程（表 4-4）。

一、Sr-Nd 同位素

Sr、Nd 同位素测试在中国科学院广州地球化学研究所实验室采用多接收器等离子体质谱（MC-ICP-MS）仪测定，其中贾公台岩体：$^{87}Rb/^{86}Sr$ 值为 0.131 517～0.217 702，平均为 0.174 609，；$^{87}Sr/^{86}Sr$ 值为 0.706 866～0.707 956，平均为 0.707 411；$^{87}Sr/^{86}Sr$ 值 0.706 079～0.706 855，平均为 0.706 467；$^{147}Sm/^{144}Nd$ 值为 0.118 806～0.119 770，平均为 0.119 288；$^{143}Nd/^{144}Nd$ 为 0.512 416～0.512 458，平均为 0.512 437，$(^{143}Nd/^{144}Nd)_i$ 为 0.512 087～0.512 182，平均为 0.512 134；以 420Ma 年龄计算的 ε_{Nd}（t）为-0.2～0.02，ε_{Sr}（t）为 29.76～39.40，T_{DM} 和 T_{2DM} 分别为 1114～1193Ma 和 1107～1179Ma。从上述数据看，该岩体的 Nd、Sr 同位素组成变化较大，数据点在（$^{87}Sr/^{86}Sr$）$_i$-ε_{Nd}（t）图解上位于 EMⅡ型富集地幔附近，结合其富含大离子亲石元素且具有岛弧岩浆岩的地球化学特征，我们判断其岩浆源区可能遭受了来自消减板块的交代改造（图 4-29）。

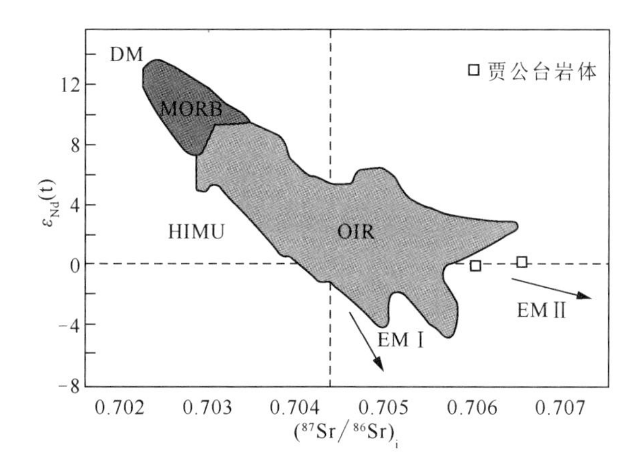

图 4-29　岩石（$^{87}Sr/^{86}Sr$）$_i$-ε_{Nd}（t）图解

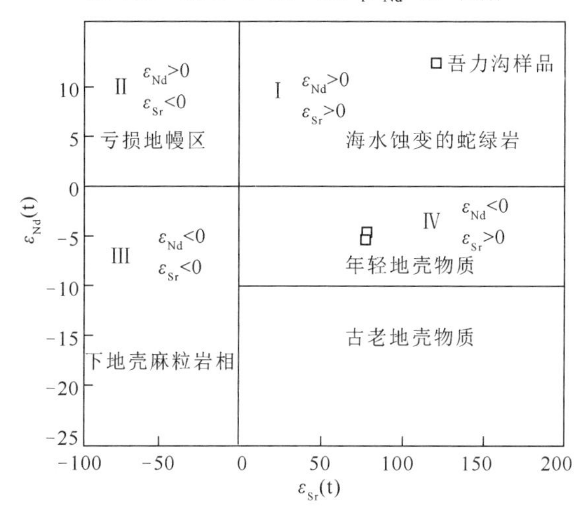

图 4-30　岩石 ε_{Nd}（t）-ε_{Sr}（t）图解

吾力沟岩体：$^{87}Rb/^{86}Sr$ 值介于 0.103 793～0.196 152，平均为 0.149 973；$^{87}Sr/^{86}Sr$ 为 0.709 734～0.710 747，平均为 0.710 241；（$^{87}Sr/^{86}Sr$）$_i$ 值为 0.709 058～0.709 490，平均为 0.709 274；$^{147}Sm/^{144}Nd$ 值为 0.085 904～0.100 230，平均为 0.093 082；$^{143}Nd/^{144}Nd$ 为 0.512 066～0.512 073，平均为 0.512 070，（$^{143}Nd/^{144}Nd$）$_i$ 为 0.511 773～0.511 813，平均为 0.511 793；以 450Ma 年龄计算的 ε_{Nd}（t）为−5.40～4.79，ε_{Sr}（t）为 72.40～78.41，T_{DM} 和 T_{2DM} 分别为 1294～1447Ma 和 1576～1631Ma。吾力沟岩体在 ε_{Nd}（t）-ε_{Sr}（t）图解上投入年轻的地壳物质范围内，反映其应该来自早期上部地壳物质的部分熔融（图 4-30）。

二、锆石 Hf 同位素特征

锆石 Hf 同位素分析在国土资源部天津地质矿产研究所实验测试中心，采用激光剥蚀多接收等离子体质谱仪（LA-MC-ICP-MS）对样品进行测试，激光束斑直径为 50μm，激光剥蚀时间 26s，测定时采用锆石 GJ-1 作为标准样品，实验分析流程和校正参见耿建珍等（2011）的文献。锆石 Hf 同位素测点选在锆石 U-Pb 年龄点谐和性好的同位点上。

锆石具有极强的稳定性，其 Hf 含量较高但 Lu 含量极低，常导致其 $^{176}Lu/^{177}Hf$ 具有非常低的值，而且锆石对 Lu-Hf 同位素体系的封闭温度很高，Hf 同位素很少受到后期地质作用的影响，因此锆石中 Hf 同位素示踪在地幔、地壳演化研究中具有非常重要的意义。

贾公台岩体中共测试 Hf 同位素点 7 个，样品中的锆石 $^{176}Yb/^{177}Hf$ 值和 $^{176}Lu/^{177}Hf$ 值变化范围分别为 0.0224～0.0426 和 0.0006～0.0012（表 4-5）；$f_{Lu/Hf}$ 值为−0.98～−0.96，明显小于镁铁质地壳的 $f_{Lu/Hf}$ 值（−0.34）和硅铝质地壳的 $f_{Lu/Hf}$ 值（−0.72），因此其二阶段年龄更能反映其源区物质从亏损地幔被抽取的时间（或者其源区物质在地壳的平均存留年龄）。$^{176}Hf/^{177}Hf$ 值和 ε_{Hf}（t）值分别为 0.282 725～0.282 890 和 8.1～13.6，$^{176}Lu/^{177}Hf$ 值均小于 0.002，表明这些锆石在形成以后，仅具有少量的放射成因 Hf 的积累，因此可以用初始的 $^{176}Hf/^{177}Hf$ 值代表形成时的 $^{176}Lu/^{177}Hf$ 值（吴福元等，2007）。初始的 ε_{Hf}（t）值均为正值表明岩体在形成时有较多幔源或是新生地壳的物质加入，结合其二阶段锆石 Hf 模式年龄为（T_{DM2}）558～917Ma，表明贾公台岩体应该为新生地壳的部分熔融所形成。

吾力沟岩体中共测试 Hf 同位素点 7 个，样品中的锆石 $^{176}Yb/^{177}Hf$ 值和 $^{176}Lu/^{177}Hf$ 值变化范围较大，分别为 0.0207～0.0743 和 0.0005～0.0017（表 4-5）；$f_{Lu/Hf}$ 值为−0.98～−0.95，明显小于镁铁质地壳的 $f_{Lu/Hf}$ 值（−0.34）和硅铝质地壳的 $f_{Lu/Hf}$ 值（−0.72），因此其二阶段年龄更能反映其源区物质从亏损地幔被抽取的时间（或者其源区物质在地壳的平均存留年龄）。$^{176}Hf/^{177}Hf$ 值和 ε_{Hf}（t）值分别为 0.282 339～0.282 542 和−5.3～1.5，$^{176}Lu/^{177}Hf$ 值均小于 0.002，表明这些锆石在形成以后，仅具有少量的放射成因 Hf 的积累，因此可以用初始的 $^{176}Hf/^{177}Hf$ 值代表形成时的 $^{176}Lu/^{177}Hf$ 值（吴福元等，2007）。其二阶段锆石 Hf 模式年龄（T_{DM2}）为 1343～1772Ma，远大于贾公台岩体的二阶段模式年龄，表明其与贾公台岩体为不同时期地壳部分熔融的产物。该岩体中锆石的部分 ε_{Hf}（t）值为负值，揭示其源区可能主要为古老地壳的部分熔融，部分锆石的 ε_{Hf}（t）为正值，表明在形成过程中有亏损地幔的物质加入。其源区的同位素组成不均一，反映了吾力沟岩体的源区较为复杂，结合其 Sr-Nd 同位素特征，认为吾力沟岩体总体上以古老地壳上部的部分熔融为主，形成过程中也加入了一定比例的地幔物质。

表 4-4 贾公台岩体、吾力沟岩体 Sr-Nd 同位素数据

样品名	位置	Rb	Sr	Sm	Nd	$^{87}Sr/^{86}Sr$	$^{87}Rb/^{86}Sr$	$(^{87}Sr/^{86}Sr)_i$	εSr（0）	εSr（t）	$^{143}Nd/^{144}Nd$	$^{147}Sm/^{144}Nd$	$(^{143}Nd/^{144}Nd)_i$	εNd（0）	εNd（t）	T_{DM}	T_{2DM}
HJ-1	贾公台	25.59	563.47	1.97	10.03	0.706 866	0.131 517	0.706 079	33.58	29.46	0.512 416	0.119 770	0.512 087	−4.33	−0.20	1 193	1 179
HJ-3	贾公台	31.57	419.93	3.02	15.47	0.707 956	0.217 702	0.706 856	49.06	39.40	0.512 458	0.118 806	0.512 182	−3.51	0.02	1 114	1 107
HW-10	吾力沟	48.36	1 349.16	14.80	89.82	0.709 734	0.103 793	0.709 058	74.29	72.40	0.512 073	0.100 260	0.511 773	−11.02	−5.40	1 447	1 631
HW-13	吾力沟	80.81	1 192.86	6.14	43.51	0.710 747	0.196 152	0.709 490	88.67	78.41	0.512 066	0.085 904	0.511 813	−11.16	−4.79	1 294	1 576

注：计算参数为 $\lambda^{87}Rb=1.42\times10^{-11}/a$，$\lambda^{87}Sm=6.54\times10^{-12}/a$，同位素初始值计算所用参数为：$(^{87}Rb/^{86}Sr)_{UR}=0.0847$，$(^{87}Sr/^{86}Sr)_{UR}=0.7045$，$(^{147}Sm/^{144}Nd)_{CHUR}=0.1967$，$(^{143}Nd/^{144}Nd)_{CHUR}=0.512\ 638$，$(^{143}Nd/^{144}Nd)_{DM}=0.513\ 151$，$(^{147}Sm/^{144}Nd)_{DM}=0.118.9$（杨斌虎等，2011），样品岩性参考表 4-2。

表 4-5 贾公台（j.1）和吾力沟（ftw）锆石 Hf 同位素数据

点号	年龄/Ma	$^{176}Yb/^{177}Hf$	2s	$^{176}Lu/^{177}Hf$	2s	$^{176}Hf/^{177}Hf$	2s	$^{176}Hf/^{177}Hf_i$	ε_{Hf}（0）	ε_{Hf}（t）	T_{DM1}/Ma	T_{DM2}/Ma	$f_{Lu/Hf}$
j.1.1	435	0.028 5	0.000 3	0.000 8	0.000 015	0.282 844	0.000 045	0.282 837	2.5	11.9	577	662	−0.97
j.1.2	425	0.022 4	0.000 2	0.000 6	0.000 006	0.282 742	0.000 024	0.282 737	−1.1	8.1	716	893	−0.98
j.1.3	431	0.027 9	0.000 9	0.000 7	0.000 037	0.282 744	0.000 028	0.282 738	−1.0	8.3	716	887	−0.98
j.1.7	442	0.040 2	0.000 1	0.001 2	0.000 009	0.282 882	0.000 073	0.282 872	3.9	13.3	528	579	−0.96
j.1.8	457	0.042 6	0.000 3	0.001 2	0.000 021	0.282 731	0.000 049	0.282 721	−1.4	8.2	743	909	−0.96
j.1.12	452	0.024 7	0.000 3	0.000 7	0.000 011	0.282 725	0.000 038	0.282 719	−1.7	8.1	742	917	−0.98
j.1.15	442	0.037 4	0.001 4	0.001 1	0.000 048	0.282 890	0.000 055	0.282 881	4.2	13.6	515	558	−0.97
ftw.1	450	0.023 4	0.000 3	0.000 5	0.000 007	0.282 359	0.000 016	0.282 355	−14.6	−4.9	1 247	1 734	−0.98
ftw.2	487	0.055 0	0.000 2	0.001 2	0.000 005	0.282 520	0.000 015	0.282 509	−8.9	1.4	1 042	1 366	−0.96
ftw.3	461	0.074 3	0.000 2	0.001 7	0.000 012	0.282 542	0.000 017	0.282 527	−8.1	1.5	1 026	1 343	−0.95
ftw.6	498	0.020 7	0.000 3	0.000 5	0.000 004	0.282 394	0.000 014	0.282 390	−13.4	−2.6	1 197	1 626	−0.99
ftw.7	462	0.021 7	0.000 1	0.000 5	0.000 002	0.282 339	0.000 016	0.282 334	−15.3	−5.3	1 275	1 772	−0.98
ftw.8	454	0.021 4	0.000 1	0.000 5	0.000 003	0.282 413	0.000 018	0.282 409	−12.7	−2.8	1 171	1 610	−0.98
ftw.9	464	0.073 8	0.000 8	0.001 6	0.000 014	0.282 501	0.000 022	0.282 487	−9.6	0.1	1 081	1 429	−0.95

注：计算参数为 ^{176}Lu 衰变常数 $\lambda=1.865\times10^{-11}$（Soderlund et al.，2004）；球粒陨石和亏损地幔的 $^{176}Lu/^{177}Hf$ 值分别为 0.033 21、0.282 772、0.038 42、0.283 25（Bizzarro et al.，2002；Griffin et al.，2004）；硅铝质地壳的 $f_{Lu/Hf}=-0.55$（Griffin et al.，2002）。

第四节　岩石成因与构造环境

目前，较常见的花岗岩成因分类是早期以花岗岩源岩类型为依据划分的 I 型和 S 型花岗岩以及后来的 A 型和较为少见的 M 型，即 ISMA 分类。其中，I 型花岗岩的源岩是基性火成岩或变质基性火成岩，S 型花岗岩的源岩是沉积岩或变质沉积岩，M 型花岗岩来自地幔（洋壳或蛇绿岩中的辉长岩），A 型花岗岩是伸展构造背景下产生的高温无水花岗岩，与源岩无关。本书对党河南山地区的四期花岗岩进行研究，通过其岩石地球化学、锆石 U-Pb 年龄、稀土、微量元素、Nd-Sr 同位素以及 Hf 同位素等特点，对侵入岩类的构造成因进行分析，分述如下。

一、第一期侵入岩

小黑刺沟斜长花岗岩较为特殊，形成于 514Ma 之前。在 AR-SiO_2 图解上，样品投入钙碱性系列范围内（图 4-2），在花岗岩 Na_2O-K_2O 判别图解上（图 4-31），1 个样品位于 I 型花岗岩范围，1 个样品位于 S 型花岗岩范围（其余样品由于 K_2O 和 Na_2O 含量低，投出图外）。$Mg^{\#}$为 43.88～67.13，K_2O+Na_2O 质量分数为 6.05%～7.54%，在构造判别图 R1-R2 上，小黑刺沟斜长花岗岩样品均落入大洋斜长花岗岩区域，表明该岩体具有大洋斜长花岗岩的性质（图 4-32）；同样，样品在 Rb/30-Hf-3Ta 图解（图 4-33）、Rb/10-Hf-3Ta 图解（图 4-34）以及 Rb-Yb+Ta 微量元素构造环境判别图（图 4-35）上均投入火山弧花岗岩范围内。结合其稀土含量几乎与洋中脊的稀土含量相同，微量元素蛛网图（图 4-22）类似于 E-MORB 的微量元素蛛网图，微量元素相对富集 Rb、Ba、Th 和 Hf，相对亏损 Nb、Ta 和 Y 的特征，作者认为该岩体的源岩可能形成于岛弧环境中。在花岗岩的 A/MF-C/MF 图解上，大部分样品落入基性岩的范围内，进一步表明其源岩应该为岛弧环境下所产生的基性岩浆（图 4-36）。

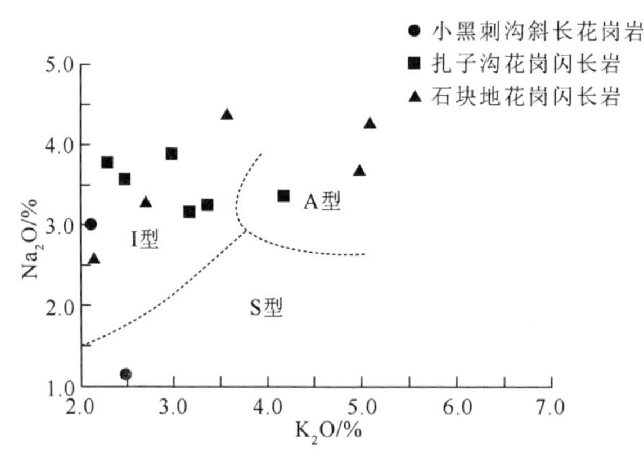

图 4-31　Na_2O-K_2O 构造环境判别图

（Collins et al.，1982）

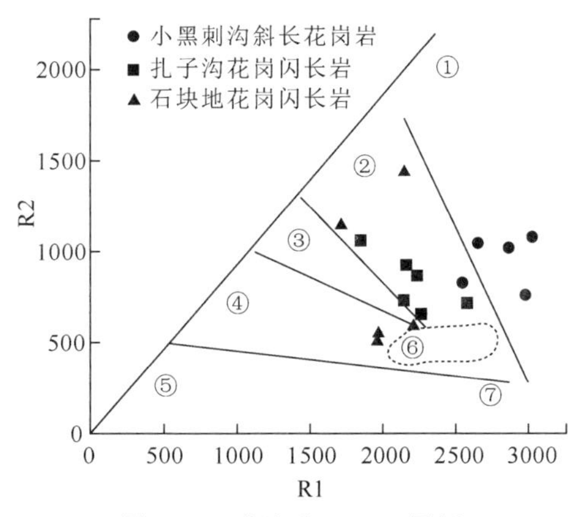

图 4-32　花岗岩 R1-R2 图解

①地幔斜长花岗岩②破坏性活动板块边缘（造山前）花岗岩③板块碰撞后隆起期花岗岩
④晚造山期花岗岩⑤非造山区 A 型花岗岩⑥同碰撞花岗岩⑦造山期后花岗岩

（Batchelor et al.，1985）

扎子沟花岗闪长岩的镁铁质暗色矿物偏高，在花岗岩 Na_2O-K_2O 判别图解上，大部分样品位于 I 型花岗岩的范围内（图 4-31）。岩石总体较富集大离子亲石元素 Rb、Ba、Th 和 Ce，亏损 Zr、Hf 等高场强元素。在 Bechelor 的构造判别图 R1-R2 上，扎子沟花岗闪长岩样品均落入破坏性活动板块边缘（造山前）花岗岩区域（图 4-32），样品在 Rb/30–Hf–3Ta 图解（图 4-33）、Rb/10-Hf-3Ta 图解（图 4-34）和微量元素 Rb–Yb+Ta 构造环境判别图中均位于火山弧花岗岩范围内（图 4-35），在花岗岩的 A/MF-C/MF 图解上（图 4-36），大部分样品落入基性岩的范围内，结合其 ε_{Hf}（t）值为负值，暗示其构造环境可能为活动大陆边缘的火山弧环境，其源岩应该为岛弧环境下所产生的基性岩浆。Sr 含量为 313.06×10^{-6}～446.6×10^{-6}，Yb 含量

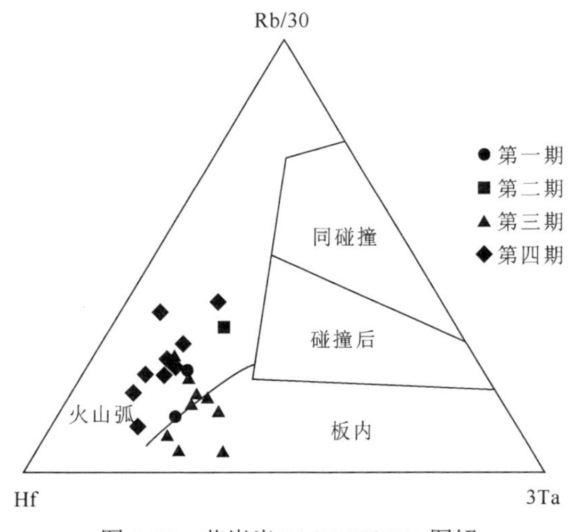

图 4-33　花岗岩 Rb/30-Hf-3Ta 图解

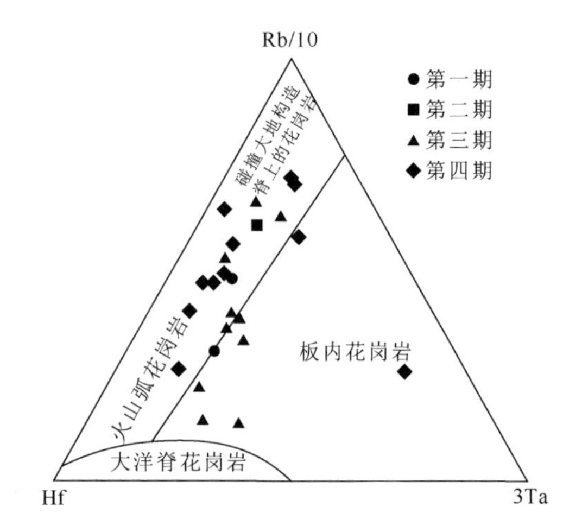

图 4-34　花岗岩 Rb/10-Hf-3Ta 图解

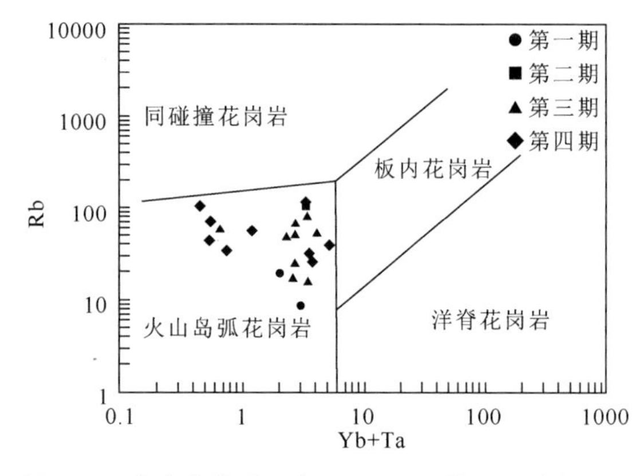

图 4-35　花岗岩微量元素 Rb-Yb+Ta 构造环境判别图

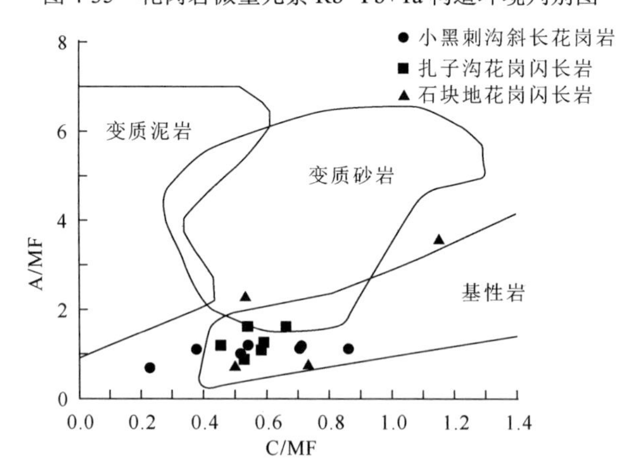

图 4-36　第一期花岗岩的 A/MF-C/MF 图解

为 $0.78\times10^{-6}\sim1.81\times10^{-6}$，Y 为 $8.53\times10^{-6}\sim17.68\times10^{-6}$，S/Y（28.03）值较低，地球化学特征与 O 型埃达克岩类似。

石块地花岗闪长岩在花岗岩 Na_2O-K_2O 构造环境判别图上位于 I 型和 A 型花岗岩的范围内。岩石总体较富集大离子亲石元素 Rb、Ba、Th 和 Ce，亏损 Zr、Hf 等高场强元素（图 4-31）。在 Batchelor 的构造判别图 R1-R2 上，石块地花岗闪长岩两个样品均落入破坏性活动板块边缘（造山前）花岗岩范围内，两个落入晚造山期花岗岩范围内，结合其构造背景，石块地花岗岩应该为破坏性活动板块边缘（造山前）花岗岩（图 4-32）。在 Rb/30-Hf-3Ta 图解（图 4-33）、Rb/10-Hf-3Ta 图解（图 4-34）和微量元素 Rb−Yb+Ta 构造环境判别图（图 4-35）中均位于火山弧花岗岩范围内，在花岗岩的 A/MF-C/MF 图解上（图 4-36），大部分样品落入基性岩的范围内，表明其构造环境可能为活动大陆边缘的火山弧环境，其源岩应该为岛弧环境下所产生的基性岩。

二、第二期侵入岩

第二期侵入岩岩体相对富集大离子亲石元素 Rb、Ba、Th 和 U，亏损 Nb、Ta，显示出与岛弧俯冲带岩浆岩相似的微量元素特征（刘燊等，2003；Ionov et al.，1995）。样品在 Na_2O-K_2O 构造环境判别图上投入 I 型花岗岩区域（图 4-37），在 Rb/30-Hf-3Ta 图解（图 4-33）、Rb/10-Hf-3Ta 图解（图 4-34）以及微量元素 Rb−Yb+Ta 构造环境判别图（图 4-35）上均投入火山弧花岗岩范围内，在花岗岩的 A/MF-C/MF 图解上大部分落入基性岩的范围内（图 4-38）。综合其地球化学特征，可判断其可能形成于俯冲环境。

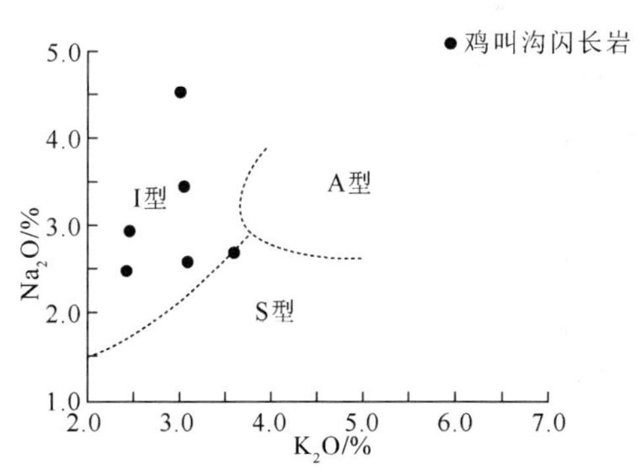

图 4-37　第二期花岗岩的 Na_2O-K_2O 构造环境判别图

（Collins et al.，1982）

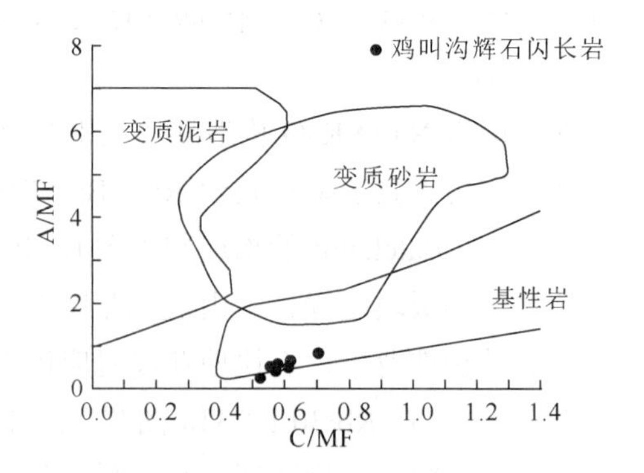

图 4-38　第二期花岗岩的 A/MF-C/MF 图解

（Pearce et al.，1984）

三、第三期侵入岩

鸡叫沟角闪石英二长岩相对富集大离子亲石元素 Rb、Ba、Th 和 U，相对亏损 Nb、Ta，显示出与岛弧俯冲带岩浆岩相似的微量元素特征（刘燊等，2003；Tonov et al.，1995）。样品在 Na_2O-K_2O 构造环境判别图（图 4-39）上投入 I 型花岗岩区域，在 Rb/30-Hf-3Ta 图解（图 4-33）、Rb/10-Hf-3Ta 图解（图 4-34）以及微量元素 Rb−Yb+Ta 构造环境判别图（图 4-35）上大部分投入板内花岗岩范围内，在花岗岩的 A/MF-C/MF 图解上大部分落入基性岩的范围内（图 4-40）。

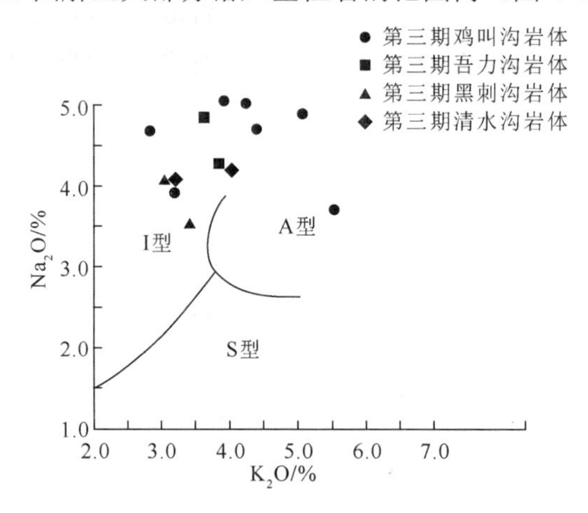

图 4-39　第三期花岗岩的 Na_2O-K_2O 构造环境判别图

（Collins et al.，1982）

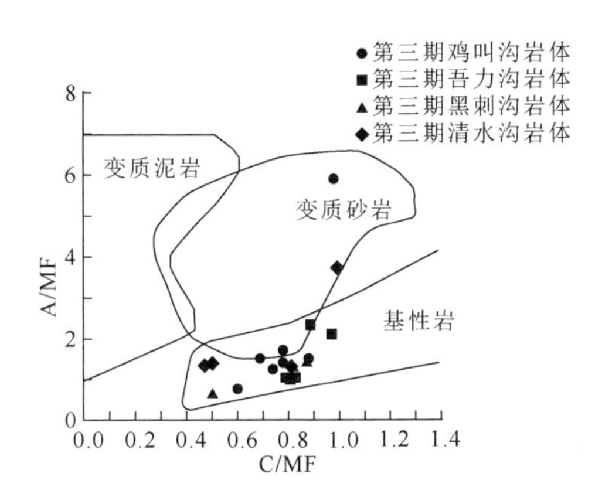

图 4-40 第三期花岗岩的 A/MF-C/MF 图解

（Pearce et al.，1984）

吾力沟岩体主要以正长闪长岩和石英二长岩为主，正长闪长岩稀土总量相对较低，轻稀土富集、重稀土亏损，相对富集大离子亲石元素 Rb、Ba、Th 和 U，亏损 Nb、Ta，显示出与岛弧俯冲带岩浆岩相似的微量元素特征，表明其源区可能为岛弧俯冲背景。石英二长岩相比正长闪长岩更加富集 Nb、Ta、Sm、Eu、Dy、Y、Ho、Yb 和 Lu 元素，综合其稀土元素特征，推断其形成时间可能稍早于石英二长岩，形成于俯冲作用前期。花岗岩在 Na_2O-K_2O 构造环境判别图上投入 I 型花岗岩区域（图 4-39）。样品在 Rb/30-Hf-3Ta 图解（图 4-33）、Rb/10-Hf-3Ta 图解（图 4-34）以及微量元素 Rb-Yb+Ta 构造环境判别图（图 4-35）上大部分投入板内花岗岩范围内。在花岗岩的 A/MF-C/MF 图解上大部分落入基性岩的范围内（图 4-40）。其二阶段锆石 Hf 模式年龄（T_{DM2}）为 1343～1772Ma，源区同位素组成不均一，反映了吾力沟岩体的源区较为复杂，总体上以古老地壳的熔融为主，形成过程中也加入了一定比例的地幔物质。

黑刺沟正长闪长岩，在花岗岩 Na_2O-K_2O 构造环境判别图上投入 I 型花岗岩区域（图 4-39）。样品在 Rb/30-Hf-3Ta 图解（图 4-33）、Rb/10-Hf-3Ta 图解（图 4-34）以及微量元素 Rb-Yb+Ta 构造环境判别图（图 4-35）上大部分投入板内花岗岩范围内。在花岗岩的 A/MF-C/MF 图解上落入基性岩的范围内，其源岩应该为岛弧环境下产生的基性岩浆（图 4-40）。

四、第四期侵入岩

贾公台奥长花岗岩岩体大部分 Al_2O_3≥15%，SiO_2≥56%，贫 Y（Y≤13.21μg/g，平均 5.29μg/g）和 Yb（Yb≤1.77μg/g，平均 0.63μg/g），Sr 含量高（大部分样品含量大于 400μg/g），富集 LILE 和 LREE，亏损重稀土元素，无 Eu 负异常或轻微正

异常（δEu=0.96～1.63），显示 C 型埃达克岩的地球化学特征。张旗等（2001）根据中国东部燕山期岩浆作用的研究将埃达克岩分为 O 型与 C 型两类，前者与板块消减作用或玄武岩底侵作用有关，后者则可能是加厚地壳底部的中-基性岩部分熔融的产物（张旗等，2012）。贾公台奥长花岗岩在判断成因类型的 Na_2O-K_2O 图解中全部投点于 I 型花岗岩区域，具有准铝质—过铝质的钙碱性 I 型花岗岩的特征（图 4-41），与典型的埃达克岩质岩石相比（张旗等，2001），贾公台奥长花岗岩具有较低的 MgO（$Mg^{\#}$=35）含量以及低的 Cr（平均为 14.98μg/g）、Ni（平均为 7.12μg/g）含量，Yb 较低，为 0.096～0.64μg/g、Y 为 2.84～8.49μg/g，$^{87}Sr/^{86}Sr$ 初始值为 0.706，均未显示出埃达克质熔体形成后与地幔橄榄岩发生明显的交代作用，在 Batchelor 的构造判别图 R1-R2 上（图 4-42），贾公台奥长花岗岩样品均落入破坏性活动板块边缘（造山前）花岗岩范围内，样品在 Rb/30-Hf-3Ta 图解（图 4-33）、Rb/10-Hf-3Ta 图解（图 4-34）以及微量元素 Rb-Yb+Ta 构造环境判别图（图 4-35）上均位于火山弧花岗岩范围内，在花岗岩的 A/MF-C/MF 图解上大部分落入基性岩的范围内（图 4-43），结合其锆石 Hf 同位素二阶段模式年龄较年轻（579～917Ma）的特征，其源区为新增生的陆壳物质，表明其可能为深部地壳基性火成岩的部分加厚熔融形成的 C 型埃达克质岩石。

石块地似斑状二长花岗岩稀土、微量元素含量较前几期俯冲环境下形成的岩浆岩低，表现出明显的轻稀土富集、重稀土亏损，岩石富集 Rb、Ba、Th 和 Pb 等大离子亲石元素，亏损 Ta、Nb 和 Sr 等高场强元素。样品在 Na_2O-K_2O 构造环境判别图上投入 A 型花岗岩区域，显示出碰撞后花岗岩的特征（图 4-41）。样品在 Rb/30-Hf-3Ta 图解（图 4-33）、Rb/10-Hf-3Ta 图解（图 4-34）以及微量元素 Rb-Yb+Ta 构造环境判别图上（图 4-35）均位于火山弧花岗岩范围内，在花岗岩的 A/MF-C/MF 图解上大部分落入基性岩的范围内（图 4-43）。

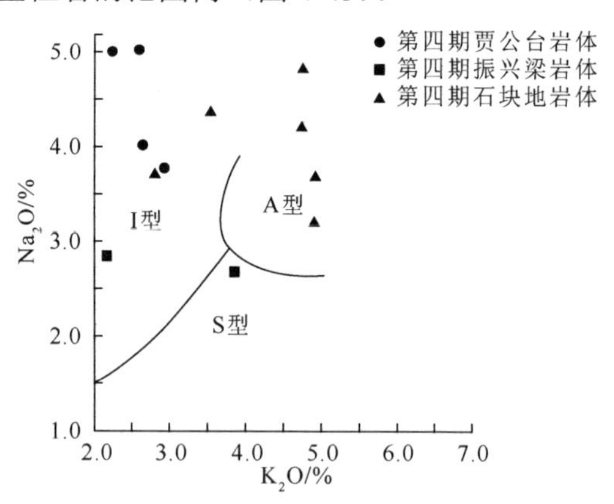

图 4-41　第四期花岗岩 Na_2O-K_2O 构造环境判别图

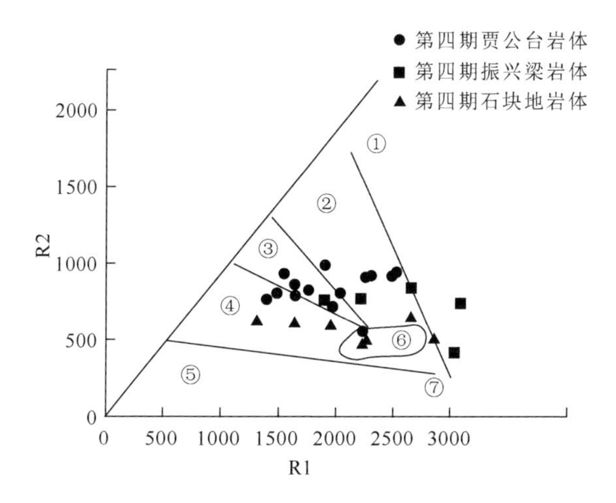

图 4-42　第四期花岗岩的 R1-R2 图解

①地幔斜长花岗岩；②破坏性活动板块边缘（造山前）花岗岩；③板块碰撞后隆起期花岗岩；④晚造山期花岗岩；⑤非造山区 A 型花岗岩；⑥同碰撞花岗岩；⑦造山期后花岗岩（Batchelor et al.，1985）

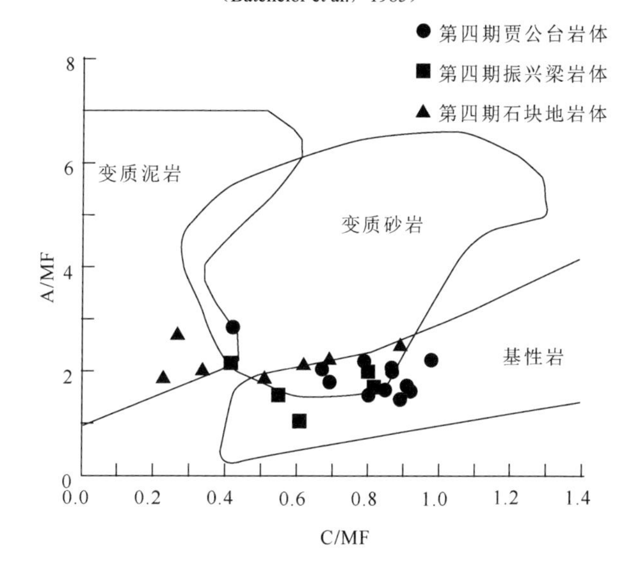

图 4-43　第四期花岗岩的 A/MF-C/MF 图解

五、第五期侵入岩

按照戴霜等（2016）和刘博等（2015）的研究成果，第五期煌斑岩脉属钙碱性系列煌斑岩，稀土元素总量较低，轻稀土富集、重稀土相对亏损，强烈富集大离子亲石元素（Rb、Ba、La、Ce 和 Sr）和 U、Pb,亏损高场强元素（Nb、Ta、Zr 和 Hf），岩石 $w(^{87}Sr)/w(^{86}Sr)$=0.713 716～0.716 950，$\varepsilon_{Nd}(t)$=−6.713 9～−8.398 6,

w（^{143}Nd）/w（^{144}Nd）=0.512 036～0.512 117，具有高 Sr 低 Nd 的特征。煌斑岩源岩具有岛弧钙碱性玄武岩的性质，源区可能为 EMI 型富集地幔。煌斑岩是在拉张环境形成的，指示党河南山地区在海西早期已经处于碰撞后的伸展阶段（刘博等，2015）。中酸性小型浅成侵入体和岩脉包括花岗（斑）岩、次流纹斑岩、次英安斑岩和石英闪长（玢）岩，岩石系列包括钙碱性、高钾钙碱性、钾玄岩和碱性系列，以高钾钙碱性和碱性为主，具过铝质-准铝质性质。岩石稀土元素总量较低，相对富集轻稀土元素、大离子亲石元素（Rb、Ba、La、Ce 和 Sr）、Th 和 U，亏损高场强元素（Nb、Ta、Zr 和 Hf）和重稀土元素，具弱—中等的 Eu 负异常。岩浆源岩为变质基性岩及少量变质碎屑岩，可能指示其继承了源岩的地球化学特征。岩浆在侵位过程中与围岩发生了交代作用。岩浆分异程度从石英闪长（玢）岩→次英安斑岩→花岗（斑）岩→次流纹斑岩逐渐增强。中酸性侵入体和岩脉的产出特征和微量元素特征显示岩石形成于后碰撞环境（戴霜等，2016）。

第五章　党河南山早古生代构造演化

祁连山是我国西部重要的古生代造山带，蕴藏着丰富的矿产资源，被称为中国的“乌拉尔山脉”。祁连山构造带从北向南分为北、中、南三个构造带，板块构造学说兴起以来，祁连山成为我国最早研究板块构造及成矿作用的地区。近半个世纪以来，通过对构造单元划分（潘桂棠等，2009；冯益民等，1995b；王荃和刘雪亚，1976）、蛇绿岩带（史仁灯等，2004a；张旗等，1997；肖序常等，1978）、高压—超高压变质带（陈丹玲等，2009；杨经绥等，2003；许志琴等，2003；吴汉泉，1980）、岩浆活动（Wu et al.，2011；吴才来等，2010；雍拥等，2008a；吴才来等，2007，2006；Gehrels et al.，2003；毛景文等，2000a，2000b；夏林圻等，1991）及板块俯冲、碰撞过程（宋述光等，2009；Yin and Harrison，2000；许志琴等，1994）与成矿作用（张新虎等，2015；李文渊，2004；毛景文等，2003；Tang et al.，2002；夏林圻等，1998a，1991）等方面的研究，对祁连山的板块构造演化过程与多金属成矿有了比较明确的认识。但是，关于祁连山基底的归属［华北地块（夏林圻等，2001；Zhang et al.，1984）、扬子地块（董国安等，2007；侯青叶等，2005）还是独立（柴达木或西域）地块（葛肖虹和刘俊来，1999；冯益民和吴汉泉，1992）］、祁连洋规模（夏林圻等，1988b；冯益民等，1996b）、板块俯冲碰撞的时间和方向等问题还存在着争议（Yuan and Yang，2015；朱小辉等，2015；Song et al.，2014；夏林圻等，2001；吴才来等，2001；Sobel et al.，1999；张旗等，1997；和政军，1995；许志琴等，1994）。而且，现有的研究工作大多集中在北祁连、中祁连及柴达木北缘地区，对南祁连地区的研究相对薄弱。本章在梳理前人大量研究资料的基础上，通过厘清南祁连的构造属性，结合研究资料，探讨南祁连地区的构造演化过程。

第一节　南祁连构造属性

李春昱（1975）首先提出祁连山褶皱带与阿拉善地块—鄂尔多斯盆地之间存在一个板块构造接触带，认为祁连地槽俯冲于阿拉善地块和鄂尔多斯盆地之下，并在南祁连和北祁连之间存在第二个俯冲带。此后，他和同事对祁连山地区的蛇绿岩带、混杂堆积、蓝闪石变质带和中酸性侵入岩带等特征进行了概略性的研究，初步建立了祁连山古生代以来的板块构造演化历史，强调祁连山重要的板块俯冲活动发生在加里东早期，开创了利用板块构造学说研究祁连山构造演化的先河（李春昱，1978）。更为重要的是，尽管限于当时的资料，没有对南祁连地区板块构造进行讨论，但李春昱（1975）通过研究认识到中—南祁连地区是北祁连向南俯冲、柴北缘向北俯冲的结合部位。

王荃和刘雪亚（1976）系统论述了祁连山地区洋壳发生和消亡的过程，发表了论文“我国西部祁连山区的古海洋地壳及其大地构造演化”。论文根据当时有限的深大断裂、地层岩石组合、古生物和变质作用资料，把祁连山地区古洋壳残块从北向南划分为走廊带、北祁连带、中祁连带和南祁连带，分别被走廊北缘断裂、北祁连北缘断裂、中祁连北缘断裂和南祁连北缘断裂分割，目前见到的洋壳残块是被这些深断裂推挤至地表的结果；各洋壳西端被阿尔金断裂截切，除南祁连洋壳带外，北部三个洋壳带东端均止于鄂尔多斯盆地西缘褶皱带。同时，他们还提出洋壳活动分别发生在震旦纪、寒武纪和奥陶纪。震旦纪早期，在祁连山西段和南祁连带东段兴隆山一带发育洋壳；中寒武世，北祁连向南俯冲，南祁连向北仰冲于中祁连古岛弧，导致中祁连褶皱造山并隆起高出海面；中寒武世—早奥陶世，祁连古洋壳扩展，形成许多蛇绿岩及上覆地层；早奥陶世—中奥陶世，北祁连向南俯冲于中祁连之下；晚奥陶世—早志留世，北祁连、南祁连北缘分别向南俯冲，最终在志留纪末—泥盆纪初洋盆消失，导致阿拉善地块与欧龙布鲁克微陆块隆起及陆缘山系碰撞。这篇文章对祁连山地区板块构造进行了系统的总结，对以后祁连山地区板块构造研究具有重要的指导意义。但限于当时的资料，该论文还存在以下问题有待解决：①祁连山的构造属性问题，是归于华北板块还是单独的块体？②板块构造演化中的构造单元界线不清楚，论文认为第三次俯冲时南祁连北缘向南俯冲，但这一论断缺乏资料支持；③板块运动的机制有待改进，如论文提出南祁连洋壳仰冲于陆壳之上，显然与经典的板块构造理论不符；④党河南山以南下奥陶统和中奥陶统为不整合接触，显然和区域上板块俯冲有关，但该论文作者认为该区没受到这次俯冲作用的影响。在这篇论文中，首次提出了南祁连带的范围，即东起兴隆山，向西经雾宿山和拉鸡山，沿青海湖—哈拉湖（被上古生界和中生界覆盖）至甘肃党河一线，最后止于当金山口北侧。党河南山被明确划归为南祁连带，发育震旦纪洋壳。但论文中提及的震旦系（主要为角闪片岩、片理化基性熔岩、硅质灰岩、放射虫硅质岩和千枚岩等，并且硅质灰岩中产藻类化石）在党河南山并没有出露。

肖序常等（1978）首次对北祁连震旦纪（朱龙关河）、寒武纪（玉石沟、朱龙关河、百经寺）和奥陶纪（吊大坂）5 条蛇绿岩带的组成、时代和岩石地球化学进行了研究，提出祁连构造带总体上是属于中朝准地台西南缘震旦纪—中奥陶世初始裂解形成的大洋的重要组成部分；认为北祁连是靠近大陆（中朝准地台）的狭长的边缘海盆，而中祁连是中朝准地台的残体（包括初始洋壳），南祁连是远离大陆（中朝准地台）的海洋板块，进一步提出北祁连在震旦纪晚期到奥陶纪中期处于海盆扩张阶段，奥陶纪晚期开始“深海沟型”俯冲，直至志留纪—泥盆纪闭合、造山。肖序常等（1978）还指出，南祁连的大地构造发展过程与北祁连迥然不同，既没有经历大规模的“深海沟型”俯冲过程，也没有发现广泛的古蛇绿岩带；有限的俯冲活动可能发生在中、南祁连交界一带，时间与北祁连俯冲带大体相当或略晚，具体表现为沙拉果河断裂带及其南乌兰达坂（即党河南山）北坡、木里南向东南至拉鸡山一带出现的加里东晚期蛇绿岩带；向南至柴北缘则发育晚海西期或印支期的布尔汉布达山东南侧—阿尼玛卿山一带的深海沟俯冲带，肖序常等推测这一俯冲带是继承早古生代大洋俯冲活动的结果。吴汉泉（1980）关于高压变质带的发现和研究，进一步明确了不同时代祁连山板块俯冲碰撞的过程。

Zhang 等（1984）把祁连山划归塔里木—中朝板块内昆仑—祁连增生褶皱带，由板块南缘在古生代—中生代扩展形成的大洋及五个微陆块组成。微陆块包括中昆仑微陆块、柴达木微陆块、欧龙布鲁克微陆块、中祁连微陆块和海原微陆块，除柴达木微陆块和海原微陆块具有北方（五台型、中条型）基底性质外，其余微陆块都具有扬子型的基底性质。Zhang 等（1984）首次对祁连山的构造属性进行了阐述，同时，还提出北祁连类似于安第斯型碰撞缝合带，暗示存在沟弧盆体系。结合河西走廊早古生代弧后盆地复理石及少量碳酸盐沉积及同构造期的岩浆活动、北祁连高压变质带和蛇绿岩资料，认为北祁连在加里东晚期俯冲在塔里木—中朝板块南缘；在南祁连，拉鸡山蛇绿岩的年代为442Ma，中、南祁连存在加里东期花岗闪长岩类（394～519Ma），指示有一次向北俯冲到中祁连微古陆之下的事件。此后，在欧龙布鲁克微陆块和柴达木微陆块南缘还有一次向北的俯冲活动，这次活动导致了柴北缘蛇绿岩带的就位和祁漫塔格山—布尔汗布达山蛇绿岩带的就位，根据上泥盆统和下石炭统陆相火山岩和磨拉石建造不整合在俯冲杂岩之上的事实，认为这次碰撞发生在晚泥盆世。一些学者则认为北祁连中段在震旦纪拉张形成含有微陆块的洋盆，寒武纪—奥陶纪到志留纪处于俯冲环境，泥盆纪阿拉善地块与中祁连最终汇聚碰撞（左国朝和吴汉泉，1997；左国朝和刘寄陈，1987）。

上述这些研究成果把祁连山归属于中朝板块南缘，比较清楚地勾画出了祁连山地区震旦纪—早古生代大洋板块扩展和汇聚的过程。这些工作都是根据当时的区调资料和少量研究资料得出的结论，为认识祁连山地区的板块构造演化过程作出了重要的学术贡献。此后，关于祁连山造山带的研究进入了专属学科的详细研究阶段。夏林圻等（1998a，1995，1991）系统研究了秦岭、祁连山地区海相火山岩后，提出了北祁连为加里东期活动大陆边缘的沟弧盆体系，柴北缘为晚奥陶世裂谷，拉鸡山为中晚寒武世板内洋岛和奥陶纪岛弧环境的结论。这些研究成果对认识祁连山地区早古生代板块构造演化具有举足轻重的作用，但由于缺乏区域上详细地资料对比，因此没有对该地区的构造属性进行讨论。20 世纪 90 年代，关于祁连山地区蛇绿岩的研究进入了高潮，在前人研究的基础上，相继发现了几条新的蛇绿岩带。空间上，蛇绿岩可分为南、北两个带，南带自西向东发育熬油沟蛇绿岩、玉石沟蛇绿岩以及东草河蛇绿岩，这些蛇绿岩的时代为寒武纪末—早奥陶世，属大洋中脊型（mid-ocean ridge，MOR）蛇绿岩；北带自西向东出露九个泉蛇绿岩、扁都口蛇绿岩以及老虎山蛇绿岩，以奥陶纪蛇绿岩为主，为俯冲带型（supra-subduction zone，SSZ）蛇绿岩（孟繁聪等，2010；夏林圻等，1998a；张旗等，1997；陈雨等，1995）。特别是史仁灯等（2004a）对玉石沟蛇绿岩年龄的研究，获得了550±17Ma 的锆石 SHRIMP 年龄，明确了北祁连地区存在晚震旦世的洋盆扩张环境。鉴于北祁连山地区蛇绿岩组成和构造环境的复杂性，加之地学界对蛇绿岩的地质意义认识的不一致，导致我国地学界对北祁连早古生代的构造属性产生了分歧，是大洋盆地、陆内裂陷的小洋盆、还是拗拉槽，进而对前人提出的北祁连山的形成过程与背景产生了质疑。冯益民和何世平（1996a，1995b）综合祁连山地区资料，讨论了中、南祁连的大地构造属性，认为它们和柴达木地块的基底（前震旦纪）相同，提出它们均属统一的柴达木板块，这和前人的观点（Zhang et al.，1984；李春昱，1975）截然不同。董国安等（2007）通过对基底变质岩石中的锆石测年显示，中—南祁连山地区的构造属性与华北板块截然不同，与塔里木板块和扬子地块具有一定的亲缘性，在中—南祁连地块与华北地块（阿拉善地块）之间存在一个北祁连洋，该洋属于原特提斯洋的一部分。

同时，冯益民和何世平（1996a，1995b）指出北祁连的主体是早古生代中朝板块和柴达木板块两个板块的缝合带，走廊弧后盆地和走廊南山北缘岛弧构成中朝板块南缘活动陆缘带。自中寒武世开始，祁连山的构造演化历史分为古大陆克拉通裂解、大洋克拉通化和新大陆克拉通化三个阶段。早古生代南祁连为裂谷环境，北祁连和走廊过渡带经历了中寒武世初始大洋裂谷、早—中奥陶世成熟大洋（具弧盆体系）、晚奥陶世残留洋盆和志留纪碰撞造山四个演化阶段。Song 等（2014）和宋述光（1997）通过对俯冲杂岩带岩石变质和变形特征的研究，支持北祁连早古生代裂谷—大洋化—俯冲—弧陆碰撞—造山这一构造演化模式。关于南祁连早古生代的构造演化争议较大，左国朝和李志林（2001）、邱家骧等（1998）进一步认为北秦岭和南祁连（拉鸡山）在寒武纪—奥陶纪时期均具裂谷活动特征，并且裂谷依次从东向西拉张。杨巍然等（2002，2000）认为南祁连东段拉鸡山地区在晚寒武世已成为洋盆，并在奥陶纪收缩。而王二七和张旗（2000）认为祁连山褶皱带在古生代处于挤压环境，是一个抬升的构造窗，而不是大陆裂谷。这些研究并没有涉及南祁连西段党河南山地区。

葛肖虹等（1999）认为早古生代北祁连山是一个拗拉槽，并不是前人所谓的大洋盆地，而是属于西域板块的组成部分。西域板块的“基底”是西域克拉通（包括塔里木、阿拉善、中祁连和柴达木），该克拉通在早古生代裂解形成了祁连山拗拉槽，该拗拉槽向西被阿尔金断裂向南错动350～400km，对应于塔里木盆地北部的满加尔—阿瓦提拗陷（葛肖虹等，2009；葛肖虹和刘俊来，2000，1999），加里东末期裂陷槽闭合（祁连事件），形成古祁连山。这些研究成果对于祁连山与柴达木具有相同的构造属性的认识，与冯益民和何世平（1996a，1995b）的认识一致，但是认为祁连山属于拗拉槽性质的观点与地质事实不符，如祁连山地区存在代表洋壳的蛇绿岩带（Xia and Song，2010；Tseng et al.，2007；Xiang et al.，2007；Hou et al.，2006；Smith and Yang，2006；Smith，2006；史仁灯等，2004a；张招崇等，2001；钱青等，2001，1998；张旗等，1997；陈晶等，1995；冯益民等，1995a），存在洋—陆俯冲碰撞形成的高压—低温变质带（Song et al.，2014；Lin et al.，2010；Zhang et al.，2009；宋述光，1997；宋述光等，2009；Zhang et al.，1998，2007；Liu et al.，2006；张建新等，1997；Wu et al.，1993；Dong，1993；霍有光等，1992；Liou et al.，1989；吴汉泉，1980）以及奥陶纪—志留纪岛弧火山岩（Tseng et al.，2009；Zhang et al.，2006；吴才来等，2006，2004；Wang et al.，2005；Gehrels et al.，2003；Xia et al.，2003；钱青等，2001，1998；Mao et al.，2000；夏林圻等，1998a，1998b，1995，1991；赖绍聪等，1996）。张旗等（2000）明确指出早古生代北祁连洋盆规模已经比较大，而周边地块的规模有限，散布在浩瀚海洋中，强调以大洋为主体的地壳性质。但葛肖虹和刘俊来（1999）关于祁连山西延问题的提出，特别是随着印度板块与亚洲板块碰撞后阿尔金断裂活动对我国西部构造格局影响研究的深入，逐渐得到了地学界的关注，并且取得了西昆仑—北祁连在早古生代属于同一构造单元的一致认识（宋述光等，2009；高长林等，2005）。

进入21世纪，随着新一轮国土资源大调查项目的实施，积累了大量新的区域地质资料，为认识我国大地构造演化提供了新的契机。基于这些新资料，潘桂棠等（2009）在重新划分全国大地构造单元时把祁连山划归秦祁昆造山系，分为北祁连弧盆系和中—南祁连弧盆系两个次级构造单元，认为祁连山具有大洋与多岛弧相间的面貌。在中祁连岩浆弧和南祁连岩浆弧之间，存在一个不连续的蛇绿混杂岩带，东段为拉鸡山蛇绿混杂岩带，西段称疏勒南山蛇绿混杂岩带。党河南山属南祁连岩浆弧，南临宗务隆山—夏河甘加裂谷，北临疏勒南山蛇绿混杂岩带（图1-2）。根据晚元古宙钙碱性岛弧花岗岩存在的事实，他们认为该区基底具扬子型基底的特征，考虑到祁连山地区出现与塔里木板块、扬子板块类似的冰川沉积物的事实，提出这些基底地块为残留在原特提斯海中的陆地碎块。在晚寒武世到奥陶纪，包括祁连山在内的秦祁昆构造区，由于原特提斯洋向北和古亚洲洋向南俯冲，经历了弧后盆地萎缩、大洋俯冲消亡及弧-弧碰撞和弧-陆碰撞的构造演化过程。

关于早古生代祁连山构造带的南界，近年来由于柴北缘超高压变质带的发现，也逐渐有了比较清晰的认识。杨建军等（1994）最早在柴北缘发现了含石榴石橄榄岩和榴辉岩，许志琴等（2003）认为该高压变质带是陆壳深俯冲的产物，并提出了陆内俯冲-折返机制，这一认识得到了后续工作的支持（朱小辉等，2013；陈丹玲等，2009，2005；林慈銮等，2006）。陆松年等（2002）肯定了达肯大坂群为柴北缘基底。王惠初（2006）认为柴北缘构造带由欧龙布鲁克微陆块、滩间山岛弧蛇绿混杂岩带和高压-超高压变质带三个构造单元组成，明确达肯大坂岩群属弧后盆地火山-沉积建造。陈能松等（2007a，2007b）将组成柴达木基底的德令哈杂岩和达肯大坂群划归欧龙布鲁克微陆块，而将沙柳河岩群乌龙滩岩组归为柴北缘基底，并认为与相伴的 S 型花岗质岩浆活动和相应的变质作用等，是对全球罗迪尼亚（Rodinia）超大陆汇聚事件的响应；提出在 520～480Ma 期间柴达木与冈瓦纳发生俯冲碰撞，导致中高级变质带（角闪岩相-麻粒岩相）和高压-超高压变质带的形成，并在 460～420Ma 祁连山大洋关闭时发生变质叠加；同时认为柴达木板块、北秦岭板块和祁连陆块的基底性质相似。朱小辉等（2015）在系统总结前人工作的基础上，提出在 850～700Ma，由于受到罗迪尼亚超大陆裂解的影响，柴北缘地区发生了裂解；并认为在 700～535Ma，柴北缘地区形成了一个新元古代（Pt_3）—早古生代（Pz_1）的大洋，在早古生代规模较大；洋盆在 535～460Ma 俯冲消减，在 460～450Ma 闭合消失，并拖曳柴达木板块发生陆壳深俯冲和陆-陆碰撞，形成高压-超高压变质带。

综上所述，祁连山地区基底构造与塔里木板块、柴达木板块、扬子板块具有一定的亲缘性，而不是在华北板块基底上裂解开后又拼合到华北板块基底的构造带。关于板块构造单元，大多学者认为属弧后盆地或岛弧活动带。本书采用潘桂棠等（2009）对南祁连构造带的划分，即包括疏勒南山—拉鸡山蛇绿混杂岩带、南祁连岩浆弧和宗务隆山—夏河甘加裂谷，党河南山位于南祁连岩浆弧西段。

第二节　祁连山花岗岩类对板块构造的约束

花岗岩是大陆地壳上分布最广的岩石类型之一，蕴含着丰富的地壳演化信息，已成为研究板块构造演化、探测地球内部物质组成、研究大陆地壳生长和理解壳-幔作用等重大地质问题的窗口。祁连山造山带地质演化历史漫长而复杂，岩浆作用非常强烈。时间上，岩浆活动在早古生代最为强烈，元古宙及晚古生代较弱。空间上，北祁连和中祁连岩浆活动强烈，南祁连则较弱，西段强，东段相对较弱。古元古代以中基性火山喷发作用为主，中元古代在西昆仑形成弧火山岩（郭坤一等，2002），中—新元古代柴达木板块、欧龙布鲁克微陆块和中祁连板块形成岛弧型花岗岩（潘桂棠等，2009）。早古生代岩浆活动频繁，从早到晚发育裂谷、洋盆、沟弧盆体系、俯冲-碰撞等环境的岩浆活动（夏林圻等，2001，1998a；冯益民和何世平，1996a）。显然，岩浆活动，特别是中酸性侵入岩的研究，是认识祁连山地区板块构造演化的重要途径。但是，由于中酸性侵入岩在祁连山地区的时空分布存在着明显的差异，加之研究程度的不平衡性，因此对新元古代至早古生代花岗岩侵入时代及构造环境做一些概略性地评述，对认识祁连山地区中酸性侵入岩与板块构造演化的关系，理解党河南山地区中酸性侵入岩的构造意义是非常必要的。

一、北祁连

按照获得的锆石 U-Pb 等年龄数据，北祁连地区花岗质岩浆活动大致可以分为四期，分别是新元古代、中寒武世—奥陶纪、志留纪和泥盆纪。新元古代花岗岩包括北祁连西段牛心山片麻状花岗岩和北祁连东段雷公山片麻状石英闪长岩，锆石 SHRIMP U-Pb 年龄分别为 776±10Ma 和 774±23Ma，可能与罗迪尼亚超大陆的裂解事件有关（曾建元等，2006），在西段还获得了吊大阪花岗片麻岩的锆石结晶年龄为 751±14Ma（苏建平等，2004a），这些岩浆活动可能与柴北缘地区超高压变质带原岩的形成（年龄多在 800～750Ma）年龄相当，可能都属该超大陆裂解事件的产物（Zhang et al.，2005；杨经绥等，2003）。

中寒武世—奥陶纪花岗岩岩浆活动是北祁连地区最强烈的岩浆活动，花岗岩侵入活动与板块构造密切相关。吴才来等（2010，2006）认为北祁连洋在该时期向南俯冲，在北祁连中段形成了两期岩浆活动，第一期为柯柯里斜长花岗岩、石英闪长岩和野马咀花岗岩，锆石 SHRIMP U-Pb 年龄分别为 512Ma、501Ma、508Ma；第二期形成牛心山花岗岩，锆石 SHRIMP U-Pb 年龄为 477Ma。此后，由于北祁连板块转向北俯冲，在东段民乐窑沟一带形成花岗岩，锆石 SHRIMP U-Pb 年龄为 463Ma。陈其龙（2009）报道的牛心山花岗岩（锆石 SHRIMP U-Pb 年龄为 463±11～480.9±4Ma）也应当属于这一期岩浆活动。关于北祁连西段花岗质岩浆侵入活动，王晓地等（2004）分为北、南两带：北带以金佛寺和青石峡花岗岩为代表，南带沿走廊南山南缘和中祁连北缘分布，代表性的岩体有柴达诺、刃岗沟、野牛滩和牛心山等花岗岩体。而毛景文等（2000a，2000b）则将其分为三个带：南部花岗闪长岩带，形成于板块俯冲期，以野牛滩岩体为代表（锆石 U-Pb 年龄为 459.6±2.5Ma）；北部黑云母花岗岩带，形成于板块碰撞期，以金佛寺岩体为代表，张德全等（1995）最先获得了全岩 Rb-Sr 等时线年龄为 420～404Ma；中部为造山后伸展环境形成的碱性岩带。而吴才来等（2010）则认为这一伸展过程可能更早，金佛寺花岗岩（锆石 U-Pb 年龄为 424Ma）及牛心山石英闪长岩（锆石 U-Pb 年龄为 435Ma）是这一过程的产物，说明在志留纪该区已经碰撞造山。在北祁连东段，花岗质侵入岩规模一般较小，均是一些零星出露的小岩体。最东段景泰县井子川石英闪长岩岩体的锆石 SHRIMP U-Pb 年龄为 464±15Ma，属形成于岛弧环境的高钾钙碱性系列（吴才来等，2004）；在北祁连东段的秦祁结合部位，王家岔石英闪长岩体的锆石年龄为 454.7±1.7Ma，岩石地球化学特征显示岛弧火成岩的特征

（陈隽璐等，2007）。在天祝县毛藏寺，花岗闪长岩的锆石 U-Pb 年龄为 424±4Ma（志留纪），形成于造山后环境；老虎山闪长岩的锆石 U-Pb 年龄为 423.5±2.8Ma（志留纪），为造山后侵位的钙碱性岩石（钱青等，1998）。在武威市黄羊河出露黑云母二长花岗岩和钾长花岗岩，锆石 U-Pb 年龄前者为 383±6Ma（泥盆纪）（吴才来等，2004），后者为 404±4Ma（泥盆纪）（熊子良等，2012），均属高钾钙碱性至碱钙性系列、铝质，具 A 型花岗岩的性质，指示形成于造山后的伸展环境。另外还有研究认为，在白银以东的米家山—屈吴山一带发育一条埃达克岩带，形成过程与老虎山弧后盆地的俯冲熔融有关（常华进等，2008；王金荣等，2008，2006，2005）。该带产出两期埃达克岩，第一期包括米家山花岗闪长岩（Rb-Sr 等时线年龄为 516±64Ma）（王春英和于福生，2000）、清凹山花岗岩（K-Ar 年龄为 401～445Ma，打拉池幅 1∶5 万区域地质调查报告）、屈吴山和南华山花岗闪长岩；第二期包括苏家山花岗岩（K-Ar 年龄为 425Ma，打拉池幅 1∶5 万区域地质调查报告）和黑石山黑云母斜长花岗岩（Rb-Sr 等时线年龄为 385.58Ma，锆石 U-Pb 年龄为 399.60Ma）（尹观等，1998）。

二、中祁连

目前报道的最老的花岗质岩浆活动在东段湟源一带，雍拥等（2008a）获得了该区响河尔花岗质岩体、五间房花岗质岩体、五峰村花岗质岩体和日月亭花岗质岩体的 LA-ICP-MS 锆石 U-Pb 年龄分别为 888±2.5Ma、853±2.3Ma、846±2Ma 和 756±2.2Ma，这与东部马衔山一带获得的年龄接近，说明在中祁连东段发育约 900Ma 和 750Ma 左右的两期岩浆活动，早于北祁连地区。但湟源群原岩恢复结果显示岛弧或者活动大陆边缘的构造环境，与北祁连此时处于裂解的过程不同，中祁连东段处于汇聚环境，其西南洋壳向北俯冲到中祁连活动陆缘之下，下地壳发生部分熔融形成了这些花岗质岩体（郭进京等，2000，1999）。还是在湟源一带，雍拥等（2008b）报道了新店和董家庄花岗质岩体的 LA-ICP-MS 锆石 U-Pb 年龄分别为 454±5.0Ma 和 446.5±1.5Ma，具有强过铝质 S 型花岗岩的特征，形成于同碰撞环境。在中祁连南缘西段出露黑沟梁子岩体、野马南山岩体和大雪山岩体，据苏建平等（2004a，2004b）的研究，黑沟梁子花岗质岩体（锆石 TIMS U-Pb 年龄为 444Ma）属钙碱性过铝质系列，具有 S 型花岗岩的性质；而野马南山花岗岩的锆石 U-Pb 年龄为 444+38/−33Ma，具 O 型埃达克岩的特征，说明两个岩体都产于俯冲到碰撞的转换环境中。大雪山岩体的锆石 U-Pb 年龄为 324.5±1.7～382.5±3.8Ma，为造山后产物。在西段北缘肃北和石包城一带，花岗岩的锆石 SHRIMP U-Pb 年龄分别为 415±4Ma 和 435±4Ma，均属钙碱性准铝质拉斑系列，但两个岩体形成的构造环境不同，肃北岩体形成于碰撞环境，而石包城岩体形成于岛弧环境（李建锋等，2010）。中祁连东段，什川二长花岗岩岩基的锆石 U-Pb 年龄为

414.3Ma 和 444.6Ma，为加厚地壳拆沉所形成的（陈隽璐等，2008）。显然，中祁连地区花岗质岩浆活动可以分为新元古代、奥陶纪、志留纪和泥盆纪四个时代，花岗质岩浆多具埃达克岩的性质，可能与北、南祁连向中祁连俯冲时地壳的加厚熔融有关。

三、南祁连

研究数据仅见零星报道，刘志武和王崇礼（2007）以及刘志武等（2006）获得了南祁连西段党河南山地区的岩体年代，获得了扎子沟岩体、鸡叫沟岩体和贾公台岩体的 Rb-Sr 等时线年龄分别为 510.85±14Ma、395.06±51Ma 和 355±91Ma，并认为属钙碱性系列 I 型花岗岩，形成于活动陆缘环境。由于构建岩石等时线的样品点较少（3～4 个），该组年龄数据的可信度较低。张莉莉等（2013）对党河南山东段鸡叫沟岩体进行了 LA-ICP-MS 锆石 U-Pb 测年，获得了 455.3±5.6Ma 的年龄数据，并按照岩体穿插关系和岩石地球化学特征，把鸡叫沟复式岩体分为四期，前两期代表岛弧环境的岩浆活动，后两期代表板块碰撞后的岩浆活动。张翔等（2015）通过对吾力沟岩体（出露鸡叫沟岩体西）测年和岩石地球化学研究，进一步证实了其为晚奥陶世岛弧岩浆活动的产物。刘博等（2016）通过对煌斑岩脉的岩石地球化学研究，提出党河南山在加里东板块碰撞后，在早海西期可能发生了地壳伸展。目前对板块碰撞的具体时限还不明确。

四、柴北缘

大柴旦鱼卡河斜长花岗岩的锆石 U-Pb 年龄为 1020±41Ma，绿梁山花岗闪长岩的锆石 U-Pb 年龄为 803±7Ma，锡铅山钾质花岗岩的锆石 U-Pb 年龄为 744±28Ma（陆松年等，2002）；鱼卡河花岗质片麻岩的原岩锆石 U-Pb 年龄为 952±19Ma（林慈銮等，2006），这些岩浆活动与北、中祁连一样，属新元古代罗迪尼亚超大陆裂解事件的产物。

柴北缘西段早古生代花岗岩体主要有赛什腾山岩体和团鱼山岩体等，为钙碱性弱过铝质 I 型花岗岩，吴才来等（2008）获得的锆石 SHRIMP U-Pb 分别为 465.4±3.5Ma、469.7±4.6～443.5±3.6Ma，并认为花岗岩形成于岛弧或活动大陆边缘，与板块俯冲有关。在嗷唠山一带，花岗岩的锆石 SHRIMP U-Pb 年龄为 445±15.3～496±7.6Ma，平均为 473Ma，为钙碱性 I 型花岗岩，形成于岛弧或活动陆缘环境（吴才来等，2001）；而嗷唠山的石英闪长岩的锆石 SHRIMP U-Pb 年龄为 372.1±2.6Ma，为钙碱性 I 型花岗岩（吴才来等，2008）。

在大柴旦塔塔棱河一带，环斑花岗岩体具 S 型花岗岩的特征，卢欣祥等（2007）获得的锆石 SHIRIMP U-Pb 年龄为 440±14Ma，认为其形成于柴达木陆块与中南祁连板块碰撞环境；而吴才来等（2007）获得的锆石 SHIRIMP U-Pb 年龄为 446.3±

3.9Ma，认为其形成于后碰撞拉张环境。同时，该区还发育晚志留世—泥盆纪花岗岩，如都兰野马滩花岗岩体年龄为397±3Ma（吴才来等，2004），绿梁山花岗岩的锆石U-Pb年龄为430±8Ma，属于过铝质钙碱性系列，为俯冲陆壳熔融形成（孟繁聪和张建新，2008）；朱小辉等（2013）获得了团鱼山东段的LA-ICP-MS锆石U-Pb年龄为437.4±3Ma，指示团鱼山地区岩浆过程的复杂性。吴才来等（2007）把柴北缘岩浆活动分为五期，即第一期（475～460Ma）为岛弧或活动陆缘I型花岗岩类，第二期（450～440Ma）为板块俯冲带I型（洋-陆）或S型（陆-陆）花岗岩类，第三期（410～395Ma）为与超高压岩石伴生的、与板块折返有关的花岗岩类（如都兰野马滩岩体），第四期（385～370Ma）为与造山后隆起有关的花岗岩类，第五期（275～260Ma）为与加厚地壳熔融有关的花岗岩类。

向西至阿尔金山一带，宋忠宝等（2004）最先获得了巴个峡—黑大坂一带出露的花岗闪长岩的锆石U-Pb年龄为481.6±3.3Ma，提出该岩体的形成可能是阿尔金断裂活动的结果。最近，吴才来等（2014）结合区域资料、锆石年龄和岩石地球化学特征，认为阿尔金南带茫崖地区发生在约264Ma的岩浆侵入活动（主要为石英闪长岩、二长花岗岩和正长花岗岩，为I型花岗岩）与阿尔金断裂活动有关；并把古生代中酸性岩浆活动分为两期：第一期发生在469～465Ma，主要为石英闪长岩、花岗闪长岩和花岗岩的侵入活动，具岛弧岩浆岩的特征，代表一次洋壳的俯冲作用；第二期发生在411～404Ma，主要为花岗闪长岩、二长花岗岩和正长花岗岩的侵入活动，具A型花岗岩的特征，可能与碰撞后的地壳伸展均衡调整有关。这些资料都显示，阿尔金、祁连山等地具有相似的岩浆演化过程（董顺利等，2013）。

第三节　祁连山地区早古生代板块俯冲的方向和时限

祁连山地区早古生代板块俯冲的方向和时限，是长期以来争论比较激烈的问题。目前有三种相矛盾的观点，分别是向南俯冲、向北俯冲和向南向北的双向俯冲。持向南俯冲观点的学者，如肖序常等（1978）认为南祁连向南俯冲在柴北缘陆块之下，后来，肖序常等（1988）又提出在柴达木北缘存在早古生代沟弧盆体系，洋壳向南俯冲，且俯冲带持续向北迁移。和政军（1995）通过祁连山早古生代构造-沉积、岩浆活动和俯冲-碰撞变质作用的时空配置分析，提出在洋壳消减阶段，北侧的中朝板块向南俯冲，导致祁连山地区洋壳南向俯冲；北祁连洋壳在早奥陶世或中奥陶世初向南俯冲，导致南祁连弧后盆地拉张；中奥陶世末，西段构造格局由北祁连小洋盆、中祁连陆壳岛弧和南祁连弧后盆地组成。刘传周等（2005）的研究结果也支持北祁连洋南向俯冲的观点。

相比较而言，持向北俯冲观点的学者占据多数，如Xia等（2012）、夏林圻等

（1998a，1995，1991）、冯益民和何世平（1996a，1995b）、冯益民和吴汉泉（1992）、Wu 等（1993）、Zhang 等（1984）及吴汉泉（1980）的研究。夏林圻等（2001）和许志琴等（1994）后续的研究还表明奥陶纪北祁连洋的俯冲方向为南西至北东。李文渊（2004）更提出奥陶纪由于北祁连洋向北俯冲，祁连山中东段发育成熟岛弧，而西段则表现为活动大陆边缘的性质。许志琴等（2003，1994）通过对北祁连三条蓝片岩高压变质带和柴北缘超高压变质带的年龄研究，提出 500～450Ma 中祁连地块向北俯冲，490～440Ma 南祁连洋壳向北俯冲及陆壳发生深俯冲。宋述光等（2009）和 Song 等（2014）也认为北祁连高压变质带代表北祁连洋的向北俯冲，而柴北缘超高压变质带是柴达木陆块向华北克拉通深俯冲碰撞的结果。

但是，双向俯冲的证据也同样存在，如王荃和刘雪亚（1976）的研究。左国朝和吴汉泉（1997）提出寒武纪—奥陶纪北祁连中段开始扩张，以黑河—八宝河为中轴，北侧向北俯冲形成大多数人接受的沟弧盆体系，而南侧向南俯冲形成活动大陆边缘。汤中立和白云来（1999）认为中祁连属岛弧地体，南祁连为弧后盆地，而河西走廊为海盆，它们的形成分别与北祁连向南、向北俯冲有关。Wu 等（2011）和吴才来等（2001）在研究了北祁连地区的花岗岩后认为，早中奥陶世北祁连洋先向南俯冲，由于南部柴达木板块的阻碍，从而向北俯冲。潘桂棠等（2009）则认为北祁连岛弧代表北祁连洋盆向北俯冲，而中祁连北缘岩浆弧的发育表明，北祁连向南俯冲。Xiao 等（2009）则认为河西走廊自寒武纪—早志留世向南俯冲，而清水沟蛇绿岩和榆树沟蛇绿岩代表的洋壳向南、北俯冲，两者之间形成了扁麻沟和大昌达坂前弧，直到晚泥盆世祁连山及柴北缘全部碰撞造山。

从上述的资料看，南祁连地区的板块俯冲方向总体上向北，在东部拉鸡山一带南祁连洋直接向北俯冲，形成拉鸡山洋中脊、洋岛型蛇绿混杂岩带（付长垒等，2014），而在西段党河南山地区与柴北缘连在一起，在柴北缘向北俯冲过程中，党河南山也向北俯冲，发生弧后扩张（黄增保等，2016；赵虹等，2004）。

第四节 党河南山地区早古生代板块构造演化

祁连山地区早古生代构造演化的研究历来受到地质学家的重视，特别是近 30 年来，提出了不同的构造演化模式，争论激烈。概括起来，代表性的观点有以下几种：

（1）20 世纪 90 年代以来，夏林圻等（1998a，1991）通过对祁连山火山岩的详细研究，提出在新元古代—寒武纪（679～514Ma），地幔柱作用造成北祁连山古陆基底裂解，经过持续裂谷作用最终形成北祁连洋；随着大陆裂解作用，寒武纪末—早奥陶世之交（522～495Ma）出现了洋脊玄武岩，显示北祁连洋扩展到了最大范围；奥陶纪（486～445Ma），北祁连洋板块自南西向北东俯冲在华北板块之下，形成一套岛弧拉斑玄武岩和岛弧钙碱性火山岩。这些成果虽然仅限于北祁连地区，但是对后来的关于整个祁连山及周边地区的构造演化研究产生了深远的影响。

（2）冯益民等（1997，1996a，1995b）认为祁连山构造演化经历了大陆裂谷、板块构造及造山作用三个阶段。

① 大陆裂谷阶段（震旦纪—晚寒武世早期）最先在北祁连和北秦岭一线发育大陆裂谷作用，形成典型的大陆裂谷双模式火山岩，并（或稍后）在拉鸡山形成陆内裂谷；晚寒武世开始发育大洋裂谷。

② 板块构造阶段从中寒武世开始，北祁连经历了洋底扩张及沟弧盆体系的大洋盆地演化过程，可分为中寒武世初始大洋扩张、早—中奥陶世俯冲阶段（发育具沟弧盆体系的成熟大洋），这一阶段持续到晚奥陶世，在北祁连有残留洋盆，并在中祁连北缘形成陆缘裂谷（红沟陆缘裂谷）。

③ 造山阶段始于早中奥陶世，经历了中—晚奥陶世俯冲造山、志留纪—泥盆纪碰撞造山和抬升阶段及石炭纪以来的陆内造山阶段。志留纪碰撞阶段导致祁连山壳内酸性深成岩浆作用及在中南祁连地区陆表海沉积物的褶皱变质作用，泥盆纪抬升则形成大规模的磨拉石建造。

冯益民（1997）以及冯益民和何世平（1996a，1995b）还认为，祁连造山带构造演化的动力学机制受古地幔柱活动控制，地幔热柱活动导致大陆裂解和大洋扩张，俯冲作用指示古地幔热柱能量发生衰减，岩石圈板块俯冲形成局部冷地幔柱，加速了板块会聚过程，最终导致碰撞造山。

（3）Yin 和 Harrison（2000）把祁连山构造演化与青藏高原的形成联系在一起，在总结前人研究资料的基础上，把祁连山及临区自早奥陶世以来，从北向南划分为四个地块：华北地块、中祁连地块、南祁连地块和柴达木—昆仑地块，分别被北祁连弧、中祁连南缘弧前盆地+增生楔+南祁连洋、柴北缘洋，在早泥盆世地块全面碰撞，保存了三个缝合带（北祁连、党河南山和南祁连），此后，祁连山—昆仑山地区进入陆内造山阶段。

（4）Song 等（2014）在总结前人成果的基础上，总结出柴北缘及祁连山地区经历了以下构造演化过程（图 5-1）：

① 格林威尔期造山作用使祁连山地区在 1300～900Ma 拼合到罗迪尼亚超大陆。

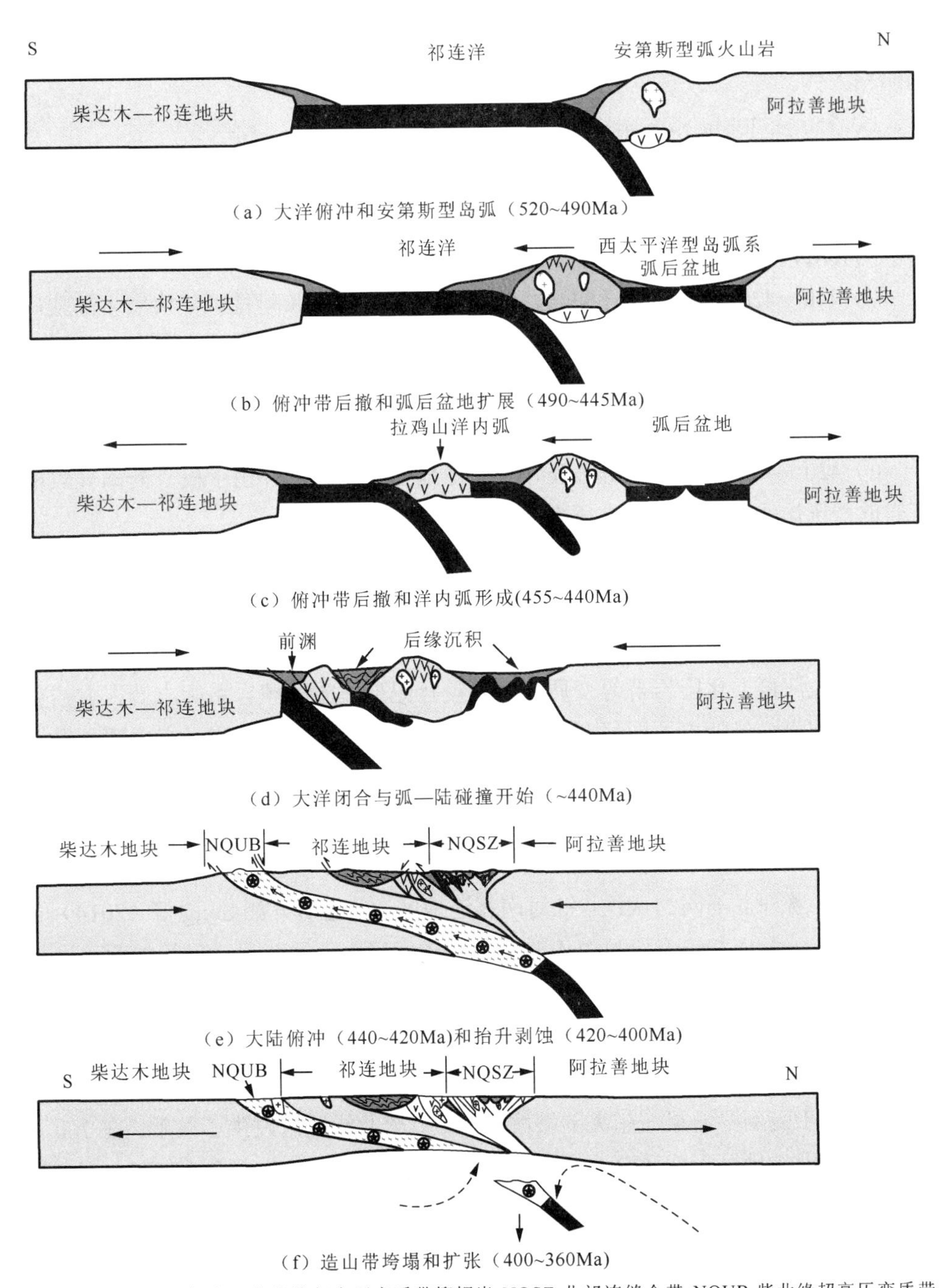

图 5-1　柴北缘及祁连山地区构造演化过程图

（Song et al.，2014）

② 850～750Ma 时期的裂谷活动导致超大陆解体，形成大陆溢流玄武岩及花岗质侵入体。

③ 750～520Ma 祁连洋打开和扩张。

④ 约 520Ma 时祈连洋开始俯冲，490～445Ma，大陆火山弧岩浆活动及弧后盆地扩展、SSZ 型蛇绿岩带形成，为板块俯冲回返的结果（Rollback et al.，2008），460～440Ma 在拉鸡山形成洋内火山弧。

⑤ 440～420Ma，祁连洋闭合，柴达木—祁连陆块和阿拉善陆块发生陆陆碰撞和大陆深俯冲，并在 435～425Ma 由于祁连山板片的下拽（Wortel et al.，2000）或者上覆板片的挤压（Doglioni et al.，2007）大量形成超高压变质带，而且一些下插板片可能由于大陆俯冲的热力效应发生了部分熔融。

⑥ 420～400Ma，随着山链隆升和俯冲地壳被剥蚀，并由于板片断离导致榴辉岩的减压熔融而形成埃达克质岩浆作用。

⑦ 400～360Ma，造山带拆沉和伸展垮塌，并伴随后碰撞花岗质岩浆的侵位活动。

从前述四种代表性观点看，祁连山地区在中新元古代经历了古大陆克拉通化，形成了北大河群、化隆岩群等变质基底。震旦纪形成的冰碛岩系标志着古大陆克拉通化的结束。伴随着罗迪尼亚超大陆的裂解，早古生代，祈连洋在中寒武世—早奥陶世海底扩张发育大洋盆地；在中—晚奥陶世洋壳俯冲形成弧盆体系；志留纪发育碰撞造山，泥盆纪时期进入陆内演化阶段。上述观点在祁连山经历超级大陆裂解及板块构造两个演化阶段方面取得了共识，但对于演化的细节，特别是在时间上存在着许多不同的认识。针对南祁连地区，前述研究如 Song 等（2014）的演化模式仅涉及南祁连东段拉鸡山一带，缺乏党河南山的资料。尽管如此，这些工作为构建南祁连党河南山地区构造演化提供了重要的参考依据。

最近，朱小辉等（2015）通过对柴北缘超高压变质带陆壳/洋壳性质、原岩年代及岩石地球化学的研究，提出了柴北缘构造演化的最新模式（图 5-2）。在 850～700Ma，由于受到罗迪尼亚超大陆裂解的影响，柴北缘地区发生了裂解；在 700～535Ma，柴北缘地区形成了一个大洋，在早古生代规模较大；洋盆在 535～460Ma 俯冲消减，在 460～450Ma 闭合消失，并拖曳柴达木板块发生陆壳深俯冲和陆-陆碰撞，形成高压/超高压变质带。吴才来等（2014）提出古生代阿尔金地区在 469～465Ma 发生了一次洋壳俯冲作用，而在 411～404Ma，该区发生了碰撞后地壳的伸展作用。这些新的（邻区）资料对约束祁连山地区构造演化的时间具有重要的参考价值。

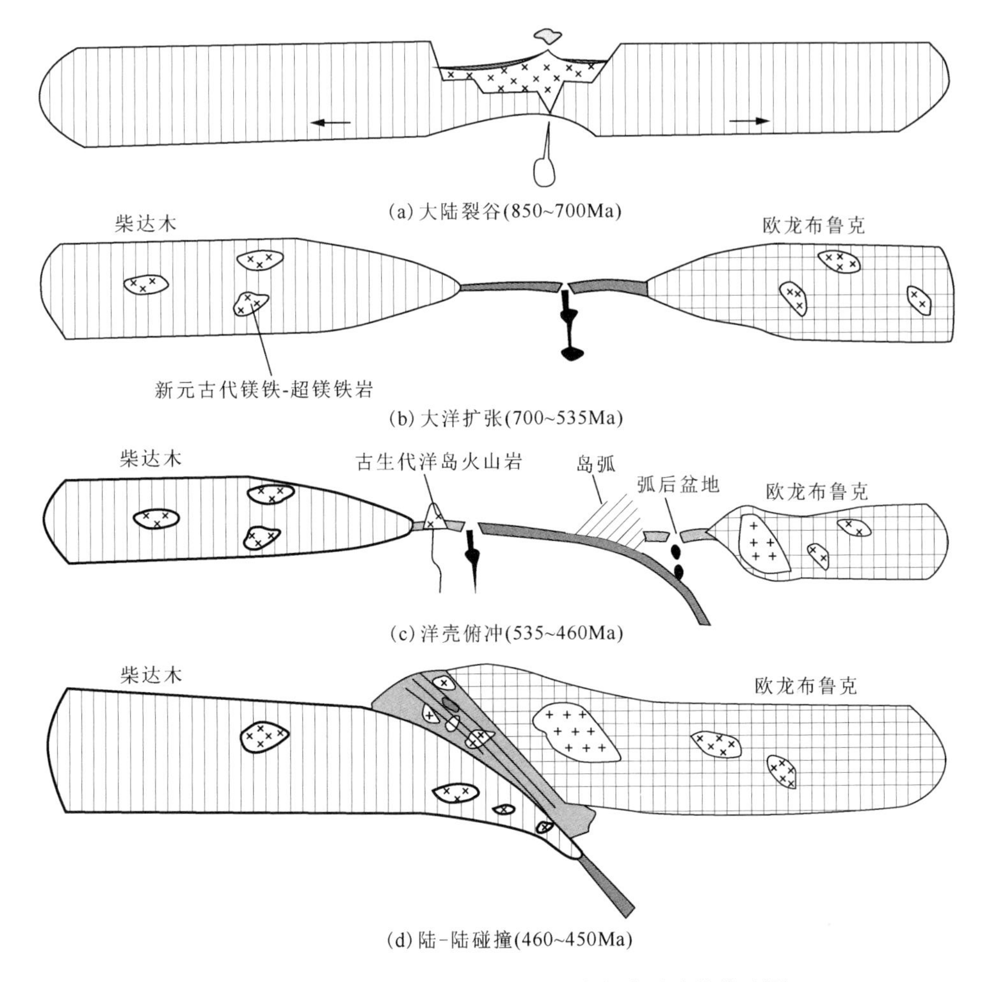

图 5-2　柴北缘地区新元古代—早古生代大洋演化模式图

（朱小辉等，2015）

结合上述成果和本书对中酸性侵入岩年代学、岩石地球化学及同位素地球化学的研究结果，笔者把党河南山的构造演化过程分为前震旦纪古陆壳形成、震旦纪—志留纪板块构造演化及泥盆纪以来的陆内造山作用三个演化阶段。其中，泥盆纪以前的构造演化过程可以分为如图 5-3 所示的 5 个阶段：（a）850～700Ma 古党河南山洋形成阶段；（b）700～510（490）Ma 古党河南山洋俯冲闭合阶段；（c）490～460Ma 党河南山—拉鸡山洋形成与俯冲阶段；（d）460～445Ma 党河南山—拉鸡山洋俯冲-碰撞阶段；（e）445～420Ma 中南祁连陆-陆碰撞阶段。

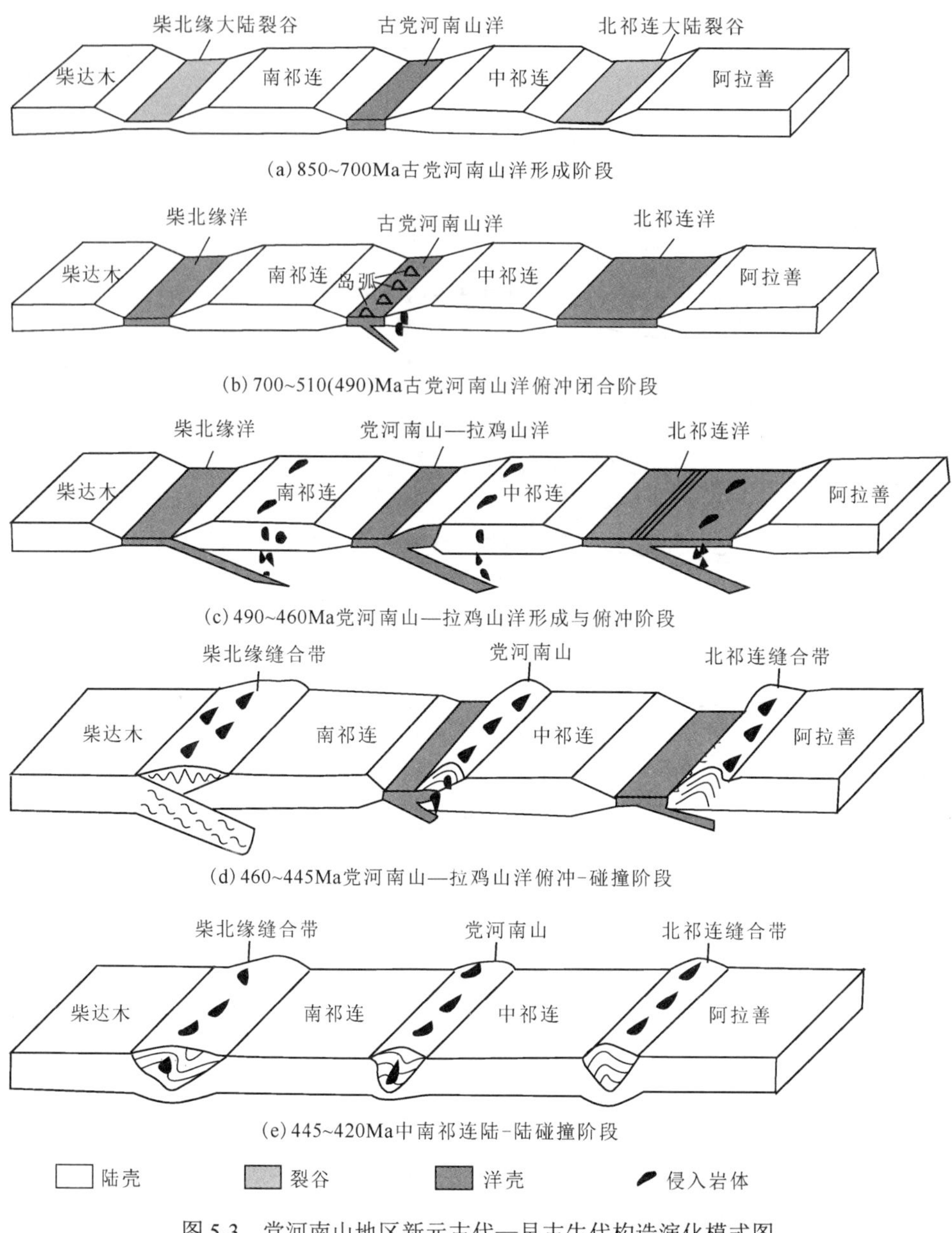

图 5-3　党河南山地区新元古代—早古生代构造演化模式图

一、850～700Ma 古党河南山洋形成阶段

这一阶段也是祁连山地区罗迪尼亚超大陆的解体阶段，在北祁连和柴北缘形成大陆裂谷（朱小辉等，2015；宋述光等，2014，2009，2006；冯益民，1998，1997；冯益民和何世平，1995b）。此前，中—南祁连及柴达木地块可能属同一地

块，均与扬子地块具有亲缘性（徐旺春等，2007；董国安等，2007；Wan et al.，2006，2000；万渝生等，2003）。本书获得了吾力沟岩体的 Nd 同位素模式年龄（T_{DM}）平均为 1371Ma（两个数据分别为 1294Ma 和 1447Ma），贾公台岩体的 Nd 同位素模式年龄平均为 1154Ma（两个数据分别为 1114Ma 和 1193Ma），这两个年龄与扬子地块的强烈活动时期相当，也与祁连山及柴北缘区域变质作用的年龄相当，进一步验证了与扬子地块的亲缘性。同时，Hf 同位素结果也证明了这一点。吾力沟岩体（7 个数据）的锆石二阶段 Hf 模式年龄（T_{DM2}）为 1343～1772Ma，平均为 1554Ma，远大于贾公台岩体的二阶段模式年龄（7 个数据，558～917Ma，平均 772Ma），与华北地块此时处于稳定活动时期不同。因此，这些年龄一方面代表了党河南山地区新生地壳的年龄，同时，吾力沟岩体中锆石的 ε_{Hf}（t）部分为正值，表明源岩形成时有亏损地幔物质的加入。结合在党河南山西段扎子沟—下红沟一带出露的岛弧型火山岩的全岩 Rb-Sr 等时线年龄为 684.87±71Ma 和 666.63±1.6Ma（李厚民等，2003a）这一事实，说明大致在 700Ma 以前，党河南山地区就有大洋地壳的形成。这一洋壳可能仅限于党河南山扎子沟—下红沟一带，或者大部分已经俯冲到中祁连西部，因此本书称为古党河南山洋［图 5-3（a）］。

这一洋壳的南界，或者说与南部柴北缘的结合部，可能是分布于柴北缘、欧龙布鲁克等地（全吉地块）（潘桂棠等，2009）北缘的全吉群。全吉群主要为砾岩、砂砾岩、碳酸盐岩，夹砂页岩，上部为钙碱性—碱性大陆板内玄武岩、玄武质安山岩（锆石 U-Pb 年龄为 800Ma 左右），属典型的边缘裂陷槽型沉积序列（李怀坤等，2003）。

二、700～510（490）Ma 古党河南山洋俯冲闭合阶段

该阶段主要在党河南山西段扎子沟—下红沟一带发育晚震旦纪火山岩和中寒武世中酸性侵入岩［图 5-3（b）］。小黑刺沟斜长花岗岩具洋岛花岗岩的地球化学特征，可能指示南祁连地区处于拉张最强时期，由于目前没有获得岩体年代数据，因此很难约束该区洋盆最大时的年代，或者说古党河南山洋从扩展阶段转为萎缩阶段的时间。在北祁连和柴北缘，此时处于大洋扩张阶段（朱小辉等，2015；宋述光等，2013，2009，2007；冯益民等，1998，1997；冯益民和何世平，1995b；肖序常等，1978），在北祁连发育玉石沟蛇绿岩（568～495Ma）（曾建元等，2007；史仁灯等，2004a；夏林圻等，1995）、大岔大坂蛇绿岩（505～484Ma）（孟繁聪等，2010）和九个泉蛇绿岩（490Ma）（夏小洪等，2010），这些蛇绿岩均为 MORB 型或者 OIB 型，表明北祁连是一个持续扩张的大洋。而在柴北缘，绿梁山蛇绿岩（玄武岩锆石年龄为 542～496Ma）（王惠初等，2003）、落凤坡橄榄岩（Sm-Nd 年龄为 521Ma，Rb-Sr 等时线年龄为 518Ma）（杨经绥等，2004）也证明该区此时处于大洋扩张阶段。

据李厚民等（2003a）的研究，扎子沟—下红沟一带发育的晚震旦纪火山岩下部为基性火山岩，属细碧岩系，并发育同成分的集块熔岩及凝灰岩（彩图 5-1），岩石地球化学具有岛弧拉斑玄武岩和钙碱性玄武岩的特征，全岩 Rb-Sr 等时线年龄为 684.87±71Ma；上部为中性火山岩，由安山岩、安山玢岩及同质火山角砾岩组成（彩图 5-2），岩石与陆源钙碱性安山岩及岛弧钙碱性安山岩成分相当，全岩 Rb-Sr 等时线年龄为 666.63±1.6Ma。晚震旦纪火山岩下部和上部岩石组合和地球化学性质及年龄的差异，可能反映了南祁连洋壳从洋内俯冲形成岛弧（下部基性岩）演变为陆源岛弧，即俯冲带从远离中祁连到靠近中祁连演化。这次俯冲过程一直持续到约 510Ma，在扎子沟一带形成岛弧型扎子沟花岗岩基（全岩 Rb-Sr 等时线年龄为 510.85±14Ma）（赵虹等，2004，2001；李厚民等，2003a）。

这次俯冲过程可能还波及了扎子沟西北部，即中祁连南缘的多若诺尔地区，该区晚震旦纪多若诺尔群主要由下部的火山岩及上部的细碎屑岩组成，显示陆源活动的特征。而在东部拉鸡山地区，晚寒武世为洋盆环境，俯冲作用发生的时间比较晚，在奥陶纪才开始（杨巍然等，2002，2000）。在北祁连地区和柴北缘地区发育一系列与之有关的岩浆活动，如北祁连中段野马咀花岗岩和柯柯里花岗岩质岩体，锆石 SHRIMP U-Pb 年龄分别为 508Ma 和 501～512Ma（吴才来等，2010；2006），东段白银米家山花岗闪长岩（Rb-Sr 等时线年龄为 516±64Ma）（王春英和于福生，2000）。而在柴北缘，滩间山岛弧火山岩（LA-ICP-MS 锆石 U-Pb 年龄为 514±8.5Ma）（史仁灯等，2004b）及辉长岩脉（锆石 U-Pb 年龄为 496.3±6.3Ma）（袁桂邦等，2002）也属该期岩浆活动的产物。

该区缺失寒武系地层，推测该区在 510Ma 以后发生了碰撞造山，山体抬升导致该区处于剥蚀阶段，并一直持续到约奥陶纪初。这与该区发育的下、中奥陶统鸡叫沟和吾力沟等岩体具有岛弧来源的事实相一致。

三、490～460Ma 党河南山—拉鸡山洋形成与俯冲阶段

党河南山西段再次发生大洋化，并与东部拉鸡山洋可能连为一体，与区域上北祁连和柴北缘一样，处于大洋板块俯冲阶段［图 5-3（c）］。在党河南山地区东段，发育辉石闪长岩（鸡叫沟），LA-ICP-MS 锆石 U-Pb 测年结果为 476.2±6.17Ma，岩体形成于岛弧活动带（张莉莉等，2013）。该岩体侵入于下奥陶统吾力沟群浅变质碎屑岩，其中砂岩中含有大量的安山岩及安山质凝灰岩岩屑，可能是剥蚀了原震旦系上部的中性火山岩，代表陆源沉积环境，说明鸡叫沟辉石闪长岩及其他岩体形成时洋壳下插，并在大陆边缘开始岩浆侵入活动。

在中祁连和南祁连构造带之间东段的拉鸡山一带发育一套蛇绿混杂岩带，混杂带岩石种类相对齐全，其中辉绿岩岩块、岩墙及玄武岩的地球化学特征显示该混杂带产于洋岛和洋中脊环境，是原特提斯洋向北俯冲消减过程中，洋中脊和洋

岛蛇绿岩残块被刮削到消减带部位形成的蛇绿混杂岩带。辉绿岩中的锆石 SHRIMP U-Pb 年龄为 491.0±5.1Ma，显示存在晚寒武世大洋地壳（付长垒等，2014），该大洋可能与西部党河南山洋连为一体。

该期岩浆侵入活动在整个祁连山地区较少被报道，北祁连东段景泰县井子川石英闪长岩（锆石 SHRIMP U-Pb 年龄为 464±15Ma）属岛弧环境高钾钙碱性岩石（吴才来等，2004），显示陆源岛弧的特征，可能是北祁连岛弧活动的直接产物，包括广泛分布的奥陶系阴沟群火山岩（潘桂棠等，2009；冯益民，1998）。在柴北缘地区发育西段赛什腾山花岗岩和团鱼山花岗岩等 I 型花岗岩，锆石 SHRIMP U-Pb 年龄分别为 465.4±3.5Ma 和 469.7±4.6Ma，形成于岛弧或活动大陆边缘（吴才来等，2008）；嗷唠山花岗岩锆石 SHRIMP 年龄平均为 473Ma，为钙碱性 I 型花岗岩，也形成于岛弧或活动陆缘环境（吴才来等，2001）。这些岩浆活动与柴北缘洋的俯冲有关（孙娇鹏等，2016；朱小辉等，2015；吴才来等，2008，2001）。

四、460～445Ma 党河南山—拉鸡山洋俯冲-碰撞阶段

这一阶段继承了上一阶段洋壳俯冲的特征，但在后期可能演化为弧-陆碰撞，是党河南山地区中酸性岩浆活动比较频繁的时期，岩浆活动在东西两段均发育。在东段以角闪石闪长岩就位为主，如吾力沟角闪石闪长岩（LA-ICP-MS 锆石 U-Pb 年龄为 457.8±6.3Ma）、鸡叫沟角闪石闪长岩（LA-ICP-MS 锆石 U-Pb 年龄为 455.6±5.6Ma）；而在西段以清水沟二长花岗岩（LA-ICP-MS 锆石 U-Pb 年龄为 450±12Ma）为代表。岩浆活动以钙碱性 I 型花岗岩为主，是党河南山—拉鸡山洋持续向北俯冲的证据。这些岩体（K_2O/Na_2O=0.5～1.39）与鸡叫沟辉石角闪岩（第二期）的 K_2O/Na_2O（0.58～1.34）值相当，但具有比较高的 A/CNK 值（0.65～0.89，辉石角闪岩为 0.39～0.71），具有钾玄岩系列的特征，特别是西段黑云母二长花岗岩，钾质含量和铝质含量都明显升高，指示有硅铝质地壳物质的加入，暗示在大洋板块俯冲晚期发生了弧-陆碰撞活动（至少在西部石块地一带，位置见图 1-3 和图 2-2）。中—晚奥陶世发育一套远源浊积岩和深海泥岩交替的复理石建造（罗明非，2010），表明在大洋深部存在火山活动较平静的间歇期，也从侧面证实了陆源活动增强，陆源物质供给充分，是弧-陆碰撞后陆地抬升剥蚀的表现。

这一俯冲活动可能与北祁连此时的俯冲一样，均以形成偏中性的深成侵入岩为特征，如北祁连西段野牛滩花岗闪长岩体（锆石 U-Pb 年龄为 459.6±2.5Ma）（毛景文等，2000a，2000b），东段与北祁连结合部的王家岔石英闪长岩（锆石 U-Pb 年龄为 454.7±1.7Ma），都具有岛弧火成岩的特征（陈隽璐等，2006），代表板块俯冲作用（陈隽璐等，2006；毛景文等，2000a，2000b）。但是，这一弧-陆碰撞是否与可能的北祁连山向南俯冲（463Ma）有关（吴才来等，2007），或者与北祁连山榴辉岩带最终形成（460Ma）时陆-陆深俯冲导致的动力向南反弹，导致汇聚

速率加快有关，还需要进一步研究验证（宋述光等，2007）。而且，南部柴北缘大洋闭合发生陆-陆碰撞时，肯定会对其北部的南祁连洋的汇聚产生加速影响（朱小辉等，2015；吴才来等，2007；杨经绥等，2000）。不仅如此，这一事件可能与南阿尔金超高压变质带（张建新等，2002，2000）和北秦岭超高压变质带（杨经绥等，2000）的形成有一定的联系。

最近，黄增保等（2016）对大道尔基蛇绿岩进行了系统地岩石地球化学研究，发现大道尔基蛇绿岩的岩石单元包括地幔橄榄岩、镁铁-超镁铁质堆晶杂岩和玄武安山岩。堆晶杂岩中辉石橄榄岩 Sm-Nd 同位素等时线年龄为 441±58Ma，岩石地球化学特征显示橄榄岩具亏损地幔岩的特征，玄武安山岩具弧后盆地火山岩的特征。大道尔基蛇绿岩属构造肢解的蛇绿岩残片，具有俯冲带型蛇绿岩的特征，是在奥陶纪柴北缘洋向中祁连地块俯冲引起的弧后扩张环境中形成的蛇绿岩，进一步证明了党河南山地区在此时发生过洋壳俯冲过程。

五、445～420Ma 中南祁连陆-陆碰撞阶段

晚奥陶世—志留纪南祁连及北祁连开始碰撞造山，主要表现为在东部形成贾公台、振兴梁埃达克质奥长花岗岩，西部扎子沟复式岩基再次复活，形成石块地似斑状黑云母二长花岗岩［图 5-3（e）］。贾公台和振兴梁奥长花岗岩的锆石 U-Pb 年龄分别为 442.7±6.8Ma 和 437.6±8.1Ma，岩石 SiO_2＞56%，Al_2O_3＞15%，MgO＜3%，具高 Sr 低 Y、Yb 和 Ni、Gr 的特征，富集大离子亲石元素，稀土配分曲线右倾，具微弱 Eu 异常，（$^{87}Sr/^{86}Sr$）$_i$ 平均为 0.706 467，（$^{143}Nd/^{144}Nd$）$_i$ 平均为 0.512 134，源岩为岛弧环境下新生的玄武质岩石，岩浆起源于加厚的下地壳玄武质岩石的部分熔融，岩浆源区残留角闪石和约 25%的石榴子石。岩石具有 C 型埃达克岩的特征（张旗等，2001），反映了该区加厚地壳（＞55km）的存在（邓晋福等，1996），指示该时期中祁连与南祁连碰撞导致党河南山—拉鸡山洋闭合，玄武岩浆底侵加厚地壳，导致下地壳物质部分熔融形成埃达克质岩石。党河南山地区贾公台等岩体与中祁连其他花岗质岩体揭示的奥陶纪—志留纪之交的构造演化信息大致一致，如在中祁连西段（黑沟梁子岩体，锆石 TIMS U-Pb 年龄为 444Ma）和东段（湟源新店和董家庄岩体，LA-ICP-MS 锆石 U-Pb 年龄为 454±5.0Ma 和 446.5±1.5Ma）都发育 S 型花岗岩，均产于同碰撞环境（雍拥等，2008；苏建平等，2004b）。这一事件在柴北缘也有显示，大柴旦塔塔棱河环斑花岗岩体具 S 型花岗岩的特征，卢欣祥等（2007）获得的锆石 SHIRIMP U-Pb 年龄为 440±14Ma，认为其形成于柴达木板块与中南祁连板块碰撞的环境，而吴才来等（2007）获得的锆石 SHIRIMP U-Pb 年龄为 446.3±3.9Ma，认为其形成于后碰撞拉张环境。

石块地似斑状二长花岗岩（锆石 U-Pb 年龄为 420±12Ma）具有 A 型花岗岩的特征，表明其形成于碰撞后的拉张环境。这一具有张裂性质的岩浆活动，可能

在区域上有一定的协同性，在秦岭、北祁连、中祁连和南祁连其他地区也有显示，如在秦岭—祁连造山带接合部的陇山岩体（440Ma）（陈隽璐等，2006）、西秦岭天水地区百花基性岩体（434.6±1.5Ma）（裴先治等，2007）、中祁连马衔山岩群内基性岩墙群（441.1±1.4Ma，434±1Ma）（何世平等，2008）、北祁连东端陇山岩群中的辉绿岩（440.9±1.7Ma）、辉长岩（442.8±1.1Ma）（徐学义等，2008）、南祁连东段裕龙沟超基性岩体（442.7±1.6Ma）（张照伟等，2012），都代表碰撞后的裂解事件。但相对来说，此时地壳还保持一个比较大的厚度。

在南祁连东段，拉鸡山蛇绿混杂岩中复理石杂砂岩基质中的碎屑锆石 U-Pb 主年龄峰值为 462±6Ma，最年轻的碎屑锆石 U-Pb 年龄为 428±8Ma，表明南祁连东段拉鸡山一带俯冲碰撞一直持续到志留纪（付长垒等，2014）。

此后，党河南山开始陆内造山与伸展阶段，陆壳减薄（加厚地幔拆沉）形成东洞沟石英闪长岩、石英闪长玢岩及广泛分布的基性、酸性岩脉和煌斑岩脉（戴霜等，2016；刘博等，2016）。与此同时，泥盆纪北祁连地区处于前陆盆地发育阶段，后缘党河南山地区发育晚泥盆世陆相磨拉石建造、早石炭世滨浅海相碳酸盐岩-泥岩建造和晚石炭世海陆交互相碎屑岩、泥岩和碳酸盐岩组合（杜远生等，2002）。

第六章　典型金矿床地质特征与成因

党河南山地区属秦祁昆成矿域阿尔金—祁连山成矿省南祁连山加里东成矿带，矿产资源丰富，有金、铜、锑等金属矿产地10多处（张新虎等，2015）。金矿是党河南山地区的优势矿种，目前发现的金矿床有清水沟金矿、石块地金矿、小黑刺沟金钨矿、贾公台金矿、鸡叫沟金矿、吾力沟金矿、东洞沟金矿、狼查沟金矿和钓鱼沟砂金矿等，已探获金储量50多吨，金矿化主要产于奥陶系、志留系及岩体中，成矿与中酸性侵入岩有关，属热液型矿床，在贾公台金矿还发育石英脉型金矿（已采空）。前人对个别矿床成矿物质的来源及与岩体的关系进行过研究（汪禄波等，2014；汪禄波，2014；刘志武等，2006；刘志武和王崇礼，2007；路彦明等，2004；李厚民等，2003b）。本书选择贾公台金矿和吾力沟金矿，以近年来的地质勘查资料为基础，结合前述成矿岩体研究资料和成果，利用包裹体、硫铅同位素等手段，对成矿物质来源和成矿条件进行研究，探讨矿床的成因类型。

第一节　贾公台金矿床

贾公台金矿床位于党河南山东部贾公台金矿集中区，清水沟脑—黑刺沟北西向断裂带和黑刺沟—振兴梁北东向断裂交汇处（图6-1）。矿区主要出露地层为下

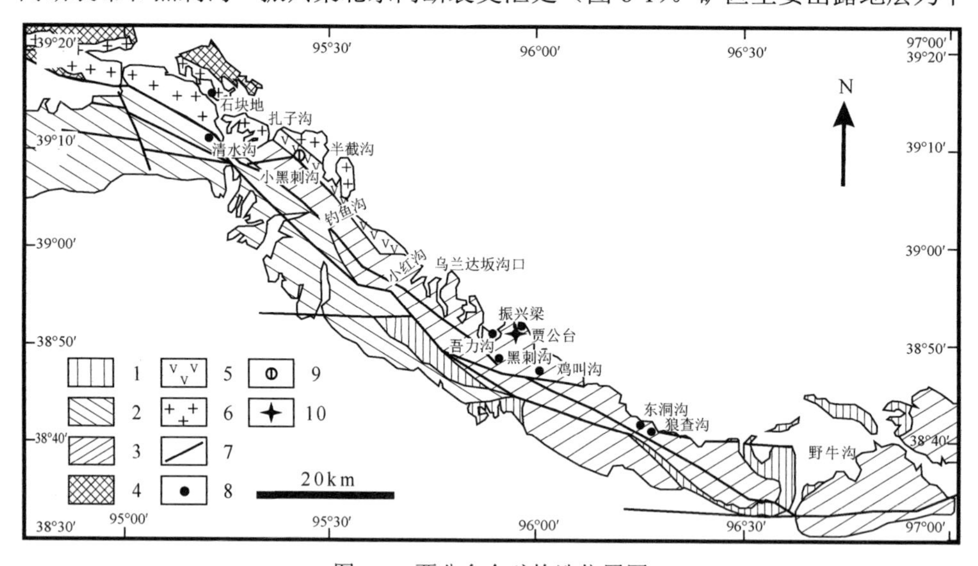

图6-1　贾公台金矿构造位置图

1. 上古生界—中生界；2. 志留系；3. 奥陶系；4. 元古界；5. 震旦纪火山岩；6. 侵入岩；7. 断裂；8. 金矿；9. 金钨矿；10. 贾公台金矿

奥陶统吾力沟群，斜长花岗岩岩体面积为 0.2km^2（图 6-2）。受北西向次级断裂影响，矿体均呈北西向平行展布，主要赋存于岩体及地层破碎蚀变带和石英脉中。贾公台金矿已提交金储量 35t，深部找矿潜力巨大。

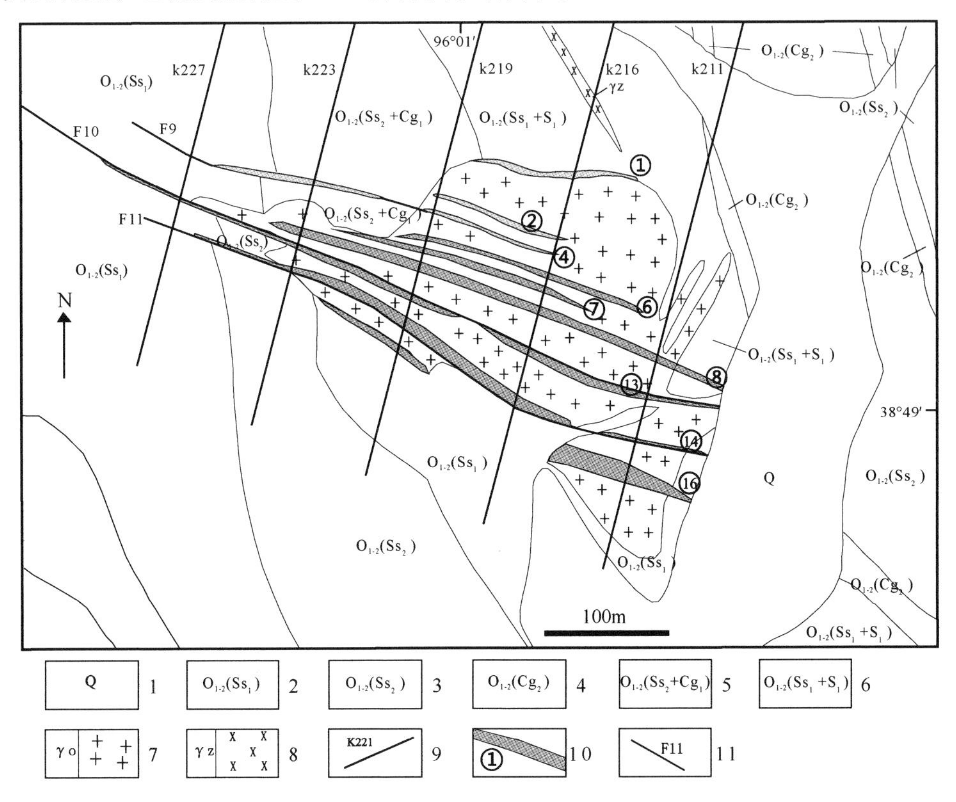

图 6-2　贾公台金矿地质简图

1．第四系；2．中—下奥陶统中细粒含砾砂岩；3．中—下奥陶统中细粒岩屑砂岩；4．中—下奥陶统细砾岩；5．中—下奥陶统岩屑长石砂岩夹含砾砂岩；6．中—下奥陶统细砂岩夹砂质泥板岩；7．黑云奥长花岗岩；8．花岗细晶岩；9．钻井位置；10．金矿体；11．断裂

一、矿区地质

（一）地层与岩石

矿区出露下—中奥陶统吾力沟群上岩组第四岩性段和第四系冲洪积物。

下—中奥陶统上岩组第四岩性段（$O_{1\text{-}2c\text{-}4}$）为一套浅变质的浅海—滨海相碎屑岩组成，岩性主要为灰绿色厚层粗粒岩屑长石砂岩、灰绿色薄—中层细—中粒岩屑长石砂岩、灰色中—厚层含砾岩屑长石砂岩、灰色厚层细砾岩等。区域上上岩组第四岩性段分为 11 个岩性层，在贾公台矿区从下向上出露第四至第十一岩性层。

第四岩性层（Cg_2）：灰色厚层细砾岩，该层分布在矿区中部，呈近南北向分布，岩性层厚 10～25m，伸延较稳定，产状为 235°～270°∠45°～65°。

灰色厚层细砾岩：岩石呈浅灰色，细砾结构，层状构造，由砾状碎屑物和填隙物两部分组成，二者各占 60%和 40%左右。砾状碎屑物的组分复杂，主要为石英岩、硅质岩、英安岩和变石英砂岩等岩屑及石英、长石等矿物，粒径多在 2～50mm，个别达 80mm，磨圆度较好，多为次圆状，分选性差。填隙物包括砂级碎屑物、泥杂基和钙质胶结物等。砂级碎屑物除石英外，其他组分同砾石的组分，泥杂基多变为绢云母微鳞片，而钙质胶结物则以方解石亮晶的形式存在。金属矿物微量，呈不均匀星点状分布，有黄铁矿、褐铁矿。岩石普遍具绿泥石化、绿帘石化及绢云母化。

第五岩性层（Ss_2）：浅绿色中—厚层粗粒岩屑长石砂岩，该层分布在矿区中部，呈近南北向分布，岩性层厚约 50m，延伸较稳定，产状为 235°～270°∠45°～65°。

灰绿色中—厚层粗粒岩屑长石砂岩：灰绿色，中—粗粒砂状结构，中—厚层状构造，由碎屑物和填隙物组成，二者各占 80%和 20%左右。碎屑物的组分复杂，包括石英、斜长石、钾长石、黑云母、石英岩、绿帘石岩和英安岩岩屑等，呈次圆状，磨圆度较好，分选中等，粒径主要为 0.5～2mm。填隙物的组分复杂，以凝灰质为主，泥质和粉砂质少量，经变质重结晶，现多以绿泥石、绿帘石和绢云母集合体的形式存在，为变质的火山灰和泥质填隙物。金属矿物为微量褐铁矿，呈星点浸染状分布。岩石普遍具绿泥石化、绿帘石化和碳酸岩化。

第六岩性层（Cg_2）：灰色厚层细砾岩，该层分布在矿区中部，呈近南北向分布，岩性层厚 10～30m，延伸较稳定，产状为 235°～270°∠45°～65°，该层横向相变较快，沿走向局部地段相变为含砾粗砂岩。

灰色厚层细砾岩：岩石呈浅灰色，细砾结构，层状构造，颗粒支撑，由砾状碎屑物和填隙物两部分组成，二者各占 60%和 40%左右。砾状碎屑物的组分复杂，主要为石英岩、硅质岩、英安岩和安山岩等岩屑及石英、长石等矿物，粒径为 2～50mm，磨圆度较好，次圆状。填隙物包括砂级碎屑物、泥杂基和钙质胶结物等。砂级碎屑物除石英外，其他组分同砾石的组分，泥杂基多变为绢云母微鳞片，而钙质胶结物则以方解石亮晶的形式存在。金属矿物微量，呈不均匀星点状分布，为黄铁矿和褐铁矿。岩石普遍具绿泥石化、绿帘石化及绢云母化。

第七岩性层（S_l+Ss_1）：灰色砂质泥板岩、灰绿色薄—中层细—中粒岩屑长石砂岩。该层分布于贾公台矿段以北，呈近北北西向分布，以砂质泥板岩为主，由该层向上、下岩性层碎屑物粒度由细变粗，从砂质泥板岩—泥质粉砂岩—细—中粒岩屑长石砂岩呈纵向相变过度特征。矿区出露厚约 200m，产状变化较大，一般为 220°～265°∠50°～75°。

灰色砂质泥板岩：灰色、灰黑色、灰绿色，鳞片变晶结构、变余泥状结构，变余微纹层构造、板状构造，由变余泥质物、碎屑物砂粒和新生矿物等组成。变余碎屑物包括石英、长石和白云母和绿泥石等，常形成纹层状纹理，并向粉砂岩过渡。泥质物经变质多已形成绢云母和绿泥石等，且以集合体的形式平行板理面定向分布。岩石中仅见零星的被膜状褐铁矿。

灰绿色薄—中层细—中粒岩屑长石砂岩：灰色或灰绿色细—中粒砂状结构，薄—中层状构造，岩石由碎屑物和填隙物组成，碎屑物的组分包括石英、斜长石、钾长石、绿泥石、白云母和岩屑石英岩、泥板岩等，分选较好，而磨圆度较差，粒径以细中粒为主。填隙物为泥质、粉砂质，呈基底式—颗粒式支撑类型，泥质物多变为绢云母和绿泥石。金属矿物仅为星点状和浸染状分布的褐铁矿。

岩石普遍具绢云母化和绿泥石化。该层为贾公台矿段的主要赋矿岩性层。

第八岩性层（Ss_2+Cg_1）：灰绿色厚层粗粒岩屑长石砂岩、灰色厚层含砾岩屑长石砂岩。该层分布于贾公台矿段南西，呈北西—南北向分布。矿区出露厚约150m，受岩体侵入及构造作用影响，局部较为破碎，产状变化较大，一般为220°～260°∠45°～65°。该层以灰绿色厚层粗粒岩屑长石砂岩为主，具横向相变特点，从矿区西北到东南岩性由细砾岩—含砾长石石英砂岩—灰绿色厚层粗粒岩屑长石砂岩，以互层及渐变的方式过渡。

灰绿色厚层粗粒岩屑长石砂岩：灰绿色粗粒砂状结构，厚层状构造，由碎屑物和填隙物组成，二者各占85%和15%左右。碎屑物的组分复杂，包括石英、斜长石、钾长石、黑云母和石英岩、千枚岩、安山岩、英安岩与绿帘石岩等岩屑，碎屑物的分选和磨圆度均较差，粒径主要为0.5～2.0mm。填隙物的组分复杂，以泥质、钙质、凝灰质和粉砂质为主，经变质重结晶，现多以微晶方解石和绿泥石、绿帘石和绢云母集合体的形式存在。

灰白色厚层含砾长石石英砂岩：岩石呈浅灰色或灰白色，砂状结构、砾状结构，层状构造，由砂、砾状碎屑物和填隙物两部分组成，二者各占90%和10%左右。砂、砾状碎屑物主要为石英、长石、石英岩、硅质岩、千枚岩、安山岩和英安岩等，粒径多在1.5～3mm，部分碎屑物的粒径可达10mm，形成典型的含砾砂状结构，分选性、磨圆度差，次棱角状。填隙物包括粉砂级碎屑物和泥质填隙物等，其中粉砂级碎屑物主要为石英、长石和云母等矿物。泥质填隙物已完全重结晶成绢云母和绿泥石的鳞片状集合体。

灰白色厚层细砾岩：岩石呈浅灰色或灰白色，细砾结构，层状构造，由砾状碎屑物和填隙物两部分组成，二者各占90%和10%左右。砾状碎屑物的组分复杂，主要为长石、石英等矿物及石英岩、硅质岩、英安岩、千枚岩和安山岩等岩屑，粒径为2～5mm，部分碎屑物的粒径可达15mm，分选性、磨圆度差，次棱角状。填隙物包括砂级碎屑物和泥质填隙物等，其中砂级碎屑物有石英、长石和云母等矿物。泥质填隙物已完全重结晶成绢云母和绿泥石的鳞片状集合体。岩石蚀变有黏土化、绿泥石化、绿帘石化及绢云母化。

第九岩性层（Ss_1）：灰色或灰绿色薄—中层细—中粒岩屑长石砂岩。该层分布于贾公台矿段西南部，呈北西向展布，矿区出露厚约 60m，产状为 210°～240°∠50°～65°。

灰色或灰绿色薄—中层细—中粒岩屑长石砂岩：灰色或灰绿色，中细粒砂状结构，薄—中层状构造，岩石由碎屑物和胶结物组成，二者各占 55%和 45%左右。碎屑物包括石英、长石、白云母和黑云母等，碎屑物的分选较好，而磨圆度较差，粒径多小于 0.5mm。胶结物为泥质、钙质，具基底式—颗粒式支撑类型，在重结晶作用下泥质成分以绢云母和绿泥石微鳞片的形式存在，钙质成分为不规则的粒状白云石。岩石蚀变有碳酸盐化、绿泥石化、绿帘石化及绢云母化。

第十岩性层（Cg_2）：灰色厚层细砾岩，该层分布在矿区南部，呈近东西向分布，岩性层厚约 10～25m，产状为 210°∠55°。

灰色厚层细砾岩：岩石呈浅灰色，细砾结构，层状构造，基底式胶结，由砾状碎屑物和填隙物两部分组成，二者各占 60%和 40%左右。砾状碎屑物的组分较杂，主要为石英岩、硅质岩、英安岩和安山岩等岩屑及石英、长石等矿物，岩屑粒径多在 10～80mm，磨圆度较好，次圆状。填隙物包括砂级碎屑物、泥杂基和钙质胶结物等，以钙质胶结物为主。砂级碎屑物多为石英，经变质重结晶泥质多变为绢云母微鳞片，而钙质胶结物变为亮晶方解石。岩石普遍具碳酸盐化及绢云母化。

第十一岩性层（Ss_1）：灰色薄层细粒长石砂岩，分布于矿区西南角，呈近东西向分布，出露厚约 100m，产状为 220°∠55°。该层中泥质含量高者为粉砂质泥板岩。

灰色薄层细粒长石砂岩：灰色，破碎蚀变者呈浅红色，砂状结构、鳞片变晶结构，薄层状构造、板状构造，由碎屑物和胶结物组成，二者各占 60%和 40%左右。碎屑物的成分复杂，包括石英、斜长石、绿帘石、白云母、绿泥石和金属矿物等，分选性好，磨圆度中等，粒径小于 0.2mm。胶结物为泥质、钙质，具基底式－孔隙式胶结类型，泥质多绢云母化，钙质胶结物均以亮晶方解石的形式存在。岩石具碳酸盐化及绢云母化。

（二）矿区构造

矿区内褶皱构造不发育，矿区地层为一单斜层，由北到南从近南北向转为北西向，呈帚状弯曲。矿区内断裂构造极为发育，分为北西西向和北东向两组断裂。

北西西向断裂是区内主要断裂（图 6-2）。该组断裂为一组压扭性断裂，呈平行排列，断裂宽 1～5m，长 100～400m，产状为 110°～130°∠55°～70°，受围岩物化性质的影响，断面及内部结构存在明显差别，在砂岩层中断面平直且光滑，其内多充填有含矿石英脉，石英脉两侧为含矿蚀变岩。在斜长花岗岩中，断面不规整，岩石破碎程度低，石英脉少，多形成硅化蚀变的含矿岩石。

北东向断裂位于矿区东侧，为一逆断层，断裂带宽 1～1.5m，长约 200m，产状为 275°∠55°，断裂带内岩石呈角砾状，硅质胶结，褐铁矿化发育。

（三）岩浆岩

矿区出露贾公台斜长花岗岩体并零星分布花岗细晶岩脉和闪长玢岩脉。

贾公台斜长花岗岩体呈不规则状岩株，侵入于下奥陶统上岩组第四岩性段，出露面积仅 0.1km^2，目前工程控制向下延深 1031m。岩体与围岩多为侵入接触，接触面产状呈波状、枝杈状，局部为断层接触。岩体中含有少量暗色闪长岩包体[彩图 2-8（a）]。岩体相变特征明显，中心较粗，呈中—粗粒似斑状结构，边缘变细，由外向内可划分分为边缘相（斑状斜长花岗岩）—过渡相（中粗粒黑云母斜长花岗岩）—中心相（似斑状斜长花岗岩）（彩图 6-1）。

斑状斜长花岗岩：斑晶由奥长石（30%～40%）、石英（5%）、黑云母（5%）组成，基质由斜长石（28%）、石英（＞15%）和黑云母（5%）组成，副矿物有磁铁矿、磷灰石、黄铁矿和黄铜矿等，局部可见石英脉和碳酸盐脉，石英脉普遍含金。

中粗粒黑云母斜长花岗岩：中粗粒结构，块状构造，主要由奥长石（65%）、石英（20%）和黑云母（8%）组成，副矿物有磷灰石、磁铁矿和榍石等，偶见碳酸盐脉。

似斑状斜长花岗岩：矿物组合为奥长石（65%）、石英（20%）和黑云母（10%），副矿物有磷灰石、钛磁铁矿，偶见星点状黄铁矿，局部发育碳酸盐细脉，具粗粒斜长石包嵌石英的现象，并与自形粒状磷灰石共生，初步判定长英质晶体是斑晶增生过程中捕掳到大晶粒边部或粒间形成的[彩图 6-1（b）]，推测岩浆在浅部就位后，又经历过重熔作用和后期脉岩形成的分异过程。

1∶20 万区调资料显示，贾公台斜长花岗岩为加里东晚期侵入体，刘志武等（2006）获得该岩体全岩 Rb-Sr 等时线年龄为 355±91Ma，本次工作获得该岩体 LA-ICP-MS 锆石 U-Pb 年龄为 442.7±6.8Ma。前述岩石地球化学特征显示，岩石 SiO_2＞56%，Al_2O_3＞15%，MgO＜3%，岩石高 Sr 低 Y、Yb、Ni 和 Cr，富集大离子亲石元素，稀土配分曲线右倾，具微弱 Eu 异常，$(^{87}Sr/^{86}Sr)_i$ 平均为 0.706 467，$(^{143}Nd/^{144}Nd)_i$ 平均为 0.512 134，总体显示为埃达克岩的地球化学特征，代表党河南山洋壳闭合，中、南祁连已经发生了碰撞。源岩为岛弧环境新生的玄武质岩石，岩浆起源于加厚下地壳玄武质岩石的部分熔融，找矿潜力巨大。

后期脉岩主要分布在矿区东北侧，呈近南北向顺层产出，大小不一，宽一般 2～10m，长一般 50～200m。岩石呈肉红色，细粒花岗结构，块状构造，矿物成分主要为斜长石（41%）、石英（32%）和黑云母（23%），金属矿物有黄铁矿、磁铁矿和褐铁矿。

二、围岩蚀变

矿区围岩蚀变强烈，蚀变带主要沿断层破碎带发育（彩图 6-2），斜长花岗岩和砂岩均发生破碎蚀变，蚀变类型主要发育硅化、绢云母化、高岭土化、绿泥石化、碳酸盐化、黄铁矿化及少量白云母化、绿帘石化、褐铁矿化、黄铜矿化和钾长石化等。其中硅化、黄铁矿化、褐铁矿化与金矿化关系最为紧密。

（1）硅化：是矿区最主要的岩石蚀变类型，主要为块状、细脉状和网脉状，分布于金矿（化）体及围岩中，表现为围岩的颜色变浅、石英含量增加或析出石英脉（含黄铁矿或者白云母等），硅化后岩石硬度增强、脆性加大等特征（彩图 6-3 和彩图 6-4）。硅化常与绢云母化、碳酸盐化、黄铁矿化伴生，多呈细脉状产出（彩图 6-5）。在斜长花岗岩中也见有基质斜长石发生白云母化及硅化，具云英岩化现象，并伴有斑杂状黄铁矿化，可能是岩浆就位时或略晚发生的高温蚀变。

（2）钾长石化：比较少见，主要在深部钻孔中可见，常与硅化伴生（彩图 6-7）。一般情况下，钾长石化、硅化及黄铁矿化强烈时，金矿化强度也高。钾长石化可能是岩浆结晶演化晚期和期后热液自交代的产物。

（3）绢云母化：是矿区最主要蚀变之一，分布于岩体中的矿体及构造破碎带两侧，经常是花岗岩中斜长石斑晶（彩图 6-5）、基质及砂岩（彩图 6-6）、板岩（彩图 6-9）和岩屑（彩图 6-10）中的斜长石发生该蚀变，绢云母多呈鳞片状（彩图 6-8），与石英共生。蚀变使岩石颜色变浅，一般多与矿化带相伴，多呈带状分布。

（4）高岭土化：主要分布于岩体破碎带及两侧，特别在断层泥中较为常见。

（5）绿帘石化：少量，主要见于斜长花岗岩中，由长石蚀变而来，叠加在绢云母化之上，主要发育在岩体与围岩接触部位及破碎带中。

（6）绿泥石化：比较多见，主要是黑云母发生蚀变形成（彩图 6-11），可与碳酸盐化一起形成，经常在黑云母解理缝隙中析出白钛石（彩图 6-12）或金红石等。

（7）黄铁矿化：黄铁矿常呈单体或集合体出现，以星点状、团块状和浸染状等形式分布于破碎蚀变带中（彩图 6-3～彩图 6-6，彩图 6-11，彩图 6-12）。黄铁矿多与绢云母、方解石形成细脉（彩图 6-3～彩图 6-5，彩图 6-13，彩图 6-14），也可以呈完好晶形交代砂岩砂屑或岩屑（彩图 6-9 和彩图 6-10）。大多数黄铁矿被氧化成褐铁矿，并保留其立方体假象，与金有着密切关系，是金的主要载体，其含量与金矿化呈正比。

（8）黄铜矿化：后期热液活动形成的黄铜矿，常呈单体或集合体以星点状、团块状等形式分布于破碎蚀变带中，特别在蚀变岩体中。在表生带表现为孔雀石化（彩图 6-15）、蓝铜矿化等。

（9）褐铁矿化：主要由黄铁矿等金属硫化物经表生作用氧化而成，与金关系十分密切，是野外找矿的直接标志之一（彩图 6-16）。

从上述蚀变矿物特征来看，岩石主要发育硅化、绢云母化、绿泥石化、碳酸盐化和黄铁矿化，是典型的中温热液蚀变矿物组合。另外可见，黑云母发生白云母化和硅化蚀变，并伴有黄铁矿化，表明在岩浆在就位或稍晚发生了高温热液蚀变作用，而且这种蚀变还伴随着黄铁矿化。另外，在断层破碎带内，特别是断层泥中见有高岭土化，是一种近地表极低温热液蚀变作用结果，但很少见其他类型的低温蚀变矿物，不排除是地表风化作用导致斜长石风化的结果。

三、矿体与矿石特征

（一）矿体特征

矿区共圈出 34 条金矿体，矿体产于黑云母斜长花岗斑岩与岩屑长石砂岩的接触带或岩体内部的断裂破碎带，受断层控制明显，矿体多呈脉状、透镜状（图 6-2 和图 2-4）。矿体 Au2、Au8、Au13、Au14、Au16、Au18、Au25 为矿区主要矿体，长 260～500m，厚 2.64～5.0m，平均品位 1.2×10^{-6}～11.83×10^{-6}。矿体在深部有变厚变富的趋势，目前在深部 1031m 还见厚大矿体（图 6-3）。

（二）矿石结构构造

矿石金属矿物含量少，约占 5.2%，以黄铁矿为主，另有少量黄铜矿、辉钼矿、方铅矿、褐铁矿、自然金、自然银和银金矿等，电子探针照相及分析还发现有碲化物，包括碲金银矿、碲银矿、碲铅矿和碲铋矿（汪禄波，2014）。脉石矿物以石英、碳酸盐、绢云母和绿泥石为主，见有少量重晶石和白云石。

矿石结构主要有自形粒状结构、半自形—他形粒状结构，另有交代残余结构、包含结构等。矿石矿物以自形粒状为主，次为半自形状（彩图 6-17 和彩图 6-18），粒径 0.05～1.5mm。黄铁矿包裹磁黄铁矿、黄铜矿、方铅矿（彩图 6-19），或与黄铜矿（彩图 6-20）、毒砂（图 6-21）、辉钼矿（彩图 6-22）伴/连生，或被毒砂交代（彩图 6-23）。金属矿物多呈星点状、浸染状（彩图 6-17 和彩图 6-23）、团块状（彩图 6-20～彩图 6-23）、条带状（彩图 6-18 和彩图 6-24）分布。

按照主要矿物的包裹穿插关系，矿石矿物的世代关系见表 6-1。从表 6-1 可以看出，成矿前期的主要矿物是石英、绢云母、绿泥石、黄铁矿和方铅矿，次要矿物是黄铜矿；成矿期的主要矿物是石英、绢云母、绿泥石、黄铁矿、黄铜矿、方铅矿、银金矿、自然金和辉钼矿，含有微量的白钛石；成矿后期的主要矿物是石英、绢云母、绿泥石和方解石，次要矿物是黄铜矿、辉钼矿、斜黝帘石、绿帘石和金红石；次生矿物是褐铁矿及少量金红石。

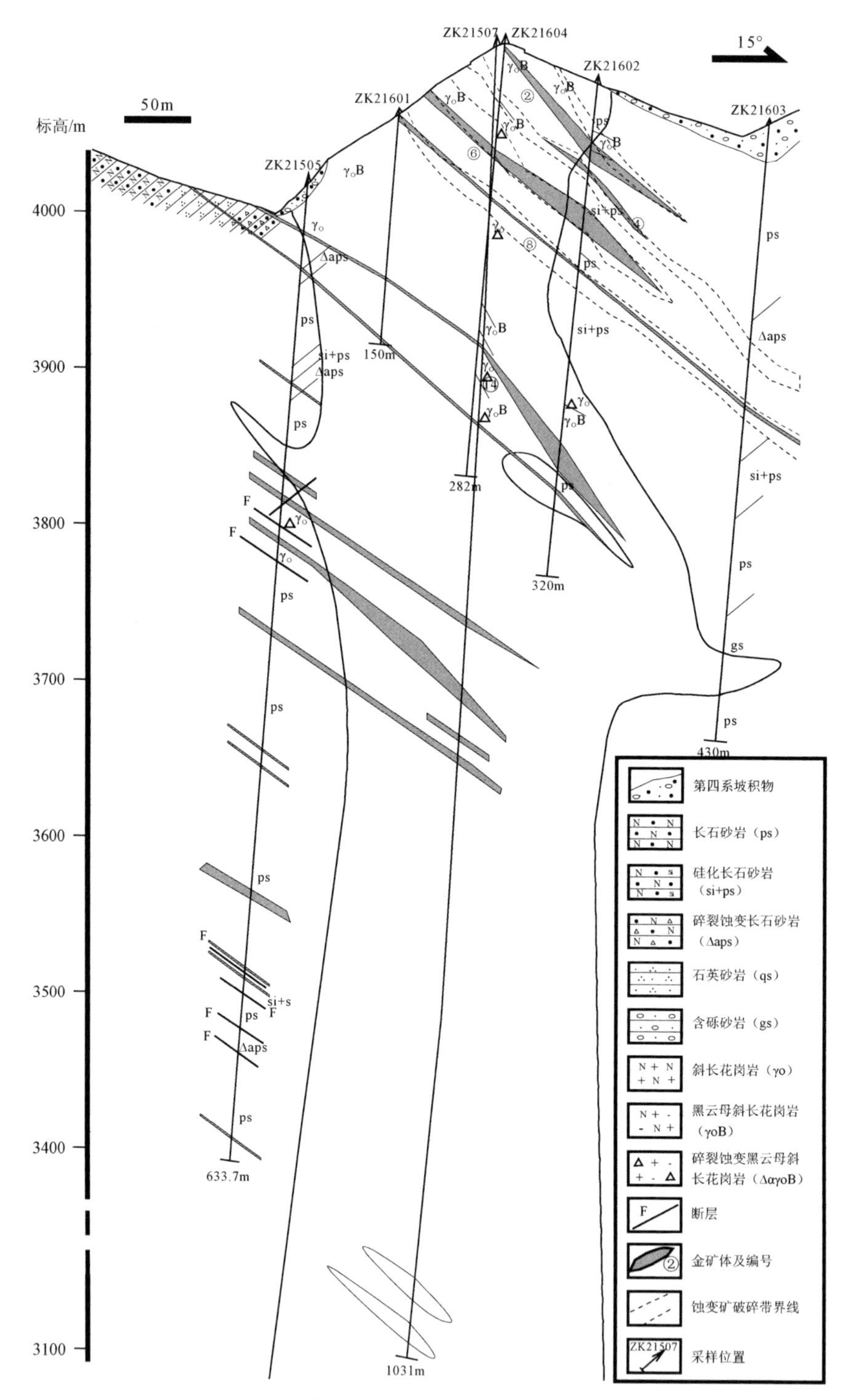

图 6-3　贾公台金矿床 216 勘探线剖面图

表 6-1 矿石世代关系

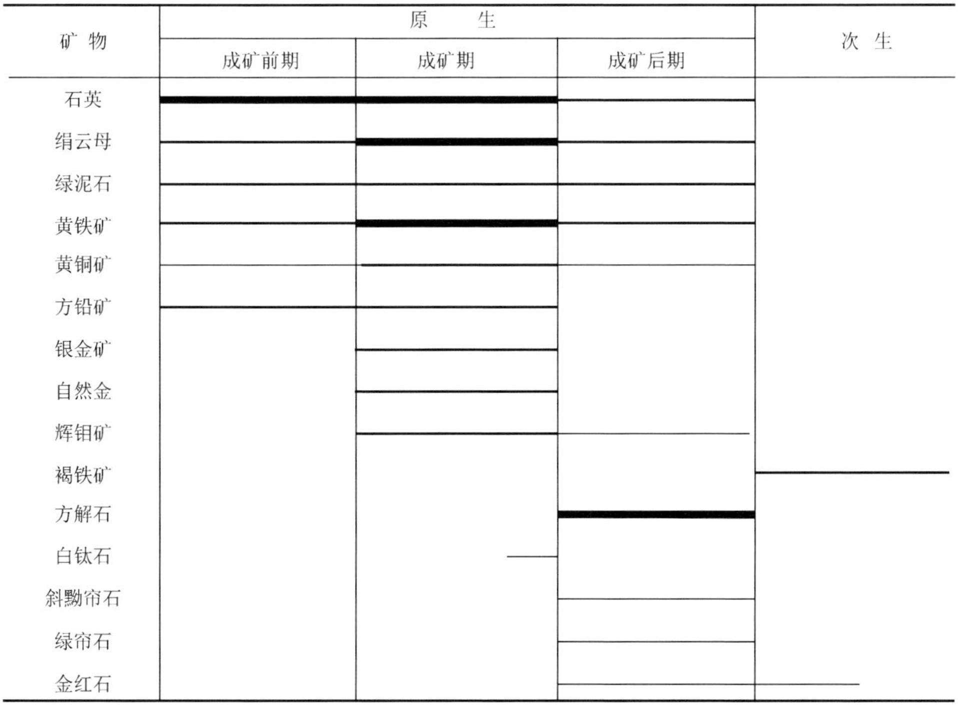

矿物	原生			次生
	成矿前期	成矿期	成矿后期	
石英	━━	━━	——	
绢云母	——	━━	——	
绿泥石	——	——	——	
黄铁矿	——	━━	——	
黄铜矿	——	——	——	
方铅矿	——	——		
银金矿		——		
自然金		——		
辉钼矿		——	——	
褐铁矿				——
方解石			━━	
白钛石		—		
斜黝帘石			——	
绿帘石			——	
金红石			——	—

矿石构造以块状构造（彩图 6-25）、细脉浸染状构造（彩图 6-24）、条带状构造（彩图 6-18）为主。

（三）金的赋存状态

金的赋存状态可分为包裹金、粒间金和裂隙金等。金的包裹矿物主要有黄铁矿、石英、碲银矿、碲金银矿和碲金矿，粒间金和裂隙金在黄铁矿、石英、碲铅矿和碲铋矿等粒间及岩石裂隙中产出。包裹金主要以单颗粒的形式包裹于黄铁矿和石英中（彩图 6-26 和彩图 6-27），形态多呈粒状、不规则状，少数呈长条状，粒径一般为 10～50μm；粒间金产于黄铁矿、石英边缘或黄铁矿粒间，形态多呈不规则状，少数呈粒状、树枝状，粒径一般为 8～50μm；裂隙金主要产于黄铁矿和石英裂隙中，呈长条状产出，粒径一般为 15～75μm。

除黄铁矿和石英外，碲化物也是金的重要寄主矿物。据汪禄波（2014）研究，碲化物包括碲金银矿、碲银矿、碲铅矿和碲铋矿等。碲金银矿是主要的碲化物，粒径较小，一般仅 10μm 左右，多呈独立矿物产出或包裹在黄铁矿中[彩图 6-28（a）]，或镶嵌在黄铁矿粒间［彩图 6-28（b）]，*w*（Au）为 21.20%～23.90%（表 6-2）。碲银矿呈独立矿物包裹于黄铁矿或石英裂隙［彩图 6-28（b）和（c）]，粒度变化在 10～50μm，含有微量的金。碲铅矿主要呈乳滴状、不规则状包裹于黄铁矿中，少量与自然金伴生［彩图 6-28（a）和（e）］。碲铋矿呈脉状分布于黄铁矿裂隙中，或呈乳滴状、不规则状包裹于黄铁矿中，颗粒 10μm 左右［彩图 6-28（d）］。碲铅矿和碲铋矿含有微量的银、锌和硫，个别样品还含有微量的铜和镍。碲金矿呈乳滴状、细脉状产于黄铁矿中，颗粒较小，一般仅 5μm 左右［彩图 6-28（f）］。

表 6-2　贾公台金矿床碲化物电子探针元素分析结果　（单位：%）

矿物名称	样品号	测点	As	Fe	S	Cu	Zn	Ni	Bi	Ag	Au	Pb	Te	总量
碲银矿	5-5	1	—	0.85	0.38	—	0.04	—	—	58.52	1.84	0.07	38.24	99.94
		2	—	0.73	0.23	0.06	0.02	—	—	60.73	0.04	0.12	38.23	100.16
碲金银矿	5-5	3	—	1.05	0.24	—	—	—	—	42.70	21.20	0.01	35.72	100.92
		4	—	1.56	0.19	—	0.04	—	—	39.74	23.90	—	33.59	99.02
		5	—	1.57	0.03	—	0.01	0.05	—	0.18	—	60.92	38.24	101.00
碲铅矿	7-18	1	—	1.48	0.27	0.02	0.02	—	—	—	—	60.37	37.60	99.76
		2	—	3.67	1.12	—	—	0.06	—	—	—	57.50	36.80	99.15
碲铋矿	7-24	1	—	0.10	—	0.04	0.13	0.01	52.25	0.02	—	—	47.66	100.11
		2	—	0.06	—	—	0.09	—	53.09	0.02	—	—	47.23	100.43

据汪禄波，2014。

上述碲化物与其他矿物的关系显示，他们均形成于成矿主期，因此成矿主期金属矿物组合应该是黄铁矿、黄铜矿、方铅矿、银金矿、自然金、辉钼矿和碲化物（包括含金碲化物与不含金碲化物）。含金碲化物比不含金碲化物贫碲，富硫。

四、成矿物质来源

（一）地层、岩体的含矿性

贾公台金矿产于下—中奥陶统吾力沟群上岩组一套浅变质浅海—滨海相碎屑岩和贾公台斜长花岗岩中，前人根据少量岩石元素测量认为砂质泥板岩、安山凝灰质砂岩、粉砂岩和矿区内斜长花岗岩金含量明显高于金的克拉克值，认为是金成矿物质的来源（汪禄波，2014；王小萍等，2011）。本书通过对钻孔岩芯和地表新鲜岩石样品的元素值分析统计，对不同岩性的含矿性进行了重新认识（表 6-3）。从表 6-3 可以看出，下—中奥陶统吾力沟群细砂岩金含量不高，接近地壳克拉克值，即使发生了蚀变，包括石英脉和方解石脉穿插的细砂岩，平均金含量都不高，一方面说明细砂岩可能不是贾公台金矿的矿源层，另一方面说明即使发生了蚀变或者后期石英脉、方解石脉穿插，这种蚀变也与成矿无关。同时，蚀变含黑云辉绿玢岩、穿切蚀变带的断层泥金含量也不高，砂岩夹层中安山岩 1 个样品的金含量也低，这些都与金矿成矿无关。而中粒砂岩平均金含量为 18.55×10^{-9}，蚀变后平均高达 174.73×10^{-9}，由此可见，中粒砂岩金含量较高，提供了成矿物质。另外，蚀变粉砂岩平均金含量也比较高，约是细砂岩的6倍，是地壳金的克拉克值的3～4倍，但由于没有采集到未蚀变粉砂岩样品，因此很难判断未蚀变粉砂岩的金含量，从而很难判断未蚀变粉砂岩是否提供成矿物质，但蚀变后粉砂岩金含量高。

表6-3　贾公台矿区不同岩石金含量

岩性	样品数/个	平均值/（$\times10^{-9}$）	变化范围/（$\times10^{-9}$）
细砂岩	20	3.05	0.60～7.90
蚀变细砂岩	17	3.08	0.90～6.90
含方解石细砂岩	2	2.45	1.60～3.30
含石英脉细砂岩	1	3.90	3.90
中粒砂岩	10	18.55	12.60～27.60
蚀变中粒砂岩	3	174.73	165.00～190.00
蚀变粉砂岩	4	18.70	11.00～26.50
安山岩	1	5.20	5.20
蚀变含黑云辉绿玢岩	1	1.60	1.60
断层泥	2	1.60	0.80～2.40
斜长花岗岩	61	17.32	0.60～47.00
蚀变花岗岩（含黄铁矿）	57	121.37	50.60～190.00
石英脉	3	87.30	23.00～150.00
矿石（含黄铁矿石英脉）	3	416.67	260.00～560.00
矿石（砂岩）	15	2221.33	220.00～13720.00
矿石（花岗岩）	117	809.49	200.00～13220.00

矿区斜长花岗岩金平均含量17.32×10^{-9}，远高于地壳克拉克值，蚀变后花岗岩的金元素平均含量升高了6倍左右，由此可见，矿区斜长花岗岩含金较高，提供了成矿物质。另外，矿石中石英脉平均金含量87.30×10^{-9}，说明石英脉也提供成矿物质。

前已述及，贾公台斜长花岗岩具典型埃达克岩的地球化学特征，而埃达克岩与金铜成矿关系密切（Mungall，2002；Defant and Kepehinskas，2001；张旗等，2001；Sajona and Maury，1998；Thieblemont et al.，1997），一个重要的原因是能提供成矿物质（张旗等，2008），也从侧面证实矿区斜长花岗岩为金矿成矿提供了成矿物质来源。

（二）硫同位素

为了确定成矿物质来源，本书在钻孔ZK21507上采集了9块矿石，包括5块含黄铁矿石英脉矿石、3件蚀变花岗岩矿石及1件含黄铁矿斜长花岗岩样品，挑选出黄铁矿后在中国地质调查局武汉地质调查中心同位素室进行了测试，结果见

表 6-4。贾公台金矿床矿石（含黄铁矿石英脉及蚀变花岗岩中）黄铁矿（包括 1 个方铅矿样品）$\delta^{34}S_{CDT}$ 值为−5.33‰～−1.42‰，位于酸性侵入岩硫同位素变化范围内（Hoefs，1997）。含黄铁矿斜长花岗岩样品的 $\delta^{34}S_{CDT}$ 值为−3.42‰，位于矿石硫同位素变化范围内，说明花岗岩中黄铁矿的硫同位素和矿石中硫同位素来源基本一致，进而说明这部分金矿成矿物质来源于岩体。

表 6-4　贾公台金矿硫化物硫同位素组成

序号	样号	采样位置	矿石名称	样品名称	$\delta^{34}S_{CDT}$ 值/‰	资料来源
1	7-21	ZK21507-399m	含黄铁矿石英脉	黄铁矿	−3.77	本书
2	7-22	ZK21507-399.5m	含黄铁矿石英脉	黄铁矿	−3.91	本书
3	7-23	ZK21507-426.3m	硅化钾化黄铁矿化花岗岩	黄铁矿	−4.26	本书
4	7-24	ZK21507-434.4m	硅化钾化黄铁矿化花岗岩	黄铁矿	−1.42	本书
5	7-25	ZK21507-452.3m	硅化钾化黄铁矿化花岗岩	黄铁矿	−5.33	本书
6	7-31	ZK21507-519.5m	含黄铁矿石英脉	黄铁矿	−3.71	本书
7	7-39	ZK21507-634m	含黄铁矿石英脉	黄铁矿	−3.72	本书
8	7-40	ZK21507-675.8m	含黄铁矿斜长花岗岩	黄铁矿	−3.42	本书
9	5-28	ZK22705-312.35m	含黄铁矿石英脉	黄铁矿	−2.90	本书
10	TW1	ZK21505-476.3m	含黄铁矿石英脉蚀变砂岩	黄铁矿	−6.60	汪禄波，2014
11	TW2	ZK21505-211.5m	含黄铁矿石英脉蚀变砂岩	黄铁矿	−4.00	汪禄波，2014
12	—	—	—	方铅矿	−3.18	路彦明等，2004

少部分产于砂岩中的含黄铁矿的蚀变砂岩矿石中，两个矿石样品中黄铁矿的 $\delta^{34}S_{CDT}$ 值分别为−6.60‰和−4.00‰，比花岗岩矿石中黄铁矿的硫同位素平均值略偏低，也比斜长花岗岩中黄铁矿的硫同位素值偏低，说明可能有一部分来自地层中的成矿物质混入，这与前述岩石含金量统计结果一致（表 6-4）（汪禄波，2014）。

（三）铅同位素

本次工作在贾公台金矿采集了 4 件矿石样品用于铅同位素的分析。样品经粉碎，过筛，在双目镜下挑选 40～60 目，纯度大于 99%的黄铁矿样品 5mg。挑纯后的黄铁矿单矿物在玛瑙钵里研磨至 200 目以下，送至中国地质调查局武汉地质调查中心同位素室进行测试，测试结果见表 6-5。结果显示贾公台黄铁矿铅同位素比值变化范围小，显示成矿物质不具备多次来源（张良等，2014）。

表 6-5　贾公台金矿矿石铅同位素组成及源区特征值

序号	样品号	测试对象	$^{206}Pb/^{204}Pb$	$^{207}Pb/^{204}Pb$	$^{208}Pb/^{204}Pb$	μ	ω	Th/U	t/Ma	$\Delta\alpha$	$\Delta\beta$	$\Delta\gamma$
1	7-21	黄铁矿	18.095	15.618	38.137	9.54	37.18	3.77	416	54.62	19.19	24.67
2	7-23	黄铁矿	18.065	15.648	38.137	9.60	37.64	3.79	472	52.88	21.15	24.67
3	7-24	黄铁矿	18.088	15.626	38.110	9.55	37.18	3.77	430	54.22	19.71	23.95
4	7-40	黄铁矿	18.182	15.675	38.383	9.64	38.28	3.84	421	59.69	22.91	31.28

矿石铅 μ 值为 9.54～9.64，明显高于正常铅 μ 值（8.686～9.238），也明显高于幔源铅的 μ 值 7.8～8.0；矿石铅 ω 值为 37.18～38.28，明显高于正常铅 ω 值（35.55±0.59），因此铅同位素显示硫化物铅并非单阶段正常铅，应为放射性成因的异常铅，铅同位素演化应该比较复杂。

在 Zartman 和 Doe（1981）的 $^{206}Pb/^{204}Pb$-$^{207}Pb/^{204}Pb$ 构造环境判别图中，贾公台矿石铅同位素大多数投影点落在造山带和下地壳的范围(图 6-4)；在 $^{206}Pb/^{204}Pb$-$^{207}Pb/^{204}Pb$ 构造模式图中，落入造山带与上地壳的范围内（图 6-5）；在 $^{206}Pb/^{204}Pb$-$^{208}Pb/^{204}Pb$ 构造环境判别图中，则全部落入了造山带的范围内（图 6-6），整体显示出贾公台金矿床的形成与造山作用密切相关，成矿物质来源于地壳，结合本区的构造背景，认为可能是造山期岩浆作用导致的成矿流体混合地壳中的铅。

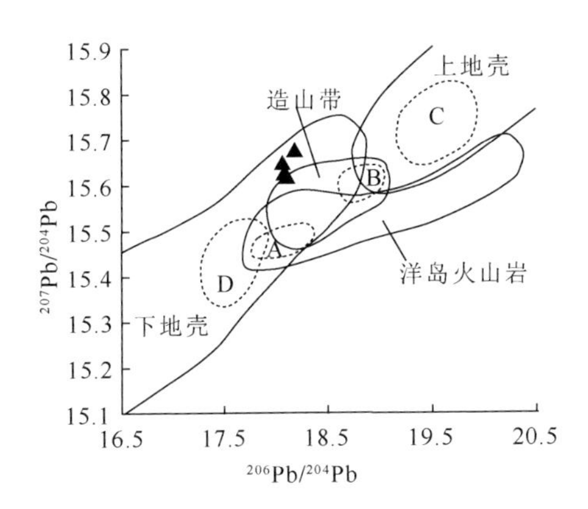

图 6-4 铅同位素 $^{206}Pb/^{204}Pb$-$^{207}Pb/^{204}Pb$ 构造环境判别图

（底图据 Zartman 和 Doe，1981）

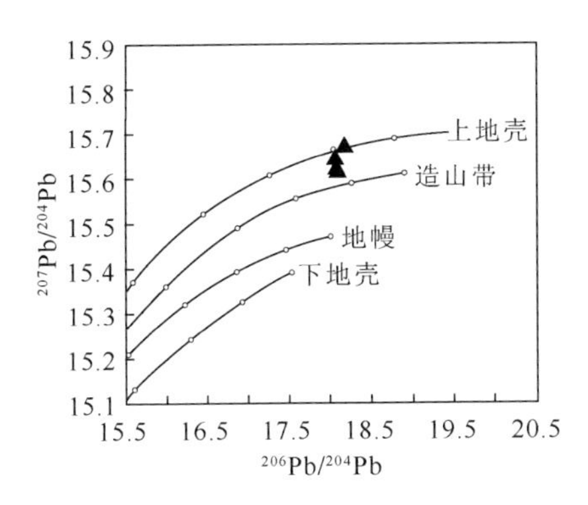

图 6-5 $^{206}Pb/^{204}Pb$-$^{207}Pb/^{204}Pb$ 构造模式图

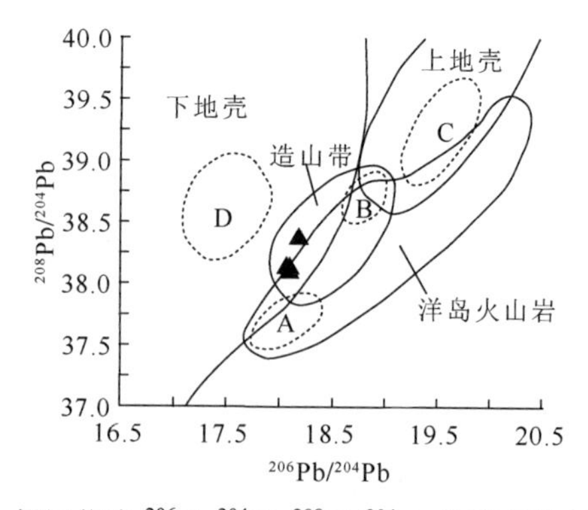

图 6-6　铅同位素 $^{206}Pb/^{204}Pb$-$^{208}Pb/^{204}Pb$ 构造环境判别图解

（底图据 Zartman 和 Doe，1981）

在朱炳泉（1998）的铅 $\Delta\beta$-$\Delta\gamma$ 成因判别图解中，铅同位素落点均在岩浆作用范围内，显示贾公台金矿床矿石铅与岩浆作用关系密切，指示成矿与贾公台岩体密切相关（图 6-7）。

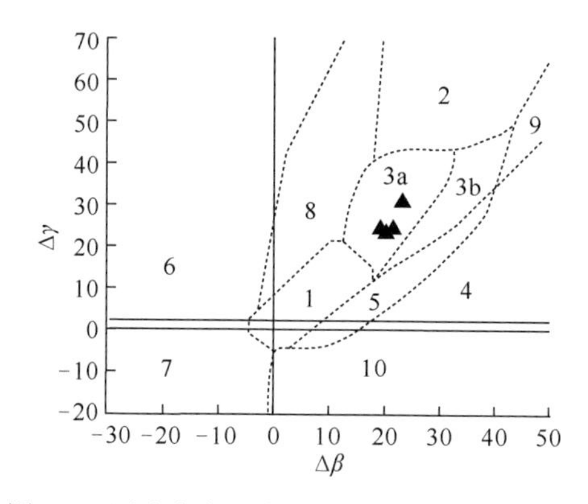

图 6-7　贾公台金矿床铅 $\Delta\beta$-$\Delta\gamma$ 成因判别图解

1. 地幔源铅；2. 上地壳源铅；3. 上地壳和地幔混合的俯冲铅（3a. 岩浆作用；3b. 沉积作用）；4. 化学沉积型铅；5. 海底热水作用铅；6. 中深变质作用铅；7. 深变质下地壳铅；8. 造山带铅；9. 古老页岩上地壳铅；10. 退变质铅

（底图据朱炳泉，1998）

从前述数据来看，本书所测黄铁矿中铅是同一来源的，显示黄铁矿是同一世代，这与所选样品均属金矿成矿主期的事实一致；而且 Pb 同位素还显示成矿与岩体密切相关。另外，单阶段正常铅 H-H 演化模式年龄为 416～472Ma，算术平均年龄为 444Ma，与本书获得的贾公台岩体 LA-ICP-MS 锆石 U-Pb 年龄（442.7±6.8Ma）基本一致，说明成矿年龄与岩体形成年龄基本一致。

五、成矿物化条件

贾公台金矿床围岩蚀变主要发育硅化、绢云母化、绿泥石化和黄铁矿化，金属矿物主要为黄铁矿，另有少量方铅矿、黄铜矿、石英和铁白云石，指示成矿体系温度较低，特别是出现大量的金银碲化物、碲铅矿及碲铋矿，指示成矿作用发生在较浅部位。

（一）金成色与成矿温压条件

贾公台金矿床金矿物电子探针分析结果显示，自然金中 Au 含量为 81.062%～95.209%，平均 90.578%；Ag 含量为 3.046%～16.318%，平均 7.428%，金矿物普遍含有 Fe、S、Zn、Bi 和 Cu 等元素（表 6-6）。Ag/Au 的比值变化为 0.04～0.2，变化范围非常小。从 Au 和 Ag 纯度与形成温度图解可以看出，二者呈明显的负相关关系，测点全部落入中温区，显示金形成于中温环境，推测金成矿可能发生在较深的部位（＞3km）（图 6-8）。

表 6-6　贾公台金矿床金矿物电子探针分析结果

样号	距地表深度	自然金类型	含量/%							总量/%	Ag/Au	成色/‰
			Au	Ag	Fe	Cu	Zn	Bi	S			
5-1	580m	粒间金	85.708	12.262	0.894	0.002	0.018	—	0.012	98.90	0.14	874.8
		包体金	82.784	14.988	0.494	—	0.158	—	0.013	98.44	0.18	846.7
		包体金	81.062	16.318	2.694	0.033	—	—	0.350	100.50	0.20	832.4
7-18	372m	连生金	95.209	4.312	0.301	—	0.027	0.694	0.019	99.87	0.05	956.7
		粒间金	94.012	3.406	0.283	0.066	0.009	0.816	—	97.78	0.04	965.0
7-25	452m	裂隙金	93.840	5.055	0.653	—	—	0.622	0.006	99.55	0.05	948.9
		包体金	94.141	5.074	0.617	—	0.005	0.614	0.089	99.93	0.05	948.9
		包体金	91.603	4.899	1.326	—	0.047	0.562	0.005	97.88	0.05	949.2
7-5	185m	包体金	89.849	6.947	3.072	—	0.016	0.507	0.390	100.30	0.08	928.2
		粒间金	91.882	5.018	0.624	—	—	0.537	—	97.52	0.05	948.2
7-24	434m	粒间金	94.397	5.242	0.024	0.049	—	0.569	—	99.71	0.06	947.4
		裂隙金	92.447	5.614	0.296	0.070	—	0.713	0.001	98.43	0.06	942.7

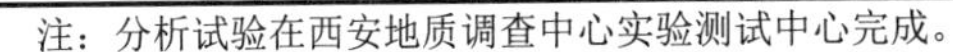

注：分析试验在西安地质调查中心实验测试中心完成。

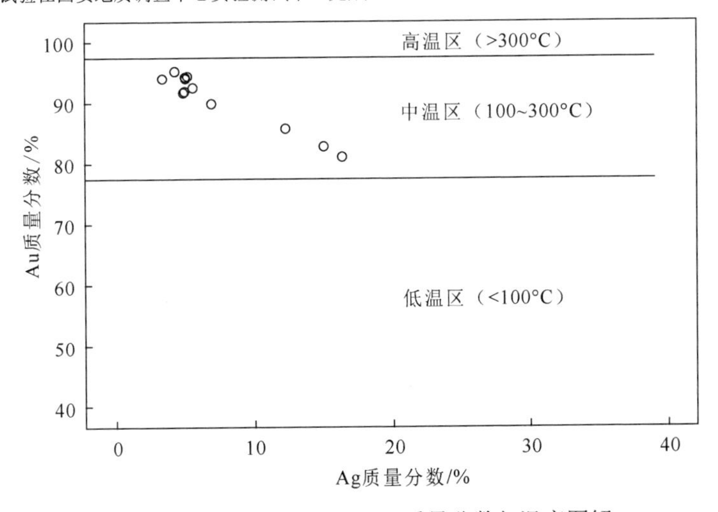

图 6-8　贾公台金矿 Au、Ag 质量分数与温度图解

一般地，金矿物成色与成矿深度呈正相关（杜登文等，2008）。在矿区（岩体）中心部位距地表深 185m 处样品金成色为 928.2‰～948.2‰，向下在 372m 处金成色为 956.7‰～965‰，在深 434～452m 处为 942.7‰～949.2‰，显示随深度增加，金的成色也升高。而在矿区（岩体）边部深 580m 处样品金的成色有所降低，为 832.4‰～874.8‰，可能与位于岩体边部有关。

（二）包裹体及测试结果

为了研究成矿流体的性质及成矿温度、压力条件，本次工作采取 10 件中期成矿阶段的石英样品进行流体包裹体特征、显微测温及激光拉曼测试。包裹体片切制、鉴定和测试均在西安地质矿产研究所实验测试中心完成，共进行了均一温度、冰点和激光拉曼光谱分析。均一温度用 Linkam THMS 2600 型冷热台测定，成分用英国 Renshaw 公司 inVia 型激光拉曼探针完成。

1. 流体包裹体类型

根据贾公台金矿床内的矿物共生组合、矿物结构与矿石构造及含金性，石英在成矿阶段早期、中期（峰期）及晚期均有生成（表 6-1）。早期阶段即石英-黄铁矿阶段，石英脉中含少量星点状黄铁矿，含微量金或者不含金。中期阶段中-粗石英脉发育，石英呈烟灰色［彩图 6-29（a）和（b）］，有大量黄铁矿、黄铜矿、闪锌矿等金属硫化物充填于石英脉或边部［彩图 6-29（a）、（b）、（d）、（h）、（i）］，金以自然金形式存在，也可与方铅矿紧密共生，或呈金银碲化物的形式产出。晚期阶段即碳酸盐-黄铁矿阶段，穿切前两期矿物组合和石英脉体，石英脉体较细［彩图 6-29（c）和（d）］，金品位较低。

表 6-7　贾公台金矿床流体包裹体测量数据

样号	采样深度/m	样点数/个	冰点温度/℃	均一温度/℃	盐度/%NaCl eqv.	流体密度/(g/cm³)	形成压力/MPa	形成深度/km
5-11	408.50	1	−2.4	168.8	4.03	0.92	27.4	2.74
	408.50	2	−2.5	171.6	4.18	0.92	28.19	2.82
	408.50	3	−3.7	180.1	6.01	0.92	33.9	3.39
	408.50	4	−3.6	180.1	5.86	0.92	33.55	3.35
	408.50	5	−3.4	180.0	5.56	0.92	32.82	3.28
	408.50	6	−3.1	158.9	5.11	0.94	28.04	2.80
5-14	405.65	1	−3.0	164.2	4.96	0.93	28.65	2.86
	405.65	2	−2.9	171.4	4.80	0.92	29.55	2.95
	405.65	3	−2.9	165.3	4.80	0.93	28.49	2.85
	405.65	4	−2.1	163.7	3.55	0.92	25.54	2.55
	405.65	5	−2.0	161.4	3.39	0.93	24.84	2.48
	405.65	6	−1.9	159.5	3.23	0.93	24.21	2.42

续表

样号	采样深度/m	样点数/个	冰点温度/℃	均一温度/℃	盐度/%NaCl eqv.	流体密度/(g/cm³)	形成压力/MPa	形成深度/km
5-24A	373.75	1	−11.7	183.7	15.67	0.99	57.83	2.00
	373.75	2	−11.7	192.2	15.67	0.98	60.50	2.00
	373.75	3	−11.1	178.5	15.07	0.99	54.80	2.00
	373.75	4	−11.0	174.2	14.97	0.99	53.23	2.00
	373.75	5	−10.9	162.8	14.87	1.00	49.54	2.00
	373.75	6	−10.9	162.0	14.87	1.00	49.30	2.00
5-28A	312.35	1	−2.4	199.4	4.03	0.89	32.36	3.24
	312.35	2	−2.4	202.5	4.03	0.88	32.86	3.29
	312.35	3	−3.3	209.0	5.41	0.88	37.69	3.77
	312.35	4	−3.3	208.9	5.41	0.88	37.68	3.77
	312.35	5	−3.6	216.0	5.86	0.88	40.24	2.00
	312.35	6	−3.4	215.9	5.56	0.88	39.36	3.94
5-28B	312.35	1	−6.2	193.3	9.47	0.93	45.15	2.00
	312.35	2	−6.1	193.2	9.34	0.93	44.79	2.00
	312.35	3	−6.1	191.9	9.34	0.93	44.49	2.00
	312.35	4	−4.2	190.0	6.74	0.92	37.59	3.76
	312.35	5	−4.1	190.3	6.59	0.91	37.26	3.73
	312.35	6	−4.1	190.4	6.59	0.91	37.28	3.73
5-28B-1	312.35	1	−2.1	339.7	3.55	0.65	52.99	2.00
	312.35	2	−2.2	339.8	3.71	0.65	53.72	2.00
	312.35	3	−2.4	341.5	4.03	0.65	55.43	2.00
	312.35	4	−2.8	343.0	4.65	0.66	58.45	2.00
	312.35	5	−2.6	342.9	4.34	0.65	57.04	2.00
5-28C	312.35	1	−0.2	384.2	0.35	0.49	43.83	2.00
	312.35	2	−0.2	381.1	0.35	0.50	43.48	2.00
	312.35	3	−0.1	381.1	0.18	0.50	42.63	2.00
	312.35	4	−0.1	371.3	0.18	0.52	41.53	2.00
5-32	287.60	1	−7.5	242.0	11.10	0.89	61.69	2.00
	287.60	2	−7.5	242.4	11.10	0.89	61.79	2.00
	287.60	3	−7.2	241.8	10.73	0.89	60.47	2.00
	287.60	4	−7.0	239.9	10.49	0.89	59.24	2.00
	287.60	5	−4.8	230.5	7.59	0.87	48.16	2.00
7-39A	679.00	1	−0.5	>395.0	0.88	0.46	48.41	2.00
	679.00	2	−0.3	393.2	0.53	0.47	45.79	2.00
	679.00	3	−0.3	393.5	0.53	0.47	45.82	2.00
	679.00	4	−0.1	355.5	0.18	0.56	39.77	3.98
	679.00	5	−0.1	353.5	0.18	0.57	39.54	3.95
7-39B	679.00	1	−12.0	159.2	15.96	1.02	50.72	2.00
	679.00	2	−12.0	158.2	15.96	1.02	50.40	2.00
	679.00	3	−11.9	158.0	15.86	1.02	50.13	2.00
	679.00	4	−11.1	147.3	15.07	1.02	45.21	2.00
	679.00	5	−10.9	147.2	14.87	1.02	44.79	2.00

续表

样号	采样深度/m	样点数/个	冰点温度/℃	均一温度/℃	盐度/%NaCl eqv.	流体密度/(g/cm³)	形成压力/MPa	形成深度/km
IJ-2*	426	1	−7.4	243	10.98	0.89	61.56	2.04
	426	2	−7.4	236	10.98	0.90	59.79	2.04
	426	3	−5.8	198	8.95	0.92	44.90	2.04
	426	4	−5.7	195	8.81	0.93	43.86	2.04
	426	5	−5.6	195	8.68	0.92	43.53	2.04
IJ-4*	640	1	−9.1	245	12.96	0.90	68.42	2.04
	640	2	−8.7	240	12.51	0.90	65.61	2.04
	640	3	−8.6	242	12.39	0.90	65.78	2.04
IJ-8*	135	1	−6.7	238	10.11	0.89	57.58	2.04
	135	2	−6.6	247	9.98	0.87	59.34	2.04
	135	3	−4.8	231	7.59	0.87	48.26	2.04
	135	4	−4.8	232	7.59	0.87	48.47	2.04
	135	5	−4.7	226	7.45	0.88	46.80	2.04
	135	6	−4.5	221	7.17	0.88	44.96	2.04
IJ-9*	133	1	−4.2	207	6.74	0.90	40.94	2.04
	133	2	−4.4	213	7.02	0.89	42.91	2.04
	133	3	−4.3	204	6.88	0.90	40.72	2.04
	133	4	−2.7	182	4.49	0.91	30.63	3.06
	133	5	−2.5	182	4.18	0.91	29.89	2.99
	133	6	−2.5	180	4.18	0.91	29.57	2.96
IJ-10*	134	1	−7.1	223	10.61	0.91	55.41	2.04
	134	2	−7.1	221	10.61	0.91	54.92	2.04
	134	3	−5.6	214	8.68	0.90	47.77	2.04
	134	4	−5.5	211	8.55	0.91	46.74	2.04
	134	5	−4.7	200	7.45	0.91	41.42	2.04
IJ-13*	120	1	−2.1	207	3.55	0.87	32.29	3.23
	120	2	−2.0	201	3.39	0.88	30.94	3.09
	120	3	−1.8	182	3.06	0.90	27.22	2.72
	120	4	−1.6	180	2.74	0.90	26.17	2.62
	120	5	−1.6	180	2.74	0.90	26.17	2.62
	120	6	−1.5	181	2.57	0.90	25.91	2.59

*数据来源汪禄波，2014。

样品中流体包裹体较为发育，不同层面上均能观测到流体包裹体的存在，绝大多数呈群或线性分布，少数独立产出。流体包裹体广泛发育，且分布复杂，说明流体成矿的多阶段性（彩图 6-30）。虽然流体包裹体数量很多，但是大部分个体小于 1μm，不能进行测试和有效地观察。笔者总结有效观察到的包裹体特征，发现贾公台金矿床中的流体包裹体类型较为单一，根据室温下的相态特征，主要有气液相包裹体和气体包裹体两种类型，值得说明的是，发现数个疑似含 CO_2 的三相包裹体。样品中主要为气液两相包裹体，约占包裹体总数的 95%，在室温条件下原生气液包裹体大多为椭圆形，极少呈现负晶形，多数随机分布，个体较小，一般为 2～5μm，气液比 10%～80%均可见，一般为 25%左右。次生气液包裹体多呈椭圆形或不规则形，个体较小，大多数小于 5μm，主要沿石英裂隙呈线状分布，气液比 15%左右。气体包裹体较为少见，约占包裹体总数的 5%，室温下多为椭圆形，呈黑褐色，个体小，多数为 1μm。

2. 流体的温度、盐度和压力

本书对观测到的气液两相流体包裹体进行显微测温，样品的均一温度变化为 140～460℃，温度分布区间分为高温和中—低温两个变化区间（图 6-9，表 6-7）。中—低温区间温度为 140～250℃，温度变化连续，平均 190℃，与汪禄波等（2014）获得的温度区间（180～250℃）基本一致，但温度变化范围略宽泛，显示中—低温成矿的特征，这与围岩蚀变矿物组合为绢云母、绿泥石、碳酸盐和黄铁矿（代表中温蚀变矿物组成）及矿石含有一定量的碲化物（代表浅成低温成矿）的事实一致。高温区间温度为 330～460℃，变化不连续，可能代表岩浆就位时的热液蚀变作用。这些特征可能指示贾公台金矿的成矿过程经历了岩浆期热液成矿和岩浆期后中—低温浅成热液成矿两个阶段。

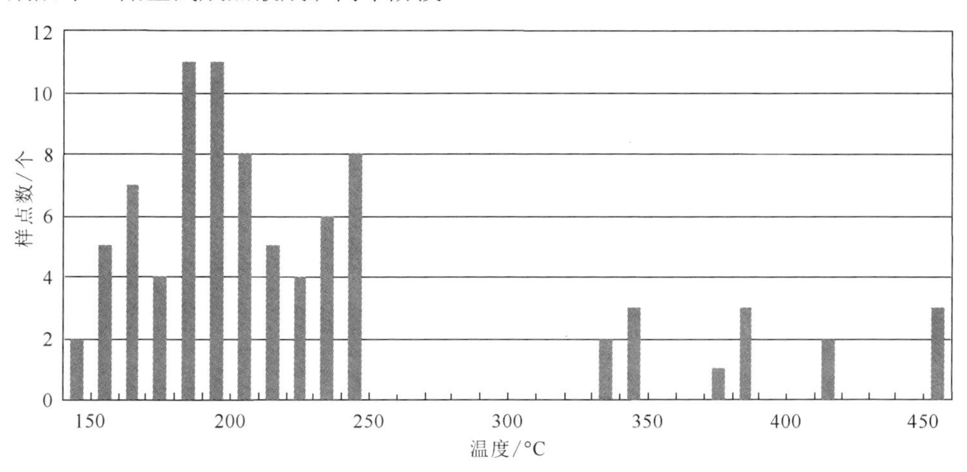

图 6-9　包裹体均一温度数据直方图

包裹体冰点温度变化为-12～-0.1℃，变化范围较大，根据冰点与盐度的关系（卢焕章等，2004），得出盐度变化为 0.18% NaCl eqv.～15.96%NaCl eqv.，主要集中在极低（小于 1% NaCl eqv.）、中低（4% NaCl eqv.～13% NaCl eqv.）和高（14% NaCl eqv.～16%NaCl eqv.）三个区间（图 6-10，表 6-7）。极低盐度样点占总测量总点数的 11%，中低盐度样点数占 76%，高盐度样点数占 13%，显示成矿过程中热液盐度变化较大。

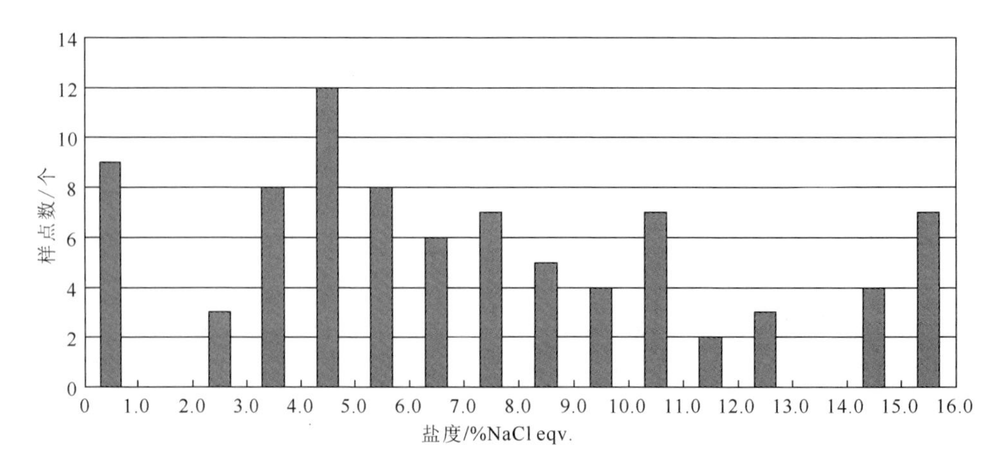

图 6-10　包裹体盐度直方图

根据气液两相包裹体的均一温度和盐度，利用刘斌和沈昆（1999）通过数学模型拟合得到的包裹体密度的计算公式进行计算，获得流体密度为 0.46～1.02g/cm^3，以高盐度样品占多数（图 6-11，表 6-7）。

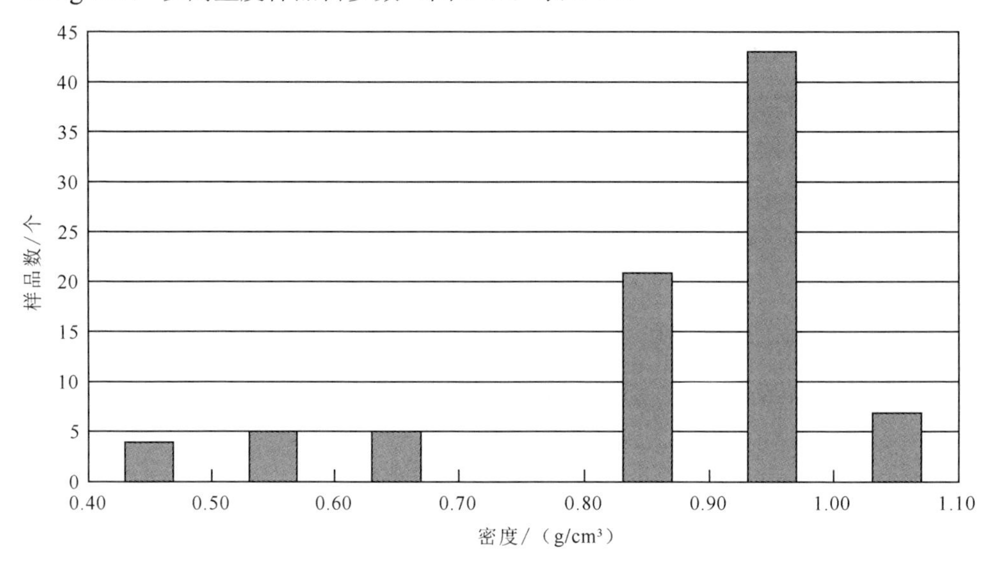

图 6-11　包裹体流体密度分布

利用邵洁涟（1988）总结的经验公式计算成矿压力，显示贾公台金矿的成矿压力为 24.21～68.42MPa（表 6-7）。利用孙丰月等（2000）脉状矿床成矿深度计算公式，计算出了包裹体反映的成矿深度为 2～3.98km，比汪禄波等（2014）获得的成矿深度浅。

3. 流体成分

表 6-8 和图 6-12 是包裹体激光拉曼光谱测试结果，从中可以看出，包裹体气相成分比较复杂，以 CO_2 或 CH_4、N_2 为主，另有少量 H_2 和 H_2S。液相成分以 H_2O 为主，占总量的 99.82%～100%，少量样品含有少量 CO_2 或 CH_4、H_2S。但不同样品具体成分差异较大：①IJ-2、5-11 包裹体液相成分为水，并含有微量的 CO_2，气相成分主要为 CO_2，此外含有微量的 H_2；②IJ-4、5-32 包裹体液相成分为水，气相成分主要为 CO_2，此外含有微量的 H_2；③IJ-10、5-14 包裹体液相成分为水，气相成分主要为 CH_4 和 H_2S；④IJ-8、IJ-13、7-39B 包裹体的液相成分为水，含有微量的 CH_4，气相成分主要为 CH_4、H_2S 和 N_2；⑤IJ-9、5-28C 包裹体液相成分为水，气相成分主要为 CO_2，另含有微量的 CH_4 和 H_2。

表 6-8　贾公台金矿流体包裹体激光拉曼光谱分析结果

样号	气相/%						液相/%				
	CO_2	H_2S	CH_4	N_2	H_2	总和	CO_2	H_2S	CH_4	H_2O	总和
IJ-2	98.0	—	0.5	1.1	0.4	100	0.11	—	—	99.89	100
IJ-4	93.7	—	—	—	6.3	100	0.06	—	—	99.94	100
IJ-8	—	—	74.0	26.0	—	100	—	—	—	100.0	100
IJ-9	97.8	—	—	—	2.2	100	0.13	—	—	99.87	100
IJ-10	—	—	62.6	27.4	10.0	100	—	0.01	—	99.99	100
IJ-13	—	15.4	—	84.6	—	100	0.09	—	—	99.91	100
5-11	96.0	—	—	—	4.0	100	0.18	—	—	99.82	100
5-32	95.3	—	—	—	4.7	100	—	—	—	100.00	100
5-14	—	30.3	69.7	—	—	100	—	—	—	100.00	100
7-39B	—	—	46.0	54.0	—	100	—	—	0.03	99.97	100
5-28C	92.6	—	2.8	—	4.6	100	—	—	—	100.00	100

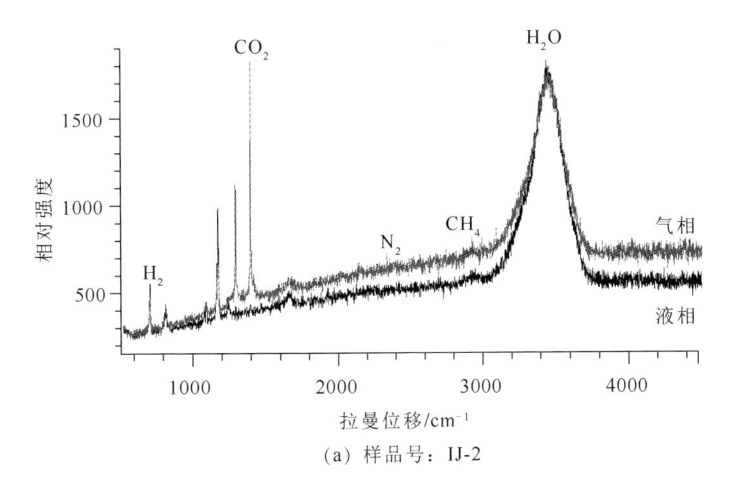

(a) 样品号：IJ-2

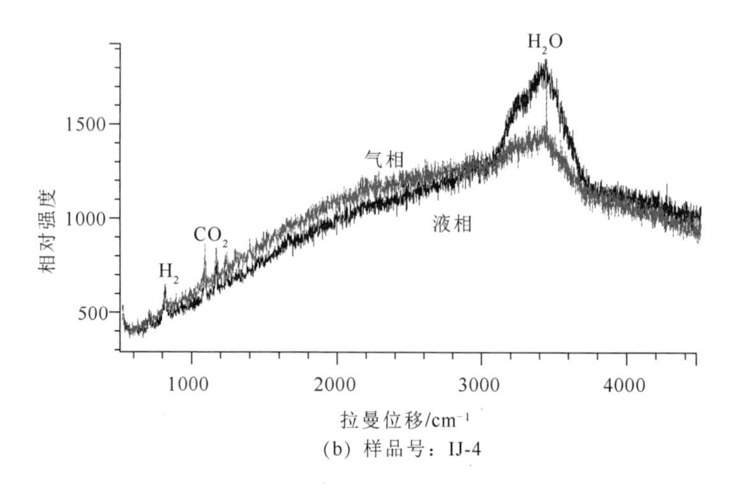

(b) 样品号：IJ-4

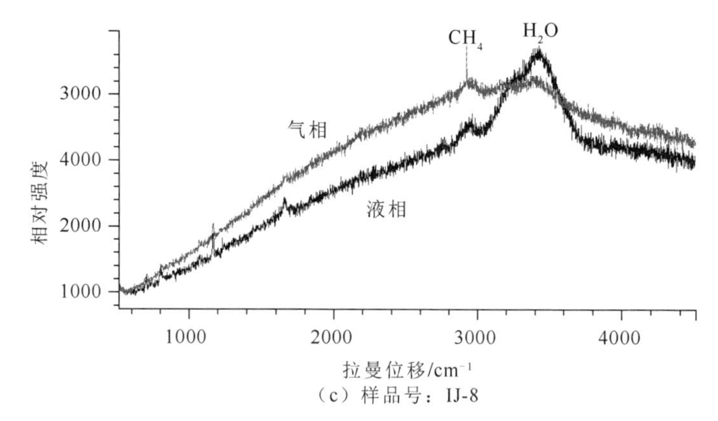

（c）样品号：IJ-8

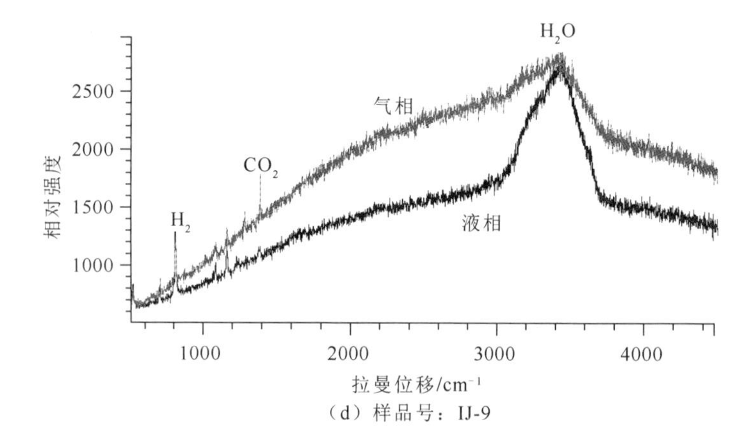

（d）样品号：IJ-9

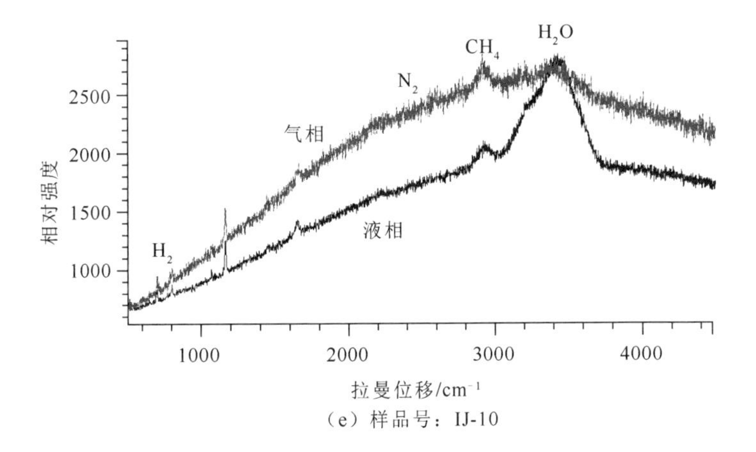

（e）样品号：IJ-10

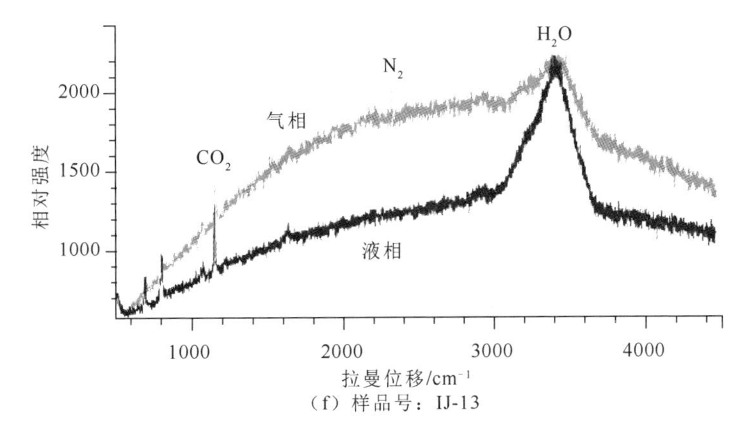

（f）样品号：IJ-13

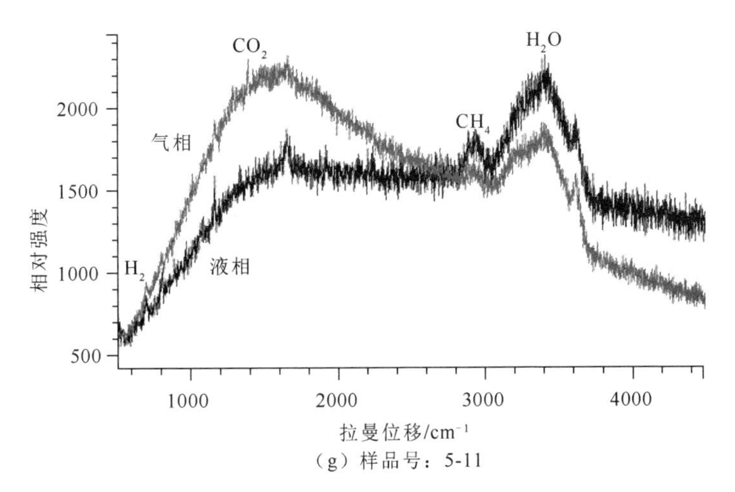

（g）样品号：5-11

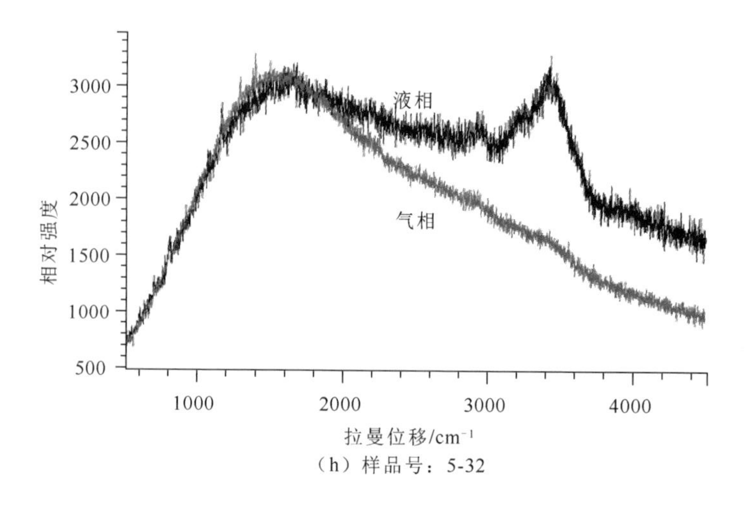

（h）样品号：5-32

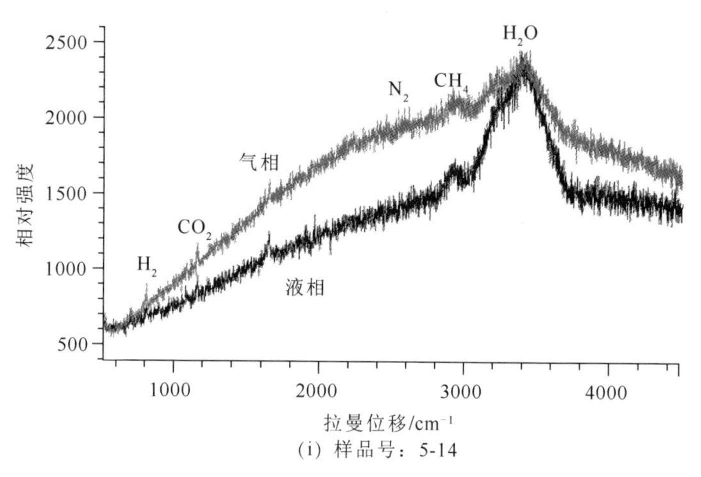

（i）样品号：5-14

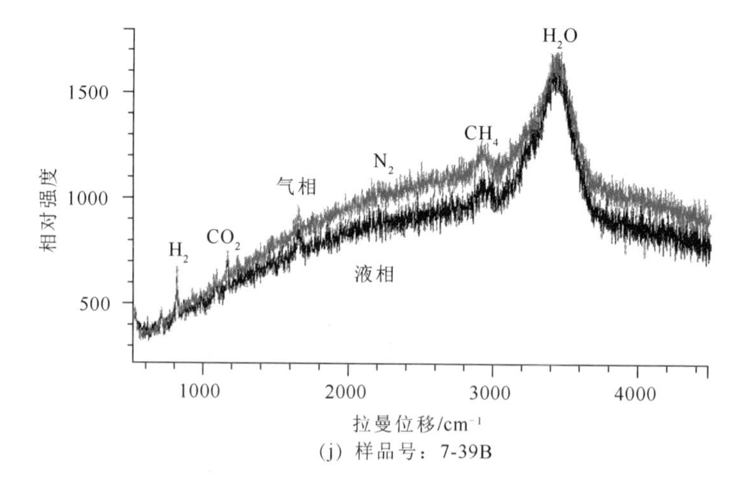

（j）样品号：7-39B

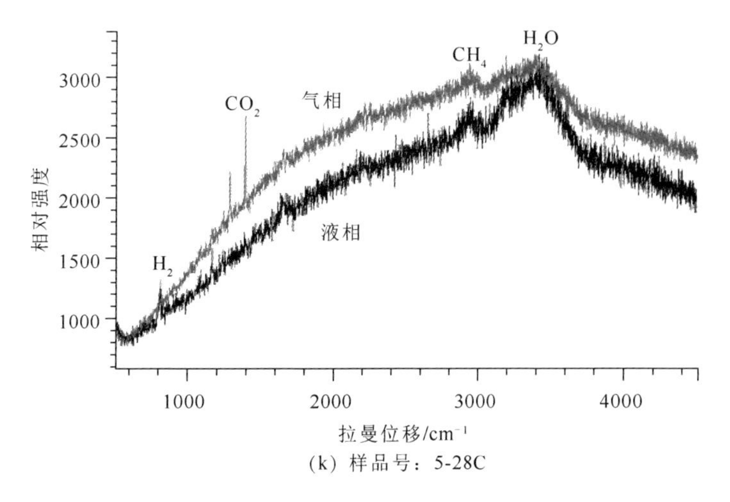

(k) 样品号：5-28C

图 6-12　贾公台金矿包裹体激光拉曼相图

总体上，流体包裹体中气相成分出现 CO_2-CH_4-N_2-H_2、CO_2-H_2、CH_4-H_2、CH_4-N_2-H_2 和 N_2-H_2S 等气体组合，这可能是流体发生沸腾的一种标志。H_2S 主要与金形成金硫络合物（Phillips and Evans，2004）；CO_2 调节流体的 pH，使流体中的金硫络合物保持在稳定的范围内；CH_4 的加入会大大增大体系发生不混溶的区域，使得流体富集 Au 物质的能力大大提升（Naden and Shepherd，1989）；CH_4、H_2、N_2 等少量还原性气体的存在，说明成矿环境具有弱还原性（范俊杰等，2007）。

六、矿床成因讨论

贾公台金矿产于下奥陶统吾力沟群碎屑岩中，矿区出露斜长花岗岩，岩体具有典型埃达克岩的地球化学特征，前人研究表明这种性质的岩石是形成金矿的有利岩石类型（张旗等，2008，2001；Mungall，2002；Sajona and Maury，1998；Thieblemont et al.，1997；Defant and Drummond，1990）。地层中长石砂岩和岩体中金含量均较高，是金矿成矿源岩。受北西向断裂的影响，矿体均呈北西向平行展布。矿体赋存于岩体及地层破碎蚀变带和石英脉中。黄铁矿微量元素特征显示成矿物质来源于花岗岩体（汪禄波，2014）。

岩石围岩蚀变主要发生在岩体内部及接触带，受断层控制作用明显，以中温热液蚀变矿物组合为主，主要发育绢英岩化，包括石英（细粒集合体及脉状集合体）、绢云母（主要是长石蚀变而成）、绿泥石（黑云母蚀变）和碳酸盐矿物、黄铁矿，少见云英岩化，表明在岩浆就位或稍晚发生了高温热液蚀变作用，其后为中温热液蚀变，碲化物的出现，还说明有浅成低温成矿的特点，金属矿物组合为黄铁矿+黄铜矿+辉钼矿+方铅矿+毒砂+碲化物，围岩蚀变和金属矿物组合显示中—低温热液活动的特征（表 6-1）。

矿石黄铁矿 $\delta^{34}S_{CDT}$ 值为-5.33‰～-1.42‰，与斜长花岗岩中黄铁矿 $\delta^{34}S_{CDT}$ 值（-3.42‰）相当，说明成矿硫及流体主要来源于花岗岩（表 6-4）。蚀变砂岩矿石中黄铁矿的 $\delta^{34}S_{CDT}$ 值（两个样-6.60‰和-4.00‰）比斜长花岗岩中黄铁矿的硫同位素值略低，说明可能有一部分硫来自地层（汪禄波，2014）。矿石中铅同位素投影点大多数落在造山带和下地壳的范围，显示成矿物质来源于地壳（图 6-4 和图 6-5）。铅同位素的 *t* 算术平均年龄（444Ma）与贾公台岩体的 LA-ICP-MS 锆石 U-Pb 年龄（442.7±6.8Ma）基本一致，说明成矿年龄与岩浆形成年龄基本一致。

流体包裹体测量结果显示，成矿温度有高、低两个温度段，分别为平均 370℃和 190℃，显示成矿两阶段的特点。成矿物质来源主体为岩浆岩，发育少量云英岩化（与矿化关系不明显），显示早期成矿为岩浆期后中温热液成矿，后期则为低温热液成矿的特点。因此，贾公台金矿成矿具有多阶段性，但成矿物质来源比较单一，早期以岩浆热液为主，后期热液来源暂不明朗，但成分单一，盐度低是其主要特征。

包裹体均一温度和盐度相关关系显示，总体上，随着温度降低，盐度升高（图 6-13）。温度在 370～460℃时，盐度基本没有变化，可能指示在高温热液阶段，即岩浆就位阶段，由于热液中含有大量的水分，使得热液中的盐度较低。随着温度降低，即岩浆与冷的围岩接触，围岩发生热变质，流体温度降低，同时流体中的水分进入围岩，与围岩（包括岩体本身）发生化学反应，导致围岩发生蚀变。在岩体中，最初的蚀变可能以基质发生云英岩化高温蚀变为主，此时温度较高但是盐度低，流体处于图 6-13 中的低盐度区。而在中—低温阶段，盐度逐渐升高，并且这种升高伴随着温度的降低，说明随着温度降低，热液中水分减少及外来离子的加入导致盐度升高，随着温度降低，也就是蚀变矿化作用的不断进行，热液中的盐参与了这些过程，处于流体中盐分流失的阶段，在接近 140℃，成矿作用结束时，盐度急剧降低。在中低温阶段，还存在一个高盐度区，这种高盐度流体可能是最初直接保留在包裹体中，没有参与蚀变及成矿过程。有意思的是，碲化物的赋存状态，要么与它们连生，要么包裹在石英或黄铁矿的中心部位，均远离矿物边界，说明它们形成时流体环境比较简单，没有过多的其他金属离子，流体中的盐分被“剩余”了。但事实是否如此，还有待进一步研究。

综合来看，贾公台金矿的成矿过程如下：奥陶纪—志留纪之交中—南祁连板块碰撞导致下地壳增厚，玄武质岩浆底侵作用导致加厚的下地壳发生部分熔融，岩浆源区残留相大致为角闪石和 25%石榴子石，岩浆形成温度为 850～1150℃，压力为 1.0G～4.0GPa。同时，角闪石熔融产生大量的水，高温、高压有利于 Cu、Au 萃取出来，随流体迁移而成矿。

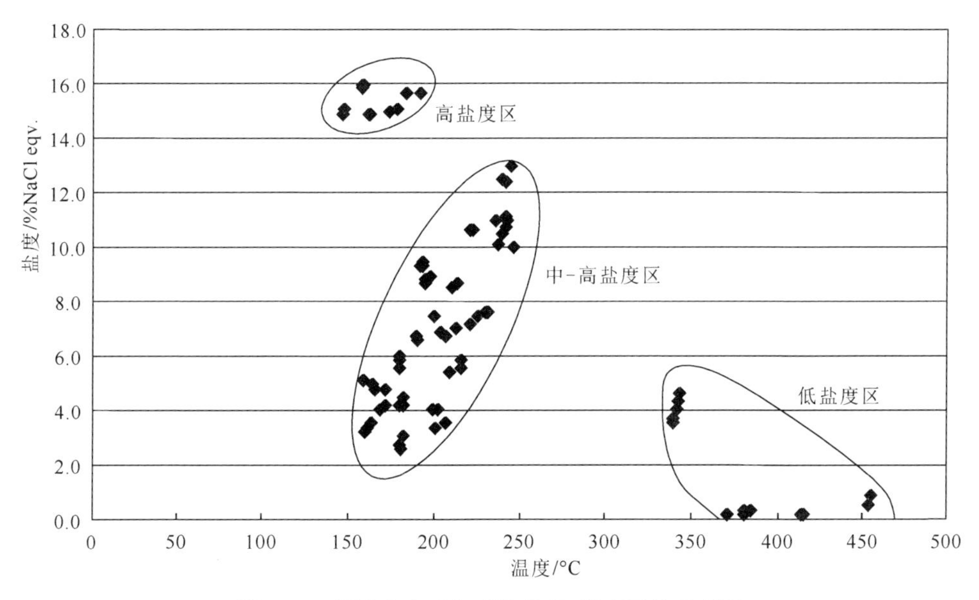

图 6-13　贾公台金矿包裹体盐度-温度相关关系图

第二节　吾力沟金矿

吾力沟金矿位于党河南山东段贾公台金矿集中区吾力沟一带，现已提交金资源量 4t，矿床平均品位 2.09×10^{-6}，为一小型金矿床（图 6-14）。

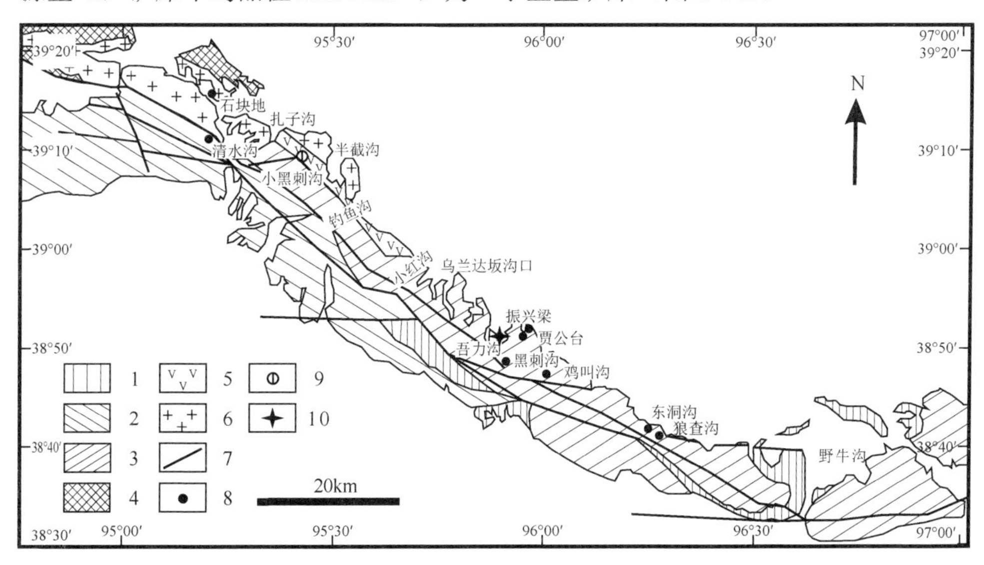

图 6-14　党河南山地区地质简图及吾力沟金矿位置图

1．上古生界—中生界；2．志留系；3．奥陶系；4．元古界；5．震旦纪火山岩；6．侵入岩；7．断裂；8．金矿；9．金钨矿；10．吾力沟金矿

一、矿区地质

吾力沟金矿位于党河南山北坡乌兰达坂断裂带清水沟—大冰沟次级断裂带内，出露地层为下奥陶统吾力沟群上岩组（O_1c）浅海—滨海相碎屑岩组，矿区出露花岗闪长岩、二长花岗岩、斜长花岗岩和石英正长闪长岩，北西西向构造发育（图 6-15）。

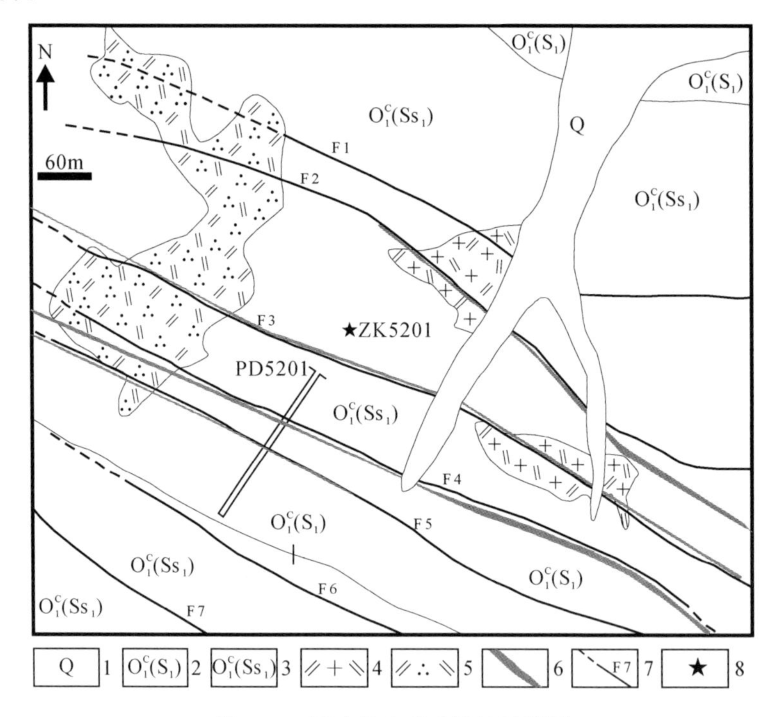

图 6-15　吾力沟金矿矿区地质简图

1．第四系；2．下奥陶统中细粒含砾砂岩；3．中细粒岩屑砂岩；4．二长花岗岩；5．角闪石英二长岩；6．金矿体；7．断裂；8．钻孔位置

（一）地层

矿区地层下奥陶统吾力沟群上岩组由一套浅变质浅海—滨海相碎屑岩组成。区域上沿北西-南东向呈带状分布，倾向南，局部北倾，主要岩性为灰黑色中厚层中粗粒长石砂岩、灰绿色砂质板岩、青灰色—灰白色中—厚层中细粒长石砂岩、灰色中厚层含砾砂岩等。吾力沟群上岩组在区域上共划分为 10 个岩性段（甘肃省地质矿产开发局，1989），在矿区出露第二岩性段（S_1）和第三岩性段（Ss_1）（图 6-15）。

第二岩性段（S_1）：灰绿色砂质板岩，北西-南东向分布，厚约 250m，产状为

200°～230°∠60°～75°。岩石风化较强，多数破碎成片状散落于原地。岩石呈灰白色—灰绿色，变余砂状结构，板状构造，板理发育，由变余泥质物、碎屑物砂粒和新生矿物等组成。碎屑物砂粒包括石英、长石和少许的云母等。板理面上可见到铁晕现象。蚀变可见绢云母化、绿泥石化和高岭土化等。

第三岩性段（Ss_1）：青灰色—灰白色中—薄层中细粒长石砂岩，是吾力沟矿区主要的赋矿层位，出露在矿区中部，呈北西-南东向展布。矿区出露厚600～1000m，矿区西侧较厚，部分地段大于1000m，东侧较薄。由于岩体侵入和后期构造破坏，岩层产状变化较大，产状为190°～250°∠30°～85°。岩石呈青灰色—灰白色，中—厚层状构造，中细粒砂状结构，由碎屑物和填隙物组成，二者各占85%和15%左右。碎屑物包括石英、长石、云母和少许的岩屑。填隙物的组分较杂，以硅质、凝灰质、泥质和粉砂质为主，同时可见少量的铁质胶结物。金属矿物为少量褐铁矿、黄铁矿和黄铜矿等，呈星点、浸染状分布，部分地段见到微量的辉锑矿，呈块状分布。岩石普遍具绿泥石化、绿帘石化、绢云母化、褐铁矿化、硅化和碳酸盐化等。

（二）矿区构造

矿区断裂构造发育，岩石破碎。断裂构造以北西西向为主，从北向南发育7条断层（编号依次为F1、F2、F3、F4、F5、F6、F7）（图6-15）。断层F2断层是矿区内主要的断裂构造，呈北西西向贯穿整个矿区，向东延伸至矿区外，向西穿透花岗闪长岩岩体，为一逆断层，宽5～15m，是一条长度大于1.5km的蚀变褪色带，该蚀变带蚀变、矿化较强，主要为褐铁矿化、黄铁矿化、硅化、高岭土化和碳酸盐化等。F3、F4断层是矿区内主要的断裂构造，也是矿区的控岩、控矿构造，在走向上为北西西向展布的蚀变褪色带，该蚀变带宽为5～10m，向东延伸稳定，并穿透整个二长花岗岩和花岗闪长岩，产状为195°～240°∠45°～80°，断面呈舒缓波状，断裂带内为角砾状、碎裂状的砂岩、花岗岩和断层泥等，发育褐铁矿化、黄铁矿化、硅化、毒砂化、绢云母化、绿泥石化和黏土化等，形成时代晚于花岗闪长岩和二长花岗岩岩体。F5、F6断层是矿区内主要的断裂构造，也是矿区的控岩、控矿构造，在走向上平行F3、F4，分布在二长花岗岩外接触带上，向西并穿透花岗闪长岩岩体，产状总体顺层南倾，为200°～240°∠40°～75°，断层带内发育褐铁矿化、黄铁矿化、硅化、辉锑矿化、黄铜矿化、绢云母化、绿泥石化和黏土化等。

（三）岩浆岩

矿区内岩浆岩主要为角闪石英二长岩和二长花岗岩，另见零星分布的二长花岗细晶岩脉（图6-15）。角闪石英二长岩出露于矿区的中部，侵入于下奥陶统吾力沟群上岩组，呈不规则状，面积小于 0.05km^2。岩体与围岩接触面呈波状、树枝状等，局部受岩浆后期构造作用，在岩体与围岩接触带，矿化蚀变程度较强，主要为黄铁矿化、褐铁矿化及黏土化等。岩石呈灰白色—灰色，半自形粒状结构，块状构造，矿物主要为角闪石（20%）、斜长石（60%）、石英（10%）和其他矿物（7%）。LA-ICP-MS 锆石 U-Pb 年龄为 457.8±6.3Ma。二长花岗岩出露于矿区东部，侵入于下奥陶统地层中，不规则状，面积小于 0.02km^2。岩体与围岩多呈不整合接触，接触面呈波状、树枝状及顺层注入接触三种方式，局部受到岩浆后期构造作用，在岩体与围岩接触带矿化蚀变程度较高，主要为黄铁矿化、褐铁矿化、硅化、碳酸盐化和黏土化等。岩石呈灰白色—肉红色，半自形中粗粒状结构，块状构造，矿物主要为钾长石（25%～35%）、斜长石（30%～45%）、石英（15%～18%）和黑云母（5%～10%）。

角闪石英二长岩与二长花岗岩属同一岛弧岩浆系列，二长花岗岩属岩浆晚期产物，分异程度较高。岩石 SiO_2 质量分数为 48.98%～59.16%，Al_2O_3 为 14.51%～16.77%，K_2O+Na_2O 为 8.24%～9.47%，属准铝质碱性—过碱性系列，DI 为 58～79，属 I 型花岗岩类；岩石 Cr 和 $Mg^{\#}$值较低，Na_2O 和 K_2O 含量接近，表明源区含有较多的壳源成分；稀土总量中等，轻稀土富集，具弱 Eu 负异常；相对富集大离子亲石元素 Rb、Ba、Th、K 和 U，亏损 Nb、Ta、P 和 Ti。矿区二长花岗岩属碱性岩系列，比角闪石英二长岩稀土总量低，更加亏损 Nb 和 Ta 等（张翔等，2015）。

二、围岩蚀变

矿区围岩蚀变强烈，岩体和围岩均发生了蚀变，蚀变带分布受断层控制，主要发育硅化、绢云母化、绿泥石化、高岭土化、绿帘石化、褐铁矿化、黄铁矿化和碳酸盐化等。

（1）硅化：主要为块状、细脉浸染状、网脉状、浸染状，分布于金矿（化）体及围岩中，表现为围岩颜色变浅、石英含量增加、岩石硬度增强、脆性加大等特征。

（2）绢云母化：主要分布于蚀变程度较高的岩体中及构造破碎带通过的两侧围岩中，岩石呈灰绿色、白色，蚀变带范围随矿体形态而变化，一般呈带状。岩体中的长石或砂岩中的长石发生绢云母化（彩图 6-31 和彩图 6-32）。

（3）高岭土化：主要分布于岩体破碎带及两侧，特别在断层泥中较为常见，高岭土呈粉末状，主要由长石蚀变而来。

（4）绿帘石化：主要分布于岩体中，由角闪石和黑云母蚀变而来（彩图 6-33）。

（5）碳酸盐化：主要发育在岩体中，斜长石或角闪石发生蚀变形成（彩图 6-33

和彩图 6-34）。

（6）黄铁矿化：角闪石或黑云母发生蚀变后，铁质成分与流体中的硫结合而成，常呈单体或集合体以星点状、团块状、浸染状等形式分布于破碎蚀变带岩石中，与金关系密切，是金的主要载体（彩图 6-34）。大多数黄铁矿被氧化后变成褐铁矿，并保留黄铁矿立方体晶形的假象，是野外找矿的直接标志之一。

另外，围岩热接触变质后也发生蚀变，主要见于堇青石角岩中的堇青石发生黑云母化或白云母化。

三、矿体和矿石特征

（一）矿体特征

吾力沟金矿区共圈出 15 条金矿体，主矿体为 Au2、Au4、Au7 和 Au9。矿体多沿断裂破碎带呈似层状展布（图 6-16），赋矿层位主要为蚀变碎裂硅化砂岩、角闪石闪长岩。矿体沿北西-南东向展布，倾向南西，倾角 45°～80°。矿体长 483～855m，厚度 0.81～7.75m，金品位为 1.32×10^{-6}～5.73×10^{-6}，平均品位为 2.84×10^{-6}。

（二）矿石特征

按照矿石岩性、蚀变、构造及矿物组合等特征，矿石类型分为构造蚀变碎裂硅化砂岩型、构造蚀变角闪石英二长岩型和构造蚀变砂质板岩型三类。构造蚀变碎裂硅化砂岩型是本区的主要矿石类型，由碎裂长石砂岩和构造角砾和断层泥组成。该类矿石多破碎，充填有较多的方解石细脉、石英细脉，围岩蚀变强烈，硅化程度高，岩石致密坚硬，主要以硅质胶结物存在，硅质胶结物后期发生交代、重结晶及次生加大等；碳酸盐化、黏土化等零星出现，矿化主要为褐铁矿化，地表多氧化为黄褐色—褐红色，矿石一般富金；金属矿物以黄铁矿为主，少见毒砂化、辉锑矿化等，黄铁矿含量小于 5%。构造蚀变角闪石英二长岩型矿石在地表较松散、破碎，片理化强烈，而在钻孔中则较为致密坚硬，其金品位在地表一般较低，在深部品位变高。构造蚀变砂质板岩型矿石具强烈硅化、褐铁矿化，很少见石英脉，零星可见黄铁矿化和黄铜矿化。

矿石具半自形—自形、他形粒状结构和包含结构。粒状结构在矿石中主要表现为部分金属矿物呈半自形、自形粒状及他形粒状、不规则状出现。包含结构在矿石中主要表现为金包裹于脉石矿物和黄铁矿中，这种金不容易解离，容易与载体矿物形成连生体。矿石发育浸染状构造、块状构造及脉状构造，金属硫化物呈星点状或脉状分布。

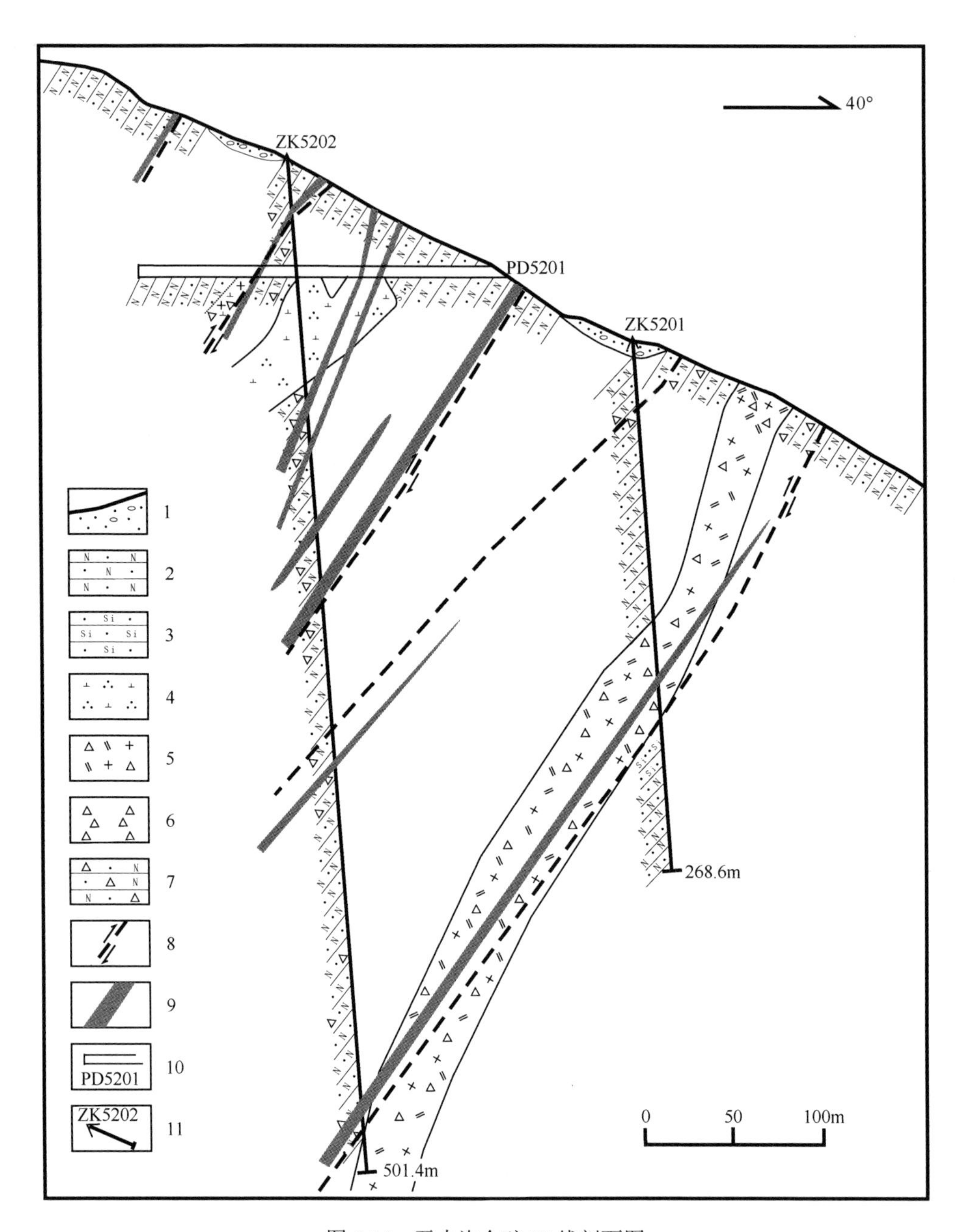

图 6-16　吾力沟金矿 52 线剖面图

1．第四系；2．长石砂岩；3．硅化砂岩；4．石英闪长岩；5．碎裂二长花岗岩；6．构造角砾岩；7．碎裂长石砂岩；8．断层；9．金矿体；10．矿洞；11．钻孔

矿石金属矿物包括黄铁矿、黄铜矿、磁黄铁矿、闪锌矿、自然金、银金矿和褐铁矿。脉石矿物有石英、长石、绢云母、绿泥石和方解石等。黄铁矿多为他形粒状和半自形—自形立方体，粒径多为 0.01～0.5mm，稀疏星点浸染状分布于岩石中（彩图 6-35），或者呈条带状产出（彩图 6-36），经常包裹金或者与金连生，少量包裹黄铜矿、磁黄铁矿等。黄铜矿多呈他形粒状，粒径为 0.01～0.1mm，多被包裹于黄铁矿中。闪锌矿呈不规则状，与黄铜矿连生（彩图 6-37）。褐铁矿呈不规则状、他形粒状和半自形—自形立方体，粒径 0.01～0.3mm，熔蚀交代黄铁矿，多呈黄铁矿的假象存在（彩图 6-38）。

自然金和银金矿多存在于脉石矿物粒间，其次被包裹于石英和黄铁矿中（彩图 6-39 和彩图 6-40）。金的粒度分布不均匀，以 0.01mm（显微金）为主，占 68.42%。原矿金物相分析查明，裸露及半裸露金占原矿总金的 69.73%，硫化物包裹金占原矿总金的 14.06%，其余为硅酸盐、碳酸盐和赤褐铁矿包裹金。

四、矿床成因

吾力沟金矿产于岩体与长石砂岩接触带或构造形成的蚀变带中。本书分析统计了矿区不同岩性的含金量（表 6-9）。从表中看出，砂岩、黏板岩平均金含量略高于地壳克拉克值，退变质堇青石角岩和蚀变砂岩平均金含量比地壳克拉克值低；角闪石英二长岩、二长花岗岩含金比较高，是地壳克拉克值的 2～5 倍。由此可见，角闪石英二长岩和二长花岗岩都为金矿成矿提供成矿物质，砂岩也可能提供了少量成矿物质。岩石薄片鉴定发现，角闪石英二长岩中可见有浸染状的原生黄铁矿，既与浅色矿物共生，也与暗色矿物共生，且没有与蚀变矿物伴生，说明角闪石闪长岩直接提供了成矿物质（彩图 6-41 和彩图 6-42）。

表 6-9　吾力沟矿区金含量统计表（$Au/\times 10^{-9}$）

岩性	样品数/个	平均值	变化范围
砂岩、黏板岩	5	4.80	3.00～8.40
退变堇青石角岩、蚀变砂岩	2	2.30	2.20～2.40
角闪石英二长岩	6	17.79	2.00～48.70
二长花岗岩	2	7.05	2.10～12.00
蚀变角闪石英二长岩	2	154.50	150.00～159.00
矿石（砂岩）	2	2775.00	2210.00～3340.00
矿石（角闪石英二长岩）	2	305.00	250.00～360.00

测试单位：甘肃省地质矿产勘查开发局第二地质矿产勘查院化验室。

矿石硫同位素分析结果显示，黄铁矿 $\delta^{34}S_{CDT}$ 值变化范围为-0.03‰～0.86‰，变异程度极低，接近基性岩的硫同位素值，显示成矿物质与角闪石英二长岩有关（表 6-10）。

表 6-10　吾力沟金矿黄铁矿硫同位素分析结果

序号	样号	采样位置	矿石名称	样品名称	$\delta^{34}S_{CDT}$/‰
1	W-1	ZK6003-444.5m	含黄铁矿石英脉	黄铁矿	0.04
2	W-2	ZK6003-521m	含黄铁矿石英脉	黄铁矿	0.48
3	W-3	ZK6003-5348m	含黄铁矿石英脉	黄铁矿	0.86
4	W-4	ZK6003-445m	含黄铁矿石英脉	黄铁矿	−0.03

测试单位：国土资源部中南矿产资源监督检测中心。

2 件矿石样品铅同位素测试结果显示，吾力沟金矿中的黄铁矿的铅同位素比值变化范围小，显示成矿物质来源单一（表 6-11）（张良等，2014）。在 Zartman 和 Doe（1981）的 $^{207}Pb/^{204}Pb$-$^{206}Pb/^{204}Pb$ 构造环境判别图解中，铅同位素投影点落在上地壳的范围。铅同位素获得的表面年龄分别为 426Ma 和 360Ma，说明成矿年龄略晚于岩体形成年龄。

表 6-11　吾力沟金矿矿石铅同位素组成及源区特征值

序号	样品号	测试对象	$^{206}Pb/^{204}Pb$	$^{207}Pb/^{204}Pb$	$^{208}Pb/^{204}Pb$	μ	φ	Th/U	t/Ma
1	w-1	黄铁矿	18.085±0.002	15.621±0.002	38.345±0.002	9.54	0.607	3.77	426
2	w-2	黄铁矿	18.196±0.001	15.632±0.001	38.696±0.003	9.55	0.601	3.79	360

测试单位：国土资源部中南矿产资源监督检测中心。

围岩蚀变主要发育硅化、绢云母化、绿泥石化、高岭土化、碳酸盐化及黄铁矿化等，金属矿物组合为黄铁矿+黄铜矿+闪锌矿+自然金+银金矿，显示中—低温热液成矿的特征。

综上所述，吾力沟金矿成矿过程可以概括为：晚奥陶世南祁连洋在汇敛过程中深部岩浆熔融形成角闪石英二长岩岩浆，在侵位过程中发生分异，形成二长花岗岩岩浆，岩浆中富含金等成矿物质，在岩体就位后，富含成矿的流体在浅部构造活动作用下发生围岩蚀变并成矿。

第七章　金矿成矿规律、成矿系列和成矿模式

党河南山地区金矿分布广泛，主要有蚀变岩型和石英脉型，其中蚀变岩型金矿是最主要的矿床类型，包括蚀变砂岩（千枚岩型）和蚀变花岗岩类型，构造破碎强烈，成矿作用与岩浆期后热液活动有关。前人仅对贾公台金矿、鸡叫沟金矿和黑刺沟金矿的成矿控制因素、成矿物质来源及成矿物化条件进行过一些初步的研究工作（汪禄波等，2014；汪禄波，2014；范俊杰等，2007；李厚民等，2003），对于其他矿床还缺乏深入地研究。因此，要全面准确地总结党河南山地区金矿的成矿规律，还需要更多其他矿床的研究资料。就目前已有的资料来看，由于缺乏绝对年代控制的成矿时代等资料，阻碍了对成矿规律的深入认识。因此，本书以现有的研究资料，结合地勘部门的勘查资料，对党河南山的成矿规律和成矿模式进行了一些总结。

第一节　金矿床成矿规律

一、矿床空间分布规律

党河南山目前探明了10个金矿床，按照矿床大地构造位置、含矿建造和矿床空间分布从西向东划分为石块地、贾公台和东洞沟三个金矿集中区（图7-1）。各矿床简要地质特征见表7-1。

石块地金矿集中区位于党河南山西部扎子沟—石块地一带，目前发现了石块地金矿、小黑刺沟金铜钨矿和清水沟金矿三个矿床，累计探明金资源量近20t，出露地层为震旦系中基性火山岩及中酸性火山岩、下志留统巴龙贡噶尔组浅变质岩。小黑刺沟金铜钨矿产于石英二长岩内，矿区有晚期英安斑岩和煌斑岩脉穿插，显示岩浆活动强烈。石块地金矿集中区主要出露花岗闪长岩、角闪石英闪长岩、黑云母二长花岗岩及似斑状二长花岗岩，在矿区西部还出露海西晚期花岗岩侵入体。该集中区的成矿与似斑状二长花岗岩有关，该岩体锆石U-Pb年龄为420±11Ma，岩石具A型花岗岩的特征，是板块碰撞后地壳伸展环境形成的花岗岩。矿化与该期岩浆活动晚期的热液活动有关，并有同期构造破碎活动加剧了围岩蚀变与成矿作用。清水沟金矿产于下志留统巴龙贡噶尔组千枚岩、斑点板岩中，岩石揉皱发育，成矿与黄铁矿石英脉的穿插密切相关。该区成矿作用类型比较复杂，既有岩浆期后热液型（小黑刺沟金矿、石块地金矿）+构造蚀变岩型成矿作用，也有单一的构造蚀变岩型（清水沟金矿）成矿作用。

表 7-1　党河南山地区金矿床简要地质特征

矿床	小黑刺沟金矿	吾力沟金矿	鸡叫沟金矿	黑刺沟金矿	贾公台金矿	振兴梁金矿	石块地金矿	东洞沟金矿	狼查沟金矿	清水沟金矿
大地构造	岛弧花岗岩带	岛弧花岗岩带	岛弧花岗岩带	岛弧花岗岩带	碰撞带	碰撞带	碰撞后伸展带	碰撞后地壳减薄伸展带	碰撞后地壳减薄伸展带	碰撞后地壳减薄伸展带
含矿地层	震旦系中基性火山岩	下奥陶统吾力沟群上岩组第三岩性段	下奥陶统吾力沟群上岩组第四岩性段	下奥陶统上岩组第三岩性段	下奥陶统吾力沟群上岩组第四岩性段	下奥陶统吾力沟群上岩组第四岩性段	—	下奥陶统吾力沟群上岩组第六岩性段	下奥陶统吾力沟群上岩组第六岩性段	下志留统上段千枚岩、斑点板岩段
侵入岩	花岗闪长岩、斜长花岗岩、石英二长岩	二长花岗岩、角闪石闪长岩（457.8±6.3Ma）、花岗闪长岩	辉石闪长岩、角闪石闪长岩（455.6±5.6Ma）、黑云母花岗岩、二长花岗岩	石英闪长岩、花岗闪长岩、二长花岗岩、英安斑岩	黑云母斜长花岗岩（442.7±6.8Ma）、花岗斑岩	黑云母斜长花岗岩（437.6±8.1Ma）、花岗斑岩	花岗闪长岩二长花岗岩（420±11Ma）、花岗斑岩	石英闪长（玢）岩、煌斑岩	闪长玢岩、煌斑岩	花岗闪长岩、二长花岗岩(450±12Ma)、花岗斑岩
构造	北西-南东向2组断层及其次级断层	北西西向断裂为主，另发育节理、劈理构造	北西向断裂为主，其次为北东向、南北向、东西向断裂	褶皱、断裂发育，北西向断裂为主，其次为北东向、南北向、近东西向断裂	北西西向及近南北向断裂构造，北西西向为主要赋矿断裂	北东向、北西西向及近南北向断裂，北东向断裂为主要赋矿断裂	北西-南东向6条断层	北西-南东向两组近似平行的压扭性逆断层	北西-南东向两组压扭性逆断层	北西-南东向3条断层
含矿岩石	蚀变角闪石英二长岩	蚀变硅化砂岩、蚀变角闪石闪长岩、二长花岗岩、蚀变砂质板岩	蚀变花岗闪长岩、蚀变角闪石闪长岩、石英脉	蚀变砾岩、蚀变花岗斑岩、石英脉	蚀变黑云母斜长花岗岩、蚀变长石砂岩、石英脉	蚀变斜长花岗岩、蚀变长石砂岩、石英脉	蚀变二长花岗岩、石英脉	构造角砾岩、蚀变砂岩、蚀变石英闪长（玢）岩	构造角砾岩、蚀变砂岩、蚀变闪长玢岩	蚀变斑点板岩、蚀变千枚岩、石英脉
围岩蚀变	硅化、高岭土化、绿帘石化、绢云母化、碳酸盐化、绿泥石化	硅化、绢云母化、绿泥石化、高岭土化、绿帘石化、褐铁矿化、黄铁矿化、碳酸盐化	硅化、碳酸盐化、绿泥石化、绢云母化、高岭土化，局部有钾化	硅化、绢云母化、黏土化、碳酸盐化、毒砂化、黄铁矿化等	硅化、钾长石化、绢云母化、绿泥石化、绿帘石化、黄铁矿化、褐铁矿化、黄铜矿化、碳酸盐化等，少量云英岩化	硅化、钾长石化、绢云母化、绿泥石化、绿帘石化、黄铁矿化、褐铁矿化、黄铜矿化、碳酸盐化，少量云英岩化	硅化、碳酸盐化、绢云母化、黄铁矿化、褐铁矿化、高岭土化等	硅化、绢云母化、绿泥石化、黄铁矿化等	硅化、绢云母化、绿泥石化、黄铁矿化等	硅化、绢云母化、绿泥石化、黄铁矿化等

续表

矿床	小黑刺沟金矿	吾力沟金矿	鸡叫沟金矿	黑刺沟金矿	贾公台金矿	振兴梁金矿	石块地金矿	东洞沟金矿	狼查沟金矿	清水沟金矿
矿石结构	变余微晶结构、变余半自形粒状结构等	交代残余结构、半自形粒状结构、变余砂状结构	中细粒半自形、他形粒状结构、交代结构、破裂结构等	半自形粒状结构、含砾砂状结构、变余砂砾状结构等	交代残余结构、斑状变晶结构、他形粒状结构、包含结构等	交代残余结构、斑状变晶结构、他形粒状结构、包含结构等	填隙结构、包含结构、交代残余结构、花岗结构等	砂状结构、自形—半自形粒状结构、斑状结构等	砂状结构、自形—半自形粒状结构、斑状结构等	斑状变晶结构、不等粒细砂状结构
矿石构造	网脉状、浸染状、条带状、块状	块状、蜂窝状、网脉浸染状	浸染状、块状、蜂窝状、细脉网脉状	浸染状、块状、团块状、细脉网脉状	块状、网脉浸染状、脉状、条带状	块状、网脉浸染状、脉状、条带状	块状、网脉浸染状、稀疏浸染状	块状、角砾状、浸染状	块状、角砾状、浸染状	块状、角砾状、浸染状
矿石矿物组成	金属矿物：黄铁矿、黄铜矿、辉铜矿；脉石矿物：石英、云母类、钾长石、高岭土	金属矿物：黄铁矿、黄铜矿、磁黄铁矿、闪锌矿、自然金、银金矿和褐铁矿；脉石矿物：石英、长石和绢云母、绿泥石、方解石等	金属矿物：黄铁矿、方铅矿、辉钼矿、褐铁矿、自然金；脉石矿物：石英、绢云母、方解石	金属矿物：毒砂、黄铁矿、自然金、闪锌矿、黄铜矿、方铅矿、褐铁矿；脉石矿物：石英、绢云母、方解石、白云石	金属矿物：黄铁矿、黄铜矿、辉钼矿、方铅矿、褐铁矿、自然金、自然银、银金矿等，碲金银矿、碲银矿、碲铅矿和碲铋矿；脉石矿物：石英、碳酸盐、绢云母、绿泥石、重晶石、白云石	金属矿物：黄铁矿、黄铜矿、辉钼矿、方铅矿、褐铁矿、自然金、自然银、银金矿等；脉石矿物：石英、碳酸盐、绢云母、绿泥石、重晶石、白云石	金属矿物：黄铁矿、黄铁矿、辉铜矿、褐铁矿、自然金；脉石矿物：绢云母、绿泥石、石英、碳酸盐、高岭土	金属矿物：黄铁矿、黄铜矿、褐铁矿；脉石矿物：绢云母、绿泥石、石英、碳酸盐、高岭土	金属矿物：磁铁矿、黄铁矿、黄铜矿、褐铁矿；脉石矿物：绢云母、绿泥石、石英、碳酸盐、高岭土	金属矿物：黄铁矿、褐铁矿；脉石矿物：石英、绿泥石、绢云母
成矿元素组合	Au-Cu-W	Au-Ag	Au-Cu-Mo-As	Au-As-Sb	Au（Au-Pb-Mo-Cu）	Au	Au-Ag	Au	Au	Au

续表

矿床	小黑刺沟金矿	吾力沟金矿	鸡叫沟金矿	黑刺沟金矿	贾公台金矿	振兴梁金矿	石块地金矿	东洞沟金矿	狼查沟金矿	清水沟金矿
成矿物质来源	花岗闪长岩	角闪石闪长岩、石英正长闪长岩、二长花岗岩、中粒长石砂岩。黄铁矿 $\delta^{34}S$=-6.44‰～-1.42‰，$^{207}Pb/^{204}Pb$=18.065～18.182	角闪石闪长岩、石英正长闪长岩、二长花岗岩、中粒长石砂岩。黄铁矿 $\delta^{34}S$=+1.11‰～+3.81‰（范俊杰等，2008，2007），$\delta^{18}O_{H_2O}$（-SNOW）‰=-1.9‰～-6.4‰，岩浆水与大气降水混合	石英正长闪长岩、地层。黄铁矿 $\delta^{34}S$=-0.31‰～4.8‰（范俊杰等，2008，2007；李厚民等，2003b）	斜长花岗岩，中粒长石砂岩。黄铁矿 $\delta^{34}S$=-6.44‰～-1.42‰，$^{207}Pb/^{204}Pb$=18.065～18.182	斜长花岗岩、中粒长石砂岩	似斑状二长花岗岩	砂岩、石英闪长（玢）岩	砂岩、石英闪长玢岩	千枚岩、石英脉
成矿温压条件	—	—	成矿温度：100～270℃，压力：41～44.8MPa，深度小于1.7km，盐度7.4%NaCl eqv.～8.4%NaCl eqv.	—	成矿温度：140～250（400）℃，成矿压力：24.2～61.8MPa，深度2～4km，盐度0.18%NaCl eqv.～15.96% NaCl eqv.	—	—	—	—	—
成因类型	中低温热液型	中低温热液型	中低温热液型	中低温热液型	中低温热液型	中低温热液型	中低温热液型	岩浆中低温热液型	中低温热液型	中低温热液型
成矿时代	推测在奥陶纪	2个样品铅同位素年龄为360Ma、426Ma	推测在457～450Ma	推测为奥陶纪	铅同位素年龄为472～416Ma，平均444Ma	推测在437Ma	推测在420Ma	推测在泥盆纪	推测在泥盆纪	推测在泥盆纪

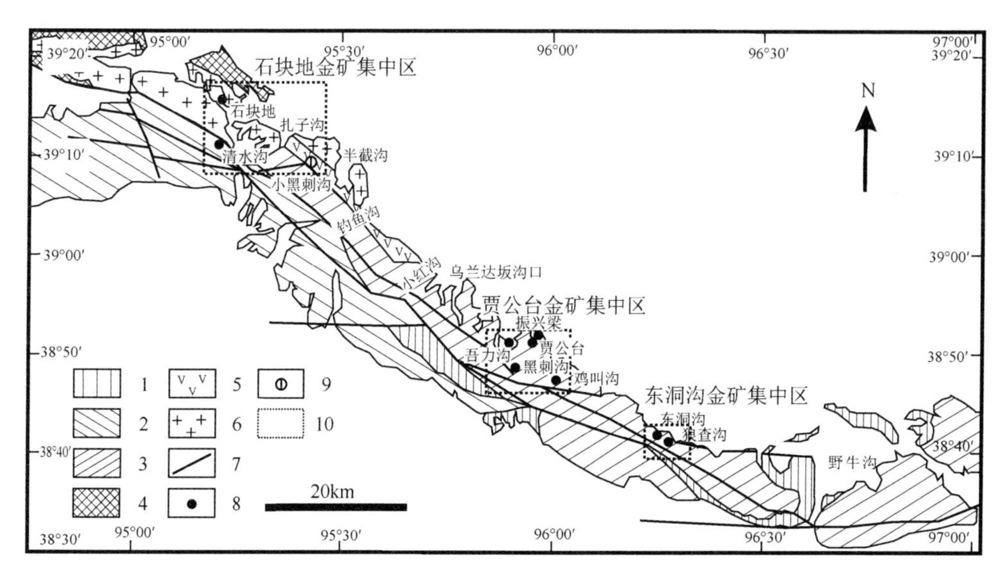

图 7-1　党河南山地区金矿分布及矿集区位置

1．上古生界—中生界；2．志留系；3．奥陶系；4．元古界；5．震旦纪火山岩；
6．侵入岩；7．断裂；8．金矿点；9．金铜钨矿；10．矿床集中区

贾公台金矿集中区位于党和南山中东段吾力沟—贾公台一带，金矿集中区内有贾公台金矿、振兴梁金矿、吾力沟金矿、鸡叫沟金矿和黑刺沟金锑矿，累计探明金储量 50 多吨，出露地层为下奥陶统，包括前人划分的中奥陶统及中志留统盐池湾组。本书对侵入其中的岩体进行了锆石 U-Pb 年代测定，结果显示这些岩体都在奥陶纪及志留纪侵位，相应的围岩的年代应该早于中奥陶世。地层岩性以下奥陶统中部浅变质砂岩、板岩类为主，该金矿集中区中酸性岩浆侵入活动强烈，以石英闪长岩、花岗闪长岩和花岗岩为主，可以分为 4 期岩浆活动，前两期为岛弧环境的花岗质岩浆活动，后两期为碰撞的花岗质岩浆活动（贾公台、振兴梁）及碰撞后地壳减薄的岩浆侵位（东洞沟、狼查沟），后三期均与金矿的成矿活动有关。岩体既为金矿的成矿提供物源，又提供热源，而地层围岩也提供了部分成矿物质。围岩蚀变及矿物组合显示，成矿作用以岩浆期后热液作用为主，成矿有从高温阶段到中低温阶段演变的特征，以中低温成矿作用为主，而且同期的构造破碎活动对成矿有叠加促进作用。

东洞沟金矿集中区位于党河南山东段东洞沟一带，区内有东洞沟金矿和狼查沟金矿，探明储量近 10t。地层出露下奥陶统上部的千枚岩、板岩，有石英闪长（玢）岩、花岗质岩脉及煌斑岩脉穿插其中，成矿与石英闪长（玢）岩的就位有关。该类岩石是碰撞带地壳减薄后深部岩浆活动的产物，为成矿提供了部分物质和热液，矿化多位于岩体与围岩接触部位及构造破碎带内。成矿具中低温热液成矿的特征。

二、矿床时间分布规律

从党河南山金矿含矿地层、岩体的时代来看，含矿地层主要为下奥陶统吾力沟群及下志留统巴龙贡噶尔组（表 6-1）。吾力沟群由下部变质砂岩、砾岩，中部变质砂岩、板岩及上部千枚岩、板岩和变质砂岩组成，中部地层中产出鸡叫沟金矿、黑刺沟金矿、贾公台金矿、振兴梁金矿和吾力沟金矿等，上部地层中产出东洞沟金矿和狼查沟金矿等。变质砂岩为成矿提供部分成矿物质。早古生代中酸性岩浆侵入活动与成矿关系密切，这些岩浆侵入活动主要发生在 460～420Ma。岩石类型有花岗闪长岩、角闪石石英闪长岩、二长花岗岩及后期石英闪长（玢）岩。在空间上，围岩蚀变和金矿化多分布在岩体内部及其内外接触带，受构造破碎带控制明显。在时间上，围岩蚀变既有岩浆晚期高温热液蚀变（如贾公台岩体中发育的云英岩化），又有岩浆期后中低温热液蚀变矿物组合，结合获得的黄铁矿铅同位素模式年龄，说明大多数金矿成矿作用时间与岩体同时或（最大可能）略晚于岩体形成。

按照中酸性侵入岩的岩石地球化学特征，与成矿有关的岩体可以分为 460～450Ma 岛弧活动时期（包括清水沟二长花岗岩、吾力沟角闪石闪长岩、二长花岗岩和鸡叫沟角闪石闪长岩、黑刺沟石英闪长岩岩体）和 450～420Ma 板块碰撞时期（包括贾公台斜长花岗岩、振兴梁斜长花岗岩、石块地二长花岗岩）及其后造山带伸展阶段（东洞沟、狼查沟石英闪长玢岩）三个阶段的岩浆活动，相应的成矿作用时期也分别对应于这三个时期。

岛弧活动时期形成的矿床包括吾力沟金矿、鸡叫沟金矿、黑刺沟金矿和小黑刺沟金矿，成矿岩体主要为花岗闪长岩及角闪石闪长岩（角闪石英二长岩），岩体形成年龄集中在 460～450Ma，岩石多为碱性系列，准铝质—过铝质，围岩蚀变及矿物组成显示中低温热液成矿特征，矿体多呈脉状、透镜状。从吾力沟 2 个黄铁矿样品中的铅同位素模式年龄（分别为 426Ma 和 360Ma）来看，可能还有后期岩浆热液形成的黄铁矿，其中 426Ma 期间黄铁矿的形成（热液活动）是否与党河南山西段石块地一带似斑状二长花岗岩的形成有关，还有待进一步研究。另外，前人研究中获得了鸡叫沟角闪石英二长岩和贾公台斜长花岗岩的全岩 Rb-Sr 等时线年龄分别为 395.06±51Ma 和 355±91Ma（刘志武等，2003）。现在来看，这两组年龄肯定不是岩体形成的原始年龄，可能代表后期 Rb-Sr 同位素体系开放再平衡的时间，即可能代表了两次热事件，这两次热事件可能是导致吾力沟前述晚于成岩年龄的黄铁矿形成的原因。也就是说，该期成矿活动包括后边的板块碰撞期岩浆成矿活动，不排除后期岩浆热液（硫铅同位素显示来源与岩浆，见第六章）成矿活动叠加改造的可能。

板块碰撞期形成的矿床有贾公台金矿、振兴梁金矿和石块地金矿。其中贾公台和振兴梁金矿形成于板块碰撞期增厚地壳熔融时期，成矿岩体为斜长花岗，锆石 U-Pb 年龄为 442.7±6.8Ma 和 437.6±8.1Ma，岩石为 I 型花岗岩，具有张旗等（2001）划分的埃达克岩的地球化学特征。围岩蚀变及矿物组成显示中低温热液成矿特征，包括少量高温热液蚀变，如云英岩化，矿体多呈脉状、透镜状，也见有少量网脉状矿体。成矿物质来源于地层和岩体，岩体提供热源。石块地金矿则形成于板块碰撞后地壳伸展时期的 A 型花岗质岩浆侵入时期，岩石蚀变及矿物组合为中—低温热液组合，成矿物质和热液均来源于岩体。

板块碰撞后地壳减薄伸展期形成的矿床位于东部东洞沟金矿集中区和西部石块地金矿集中区，东洞沟金矿集中区产有东洞沟金矿和狼查沟金矿，金矿体赋存于下奥陶统吾力沟群与石英闪长岩小岩体和闪长玢岩岩脉接触带，矿体呈似层状、透镜状，长 45～640m，厚 1～6.23m，品位为 1.92×10^{-6}～17.85×10^{-6}。岩脉与地层接触带内矿化蚀变强烈，发育硅化、绢云母化、钠黝帘石化、碳酸盐化、黄铁矿化及褐铁矿化等。矿石具自形—半自形粒状结构、交代残余结构，块状构造、浸染状构造等。岩石地球化学特征显示，岩浆由变质基性岩熔融而成，继承了原岩的岛弧地球化学特征，因此含金值高于克拉克值 2～3 倍，岩体（脉）就位为金矿成矿提供了热源和部分成矿物质。这些小岩体或脉岩与煌斑岩一起，形成于板块碰撞后地壳减薄伸展环境（刘博等，2016）。

三、矿床成因类型分布规律

党河南山目前发现和探明的 10 处金矿矿石类型主要为蚀变岩型，其次为石英脉型。蚀变岩型包括蚀变砂岩、蚀变黏板岩、蚀变凝灰质砂岩及蚀变花岗闪长岩、角闪石英二长岩、二长花岗岩及石英闪长（玢）岩类。全区矿床成因类型比较单一，均为中—低温热液型，成矿作用与中酸性岩浆活动有关。其中贾公台金矿、吾力沟金矿、鸡叫沟金矿等 7 处与规模较大的中酸性岩体有关（汪禄波等，2014；常春郊等，2008；范俊杰等，2008，2007；刘志武和王崇礼，2007；李厚民等，2003b；刘志武等，2003），清水沟金矿、东洞沟金矿和狼查沟金矿 3 处与石英闪长（玢）岩等小岩体（脉）有关。

但从围岩蚀变及矿物组合并结合前述黄铁矿铅同位素模式年龄结果来看，成矿具有多阶段性。鉴于获得的成矿绝对年代有限，这里仅以围岩蚀变及矿物世代关系反映的成矿阶段性变化对党河南山地区金矿的成矿阶段进行简单地归纳。从表 7-2～表 7-9 来看，原生矿物组合可以分为成矿前期、成矿主期和成矿后期三个组合，矿物组成和代表的成矿阶段的热液特征如下：

成矿前期矿物组合：黄铁矿±黄铜矿±方铅矿±磁铁矿±白钨矿（小黑刺沟）±毒砂±磁黄铁矿+钛铁矿+石英+绢云母+绿泥石+方解石，属典型的中温热液矿物组合。

表 7-2　小黑刺沟矿物共生顺序

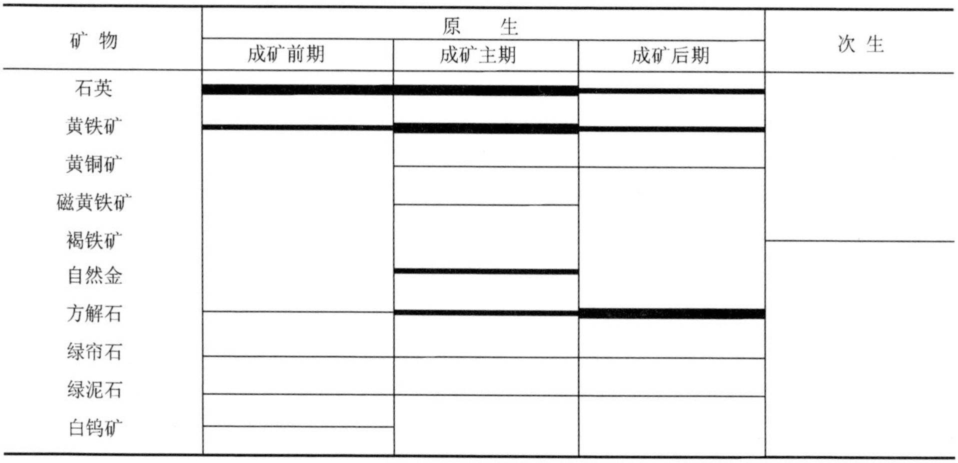

矿　物	原　　生			次　生
	成矿前期	成矿主期	成矿后期	
石英				
黄铁矿				
黄铜矿				
磁黄铁矿				
褐铁矿				
自然金				
方解石				
绿帘石				
绿泥石				
白钨矿				

表 7-3　吾力沟矿物共生顺序

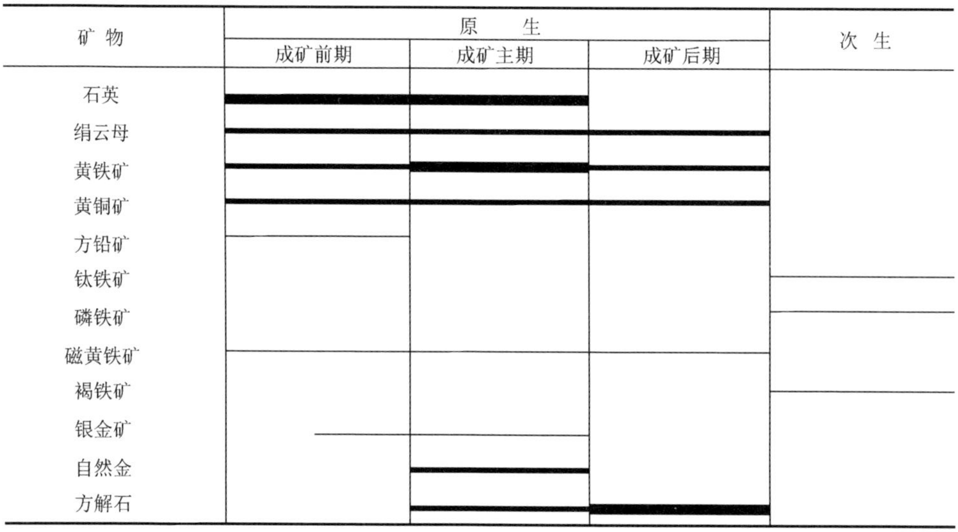

矿　物	原　　生			次　生
	成矿前期	成矿主期	成矿后期	
石英				
绢云母				
黄铁矿				
黄铜矿				
方铅矿				
钛铁矿				
磷铁矿				
磁黄铁矿				
褐铁矿				
银金矿				
自然金				
方解石				

成矿主期矿物组合：黄铁矿+自然金+银金矿+碲化物（贾公台金矿，其他矿物未做电子探针工作）±黄铜矿±方铅矿±辉钼矿±白铁矿（推测）±毒砂±磁黄铁矿+石英+绢云母+绿泥石+方解石，属典型的中—低温热液矿物组合。

成矿后期矿物组合：石英+黄铁矿±黄铜矿±砷黝铜矿±方铅矿±辉钼矿±毒砂±磁黄铁矿+绢云母+绿泥石+方解石±斜黝帘石±绿帘石等，是典型的中—低温热液矿物组合。

矿体抬升剥蚀到近地表后，发生次生氧化作用，形成褐铁矿、斑铜矿、钛铁矿、高岭土等，属表生氧化阶段的矿物组合。

表 7-4　鸡叫沟矿物共生顺序

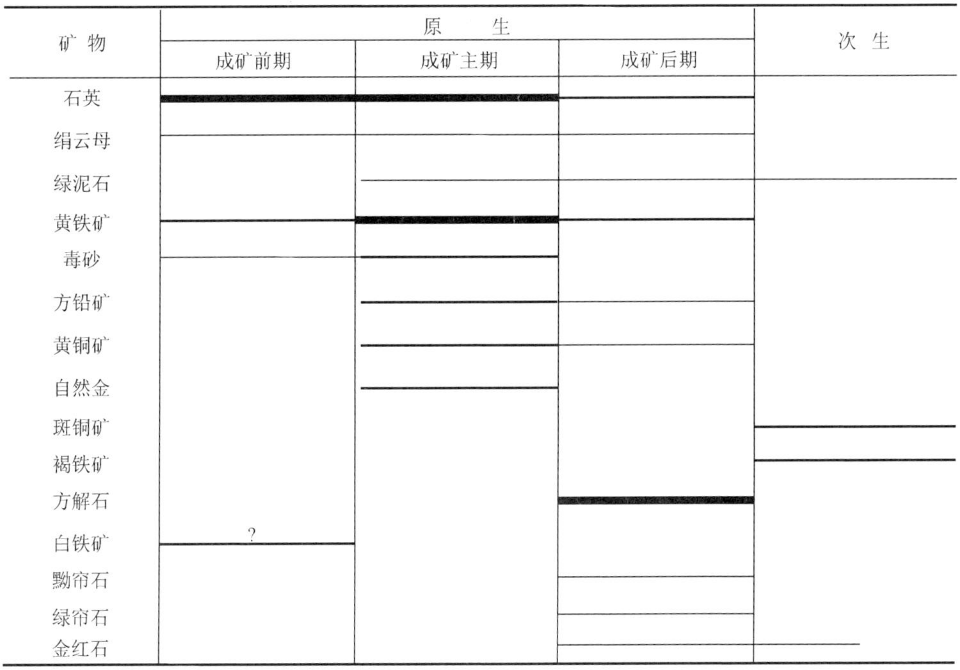

矿物	原生			次生
	成矿前期	成矿主期	成矿后期	
石英	━	━	—	
绢云母	—	—	—	
绿泥石		—	—	—
黄铁矿	—	━	—	
毒砂	—	—		
方铅矿		—	—	
黄铜矿		—	—	
自然金		—		
斑铜矿				—
褐铁矿				—
方解石			━	
白铁矿	? —			
黝帘石			—	
绿帘石			—	
金红石			—	—

表 7-5　黑刺沟矿物共生顺序

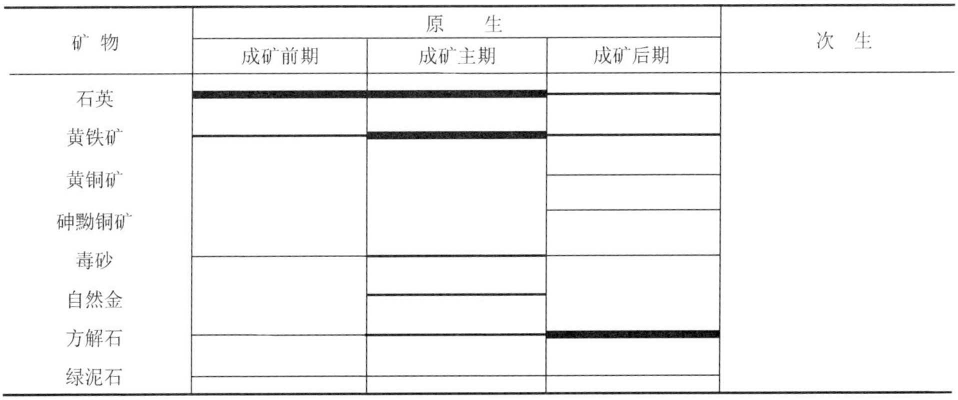

矿物	原生			次生
	成矿前期	成矿主期	成矿后期	
石英	━	━	—	
黄铁矿	—	━	—	
黄铜矿			—	
砷黝铜矿			—	
毒砂	—	—		
自然金		—		
方解石	—	—	━	
绿泥石	—	—	—	

表 7-6　贾公台（振兴梁）矿物共生顺序

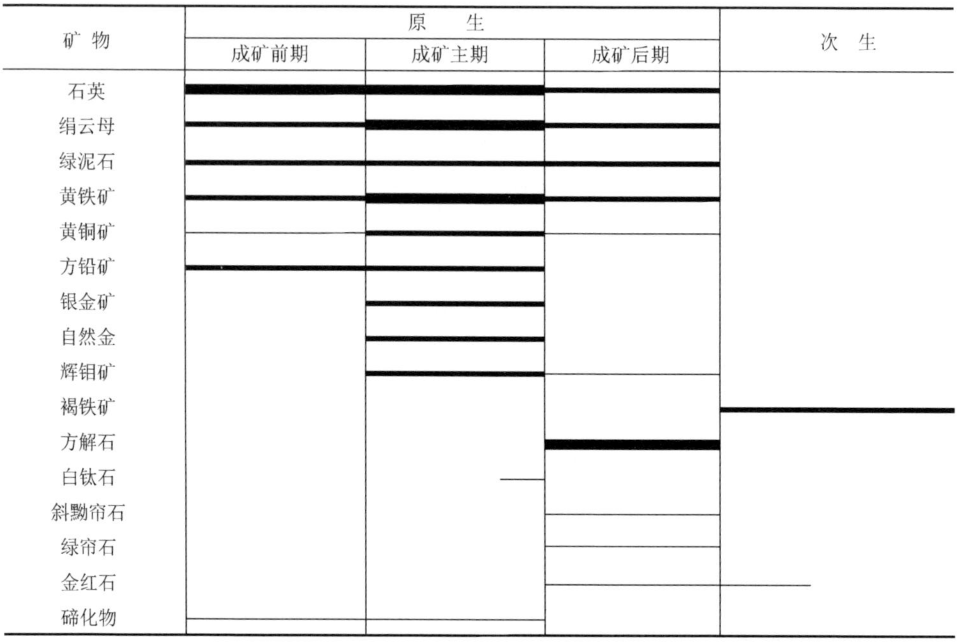

矿 物	原 生			次 生
	成矿前期	成矿主期	成矿后期	
石英				
绢云母				
绿泥石				
黄铁矿				
黄铜矿				
方铅矿				
银金矿				
自然金				
辉钼矿				
褐铁矿				
方解石				
白钛石				
斜黝帘石				
绿帘石				
金红石				
碲化物				

表 7-7　石块地矿物共生顺序

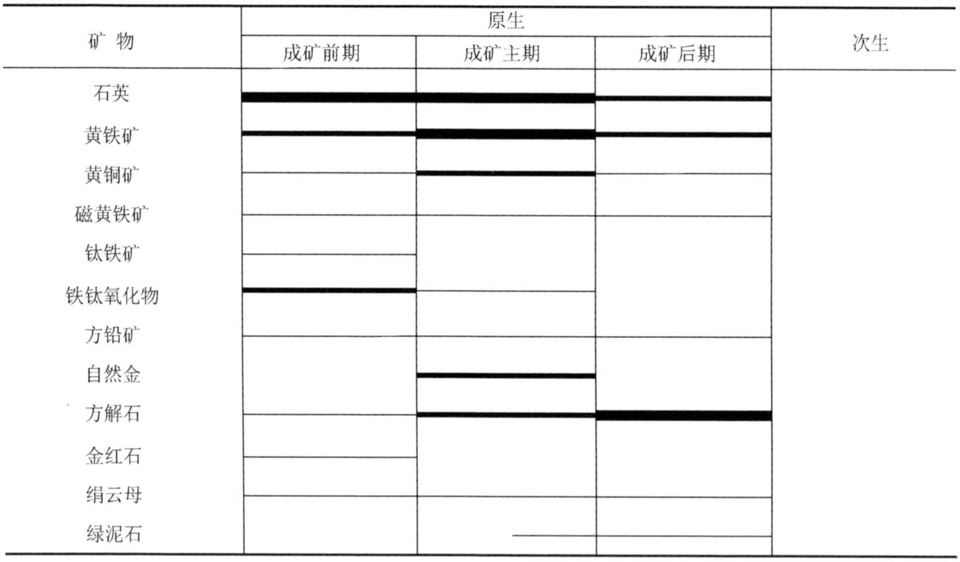

矿 物	原生			次生
	成矿前期	成矿主期	成矿后期	
石英				
黄铁矿				
黄铜矿				
磁黄铁矿				
钛铁矿				
铁钛氧化物				
方铅矿				
自然金				
方解石				
金红石				
绢云母				
绿泥石				

表 7-8　东洞沟—狼查沟矿物共生顺序

矿　物	原　　生			次　生
	成矿前期	成矿主期	成矿后期	
石英				
黄铁矿				
黄铜矿				
褐铁矿				
自然金				
方解石				
绿泥石				
绢云母				

表 7-9　清水沟矿物共生顺序

矿　物	原　　生			次　生
	成矿前期	成矿主期	成矿后期	
石英				
绢云母				
绿泥石				
黄铁矿				
毒砂				
黝铜矿				
钛铁氧化物				
自然金				
方解石				
高岭土				
铁白云石				

第二节　金矿成矿控矿因素

一、成矿大地构造环境与演化

党河南山位于秦祁昆造山系，中—南祁连弧盆系至南祁连岩浆弧带，经历了晚元古代—早古生代两次洋盆拉张-闭合造山演化过程，具有独特的大地构造位置和复杂的演化过程，构造-岩浆活动强烈，成矿条件优越（潘桂棠等，2009）。根据本书研究，党河南山晚元古代以来的大地构造演化过程划分为：850～700Ma

古党河南山洋形成、700～510（490）Ma 古党河南山洋俯冲闭合、490～460Ma 党河南山—拉鸡山洋形成与俯冲、460～445Ma 党河南山—拉鸡山洋俯冲—碰撞和 445～420Ma 中南祁连陆-陆碰撞和其后的陆内造山 6 个阶段。就目前发现的矿床来看，早古生代党河南山—拉鸡山洋俯冲、碰撞及其后的地壳（减薄）伸展阶段是金矿成矿的主要时期，陆源岩浆弧活动带控制了金矿的形成，如吾力沟金矿、鸡叫沟金矿、黑刺沟金矿及小黑刺沟金矿。而板块碰撞带控制了贾公台金矿、振兴梁金矿及石块地金矿的形成，且贾公台金矿和振兴梁金矿形成于碰撞时，而石块地金矿形成于碰撞后的地壳伸展时期。而东洞沟金矿、狼查沟金矿及清水沟金矿可能与地壳减薄后深部岩浆的浅部就位有关。

二、含矿地层

党河南山地区地层主要出露奥陶系、志留系、石炭系、三叠系、侏罗系和新近系。其中奥陶系是金铜多金属矿主要的含矿地层，呈北西-南东向展布，厚度约 3000 多米，目前发现的金铜矿化主要赋存于下奥陶统和下志留统（巴龙贡噶尔组，时代存疑）浅变质火山碎屑岩、砂岩、砂板岩；中上统奥陶统盐池湾组砂砾岩、砂岩、板岩及凝灰岩，这些地层包括以前被划归为中—上奥陶统及中志留统的地层（本书根据侵入其中岩体的年龄，统一校正为下奥陶统）。黑刺沟金矿、吾力沟金矿、贾公台金矿、振兴梁金矿和鸡叫沟金矿均产于下奥陶统中段，而狼查沟金矿和东洞沟金矿产于下奥陶统上段。清水沟金矿主要赋存于下志留统千枚岩及斑点板岩中。

三、侵入岩

该区侵入岩的出露差异较大，西部清水沟—扎子沟以大规模岩基为主，东部黑刺沟—贾公台—东洞沟一带以小型岩体为主，岩石类型包括花岗闪长岩、石英闪长岩、角闪石英二长岩、二长花岗岩和石英闪长（玢）岩等，成矿主要与角闪石英二长岩、二长花岗岩和石英闪长（玢）岩有关。成矿作用一般与规模较小的岩株、岩枝状产出的岩体关系密切，如贾公台金矿、鸡叫沟金矿和吾力沟金矿等，岩体面积一般 0.2～2km^2，而扎子沟大岩基周边成矿作用较弱，小黑刺沟金矿、石块地金矿与清水沟金矿虽然位于扎子沟岩体内部或边缘，但是成矿与大规模的石英闪长岩、花岗闪长岩关系不大，而与其中的角闪石英二长岩、二长花岗岩或后期花岗质脉体有关。另外，成矿作用与碱性岩关系密切，如鸡叫沟辉石闪长岩成矿作用差，而角闪石石英二长岩成矿作用好。这些岩体为成矿提供了热源和部分成矿物质，岩浆期后热液活动是围岩蚀变的主要因素。

四、构造

党河南山地区构造控岩控矿作用明显，区域性北西西向断裂控制了含矿地层及侵入岩的分布，目前发现的矿床基本均位于北西西向构造带旁侧（如贾公台金矿）及与北东东-北东向构造的交汇部位（如振兴梁金矿）（图 1-3）。特别是次级压扭性构造破碎带，既是成矿物质上升运移的通道，围岩蚀变主要沿构造破碎带分布，也是成矿物质沉积成矿的场所，矿体多赋存于构造破碎带内，矿体多呈脉状、透镜状。

第三节 矿床成矿系列

按照陈毓川等（2006，1998）和程裕琪等（1979）对成矿系列的定义，党河南山地区金矿成矿系列可以分为与角闪石英二长岩、二长花岗岩有关的金-铜-钨矿成矿系列、与斜长花岗岩有关的金矿成矿系列和与石英闪长（玢）岩有关的金矿成矿系列。这一划分以成矿主控因素——侵入岩为主，由于矿床成因类型单一，均为中低温热液矿床，这种划分并不能完全反映党河南山地区金矿的成矿规律。前已述及，该区岩浆侵入活动规模、性质及成矿作用受不同大地构造演化阶段的控制。因此，按照代双儿（2001）提出的以成矿大地构造背景为依据的成矿关系划分方案，党河南山地区金矿成矿系列划分为岛弧型成矿系列、碰撞带型成矿系列和碰撞后地壳（减薄）伸展带型成矿系列三个，矿床成因类型均为与岩浆热液活动有关的中低温热液矿床，包含的矿床组合分别是：

（1）岛弧型成矿系列：小黑刺沟金铜钨矿、吾力沟金矿、黑刺沟金锑矿和鸡叫沟金矿。

（2）碰撞带型成矿系列：贾公台金矿、振兴梁金矿和石块地金矿，该系列可以分为同碰撞亚系列（贾公台金矿、振兴梁金矿）和碰撞后地壳伸展亚系列（石块地金矿）。

（3）地壳（减薄）伸展带型成矿系列：东洞沟金矿、狼查沟金矿和清水沟金矿。

第四节 矿床成矿模式

一、典型矿床成矿模式

本书重点研究了贾公台金矿和吾力沟金矿两个矿床，分别代表板块碰撞环境和岛弧环境的矿床类型。按照前述研究，贾公台金矿是在中—南祁连板块碰撞时（时代为 442.7±6.3Ma），由于深部地幔物质上涌，导致加厚下地壳熔融，源岩为具岛弧性质的变质基性岩，岩浆熔融时，来自地幔中携带碲和金的流体加入到岩浆中，并随岩浆上升，在岩浆活动晚期发生了小规模的云英岩化；随着岩浆上升就位，与围岩接触使得流体温度变低，沿破碎带蚀变作用增强导致围岩中矿质加入到流体中，盐度增加，在 250～140℃，中盐度、中密度流体中金等物质大量沉淀成矿，晚期可能由于大气降水的加入，使盐度迅速降低（图 7-2）。

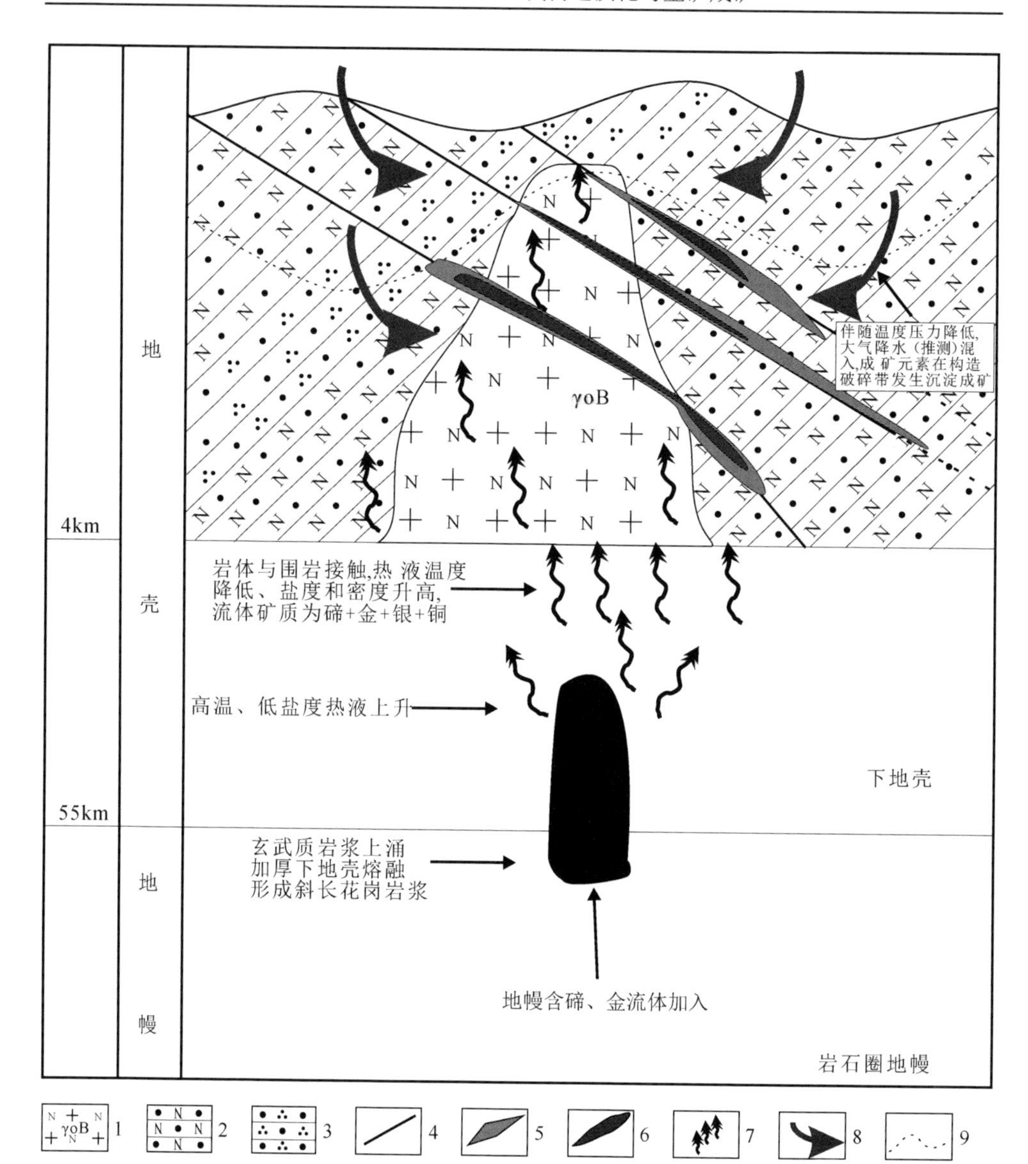

图 7-2　贾公台金矿成矿模式图

1．斜长花岗岩；2．长石砂岩；3．石英砂岩；4．断层；5．断层破碎带；
6．金矿体；7．流体运动方向；8．大气降水运移方向；9．氧化带界线

吾力沟金矿是在南祁连党河南山洋俯冲期间，在靠近陆源位置发育岩浆弧，形成吾力沟、鸡叫沟及黑刺沟等地的角闪石英二长岩岩体，这种深源的岩浆伴随富金的成矿流体活动。岩体就位时岩浆热液使岩体与围岩（特别是在构造破碎带内）发生围岩蚀变而成矿，吾力沟金矿可能还受到了后期岩浆热液活动的叠加成矿作用（图 7-3）。

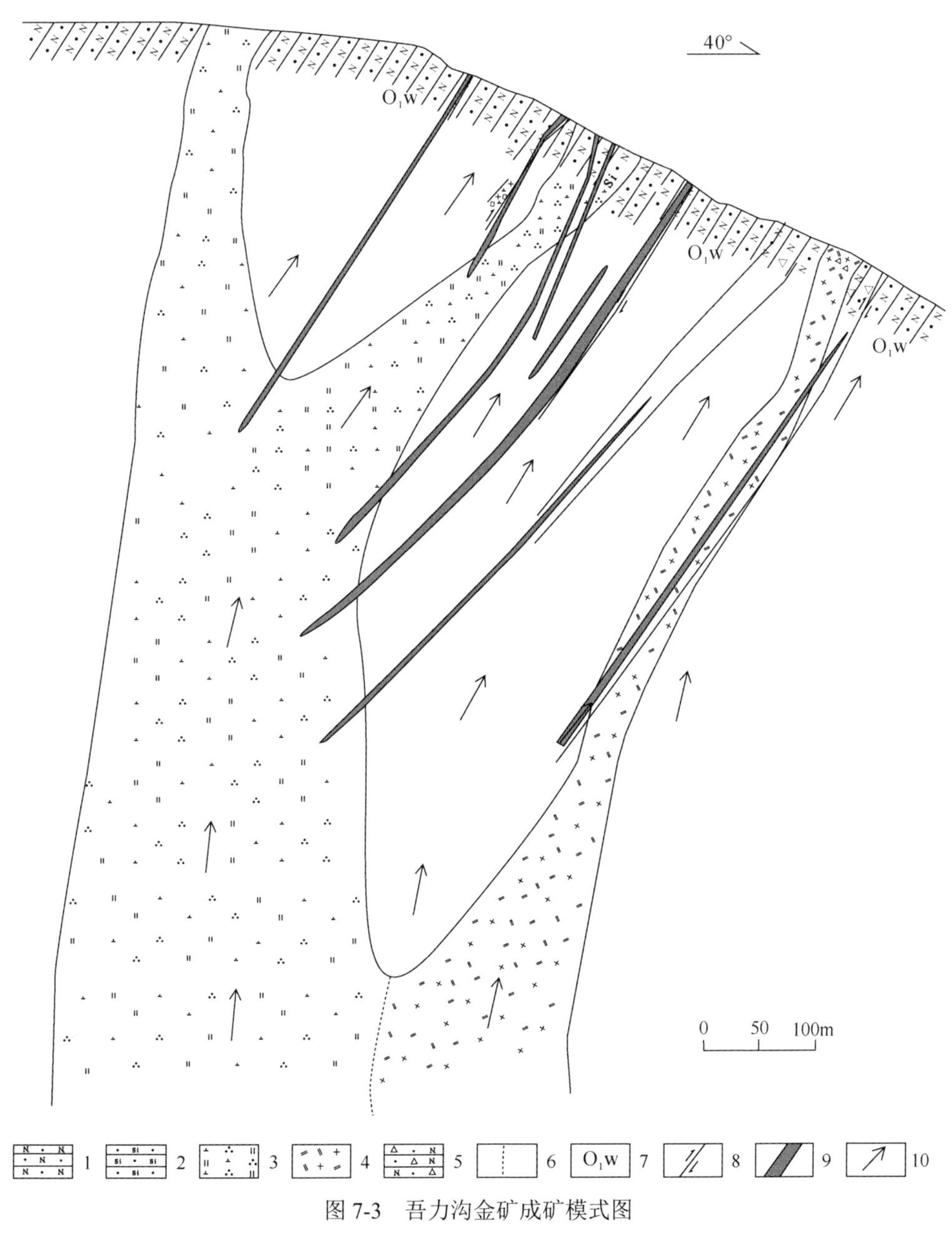

图 7-3　吾力沟金矿成矿模式图

1．长石砂岩；2．硅化砂岩；3．角闪石石英闪长岩；4．二长花岗岩；5．碎裂长石砂岩；6．岩相界线；7．地层代号；8．断层；9．金矿体；10．热液运移方向

二、党河南山地区金矿床成矿模式

按照前述的大地构造演化、侵入岩的地质特征与地球化学特征及典型金矿的成矿作用，矿床时空分布规律及控矿因素，结合典型矿床的成矿模式研究，党河

南山地区金矿成矿模式可以分为岛弧型金矿成矿模式、碰撞型金矿成矿模式及碰撞后地壳减薄伸展型金矿成矿模式（图 7-4）。

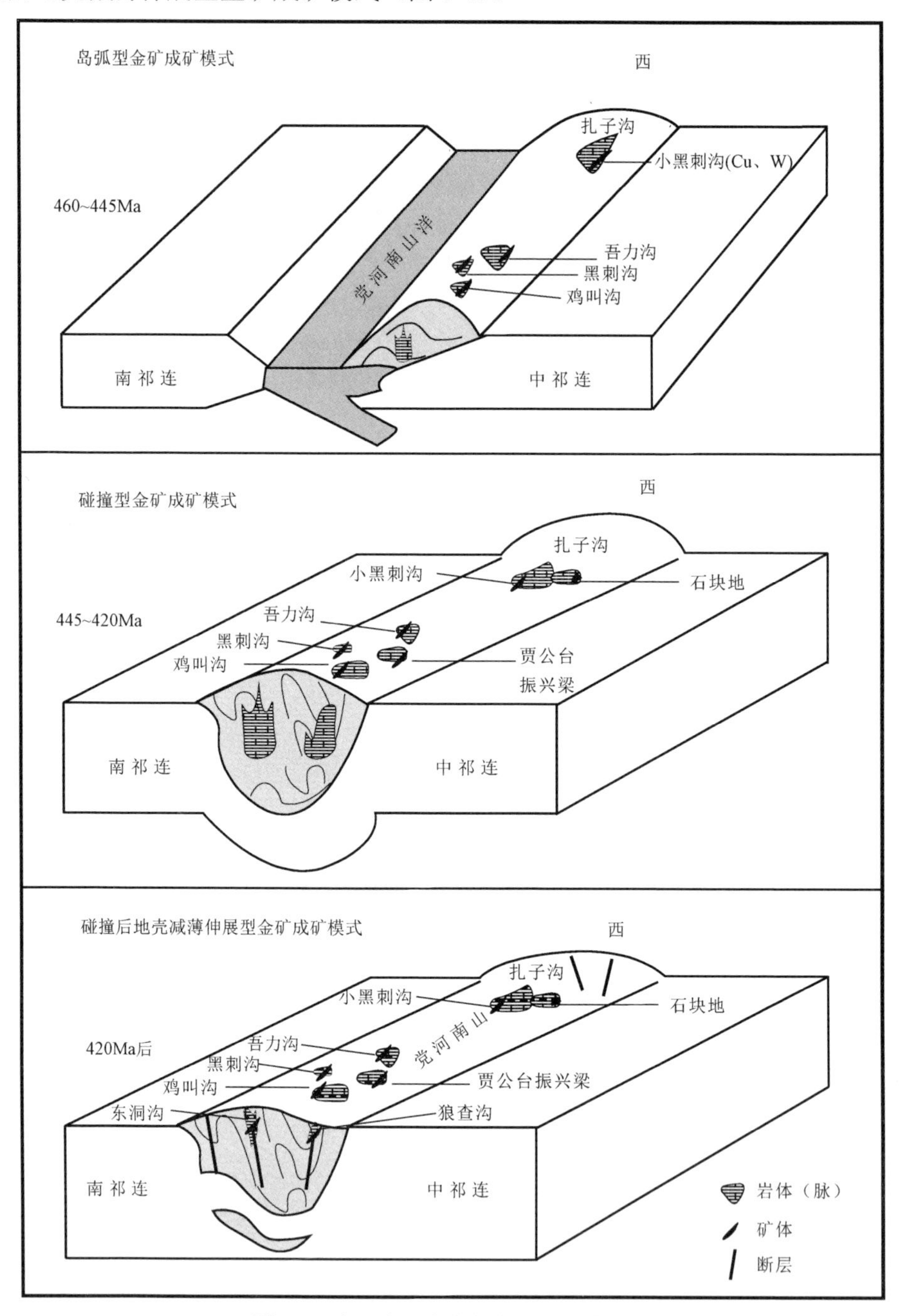

图 7-4　党河南山古生代金矿成矿模式图

第八章　结　　语

党河南山地区位于南祁连山西段，交通不便，自然条件恶劣，是祁连山地区研究程度最低的地区。相对于20世纪七八十年代以来北祁连地区板块构造演化及成矿作用，近20年来柴北缘地区大陆俯冲过程等研究的火热，南祁连地区的研究冷清得多。但由于所处的特殊构造位置，加之近年来金矿勘查取得了重大突破，因此对党河南山地区构造演化及成矿作用的研究对全面认识祁连山造山带的形成演化及其资源环境效应具有重要意义。受时间和经费的限制，加之作者的水平有限，相对于对党河南山复杂的构造演化过程，本书所列的研究成果仅仅涉及了问题的皮毛，一些认识也还有待于进一步的研究工作来验证。以下三个问题在后续工作中亟待深入研究。

1. 下志留统巴龙贡噶尔组的解体和时代

在党河南山主峰及南坡，东西长约500km，南北宽约200km的范围内，广泛出露一套中浅变质的火山-沉积岩系，岩性为紫灰色、绿色硬砂岩、凝灰质板岩及火山岩，厚度为5000～7000m，青海省地质调查局石油普查大队（1959）创名巴龙贡噶尔系，时代划归志留纪—泥盆纪。青海省地质矿产局（1991）将这套地层划归下志留统，孙崇仁（1997）将“巴龙贡噶尔系”改称巴龙贡噶尔组。区域上，巴龙贡噶尔组可以分为复理石段、碎屑岩段和火山岩段，岩层总体上显示为中浅变质岩石和浅变质岩石成不同规模的块体出现，不同块体之间多以断层接触，地层经受了不同程度的变形和构造改造，地层层序不清楚，显示后期的构造叠置作用或构造混杂带的特征。

这套地层位于南祁连和柴北缘之间，是研究南祁连—柴北缘构造演化过程的重要载体。近年来开展的1∶5万区域地质测量工作对该组地层的组成和时代的研究取得了一些新的认识，如在党河南山西段盐池湾西南获得了二云母变砂岩的Rb-Sr 等时线年龄为 396±11Ma，代表变质年龄；甘肃省地质矿产勘查开发局第一地质矿产勘查院在青海省德令哈市拜兴沟地区，解体出一套绿片岩相变质岩，命名为哈尔达乌片岩；河北省区域地质矿产调查研究所在青海省天峻县快尔玛地区巴龙贡噶尔组分布区填绘出石英闪长岩和辉长岩岩株。这些事实都说明，巴龙贡噶尔组可能是不同时代不同构造环境形成的地层混杂体。通过对该套地层时空分布特征、岩石组成、变质变形及时代等的研究，查明这套地层是柴北缘碰撞带或者俯冲的楔形体沉积，是南祁连向南俯冲碰撞的楔形体，还是向北俯冲碰撞的前陆部分，有望从地层沉积和变质作用等方面获得关于党河南山地区洋壳形成、板块俯冲方向和碰撞时限问题的补充认识。

2. 板块碰撞时限问题

由于在党河南山地区缺乏高压-超高压变质岩的资料，对于中、南祁连地块碰撞时限的认识，仅根据贾公台花岗岩体具C型埃达克质岩石的特征来推测的。但是，一方面，贾公台岩体具有比较低的稀土元素含量，与传统的C型埃达克岩的性质不完全一致；另一方面，目前对于C型埃达克岩本身的岩石学特征、构造意义还存在着不同的认识。因此，本书对于党河南山地区板块碰撞时限的认识还需要更多的资料来佐证，就党河南山地区地层与岩体记录来看，前述关于巴龙贡噶尔组的组成和时代归属问题的研究可能是解决这一问题的契机。

3. 金矿成矿年代问题

成矿作用年代问题涉及对矿床成因及成矿规律、找矿方向的认识，本书仅根据贾公台金矿、吾力沟金矿围岩蚀变与花岗岩侵入体的时空关系，结合少量的黄铁矿铅同位素数据探讨了金矿的成矿时代，缺乏其他手段，如包裹体成分的同位素年代研究、围岩蚀变矿物和黏土矿物（如绿泥石等）的 Ar-Ar 矿物年代研究，希望在后续工作中补充其他方法进行成矿年代研究。

参 考 文 献

鲍佩声, 王希斌, 1989. 对大道尔吉铬铁矿矿床成因的新认识[J]. 矿床地质, 8(1): 3-18.

毕献武, 胡瑞忠, 彭建堂, 等, 2004. 黄铁矿微量元素地球化学特征及其对成矿流体性质的指示[J]. 矿物岩石地球化学通报, 23(1): 1-4.

常春郊, 范俊杰, 刘桂阁, 等, 2008. 甘肃党河南山鸡叫沟矿体地质特征[J]. 黄金科学技术, 16(2): 5-11

常华进, 储雪蕾, 王金荣, 等, 2008. 北祁连山东段埃达克岩带 Cu、Au 成矿初探[J]. 西北地质, 41(3): 30-37.

陈丹玲, 孙勇, 刘良, 等, 2005. 柴北缘鱼卡河榴辉岩的变质演化——石榴石成分环带及矿物反应结构的证据[J]. 岩石学报, 21(4): 1039-1048.

陈丹玲, 孙勇, 刘良, 等, 2009. 柴北缘野马滩超高压地体的成因——年代学研究结果的约束[J]. 西北大学学报(自然科学版), 39(4): 631-638.

陈光远, 孙岱生, 周珣若, 等, 1993. 胶东郭家岭花岗闪长岩成因矿物学与金矿化[M]. 武汉: 中国地质大学出版社: 230.

陈晶, 赵中岩, 王启明, 1995. 高压糜棱岩中榍石的塑性流变[J]. 科学通报, 40(4): 336-338.

陈隽璐, 何世平, 王洪亮, 等, 2006. 秦岭祁连造山带接合部位基性岩墙的 LA-ICP-MS 锆石 U-Pb 年龄及地质意义[J]. 岩石矿物学杂志, 25(6): 455-462.

陈隽璐, 徐学义, 曾佐勋, 等, 2008. 中祁连东段什川杂基岩的岩石化学特征及年代学研究[J]. 岩石学报, 24(4): 841-854.

陈能松, 王新宇, 张宏飞, 等, 2007a. 柴-欧微地块花岗岩地球化学和 Nd-Sr-Pb 同位素组成:基底性质和构造属性启示[J]. 地球科学(中国地质大学学报), 32(1): 7-21.

陈能松, 夏小平, 李晓彦, 等, 2007b. 柴北缘花岗片麻岩的岩浆作用计时和前寒武纪地壳增长的锆石 U-Pb 年龄和 Hf 同位素证据[J]. 岩石学报, 23(2): 501-512.

陈其龙, 2009. 北祁连牛心山岩体岩石学、锆石 SHRIMP 定年及其成因[D]. 北京: 首都师范大学硕士学位论文.

陈衍景, 倪培, 范宏瑞, 等, 2007. 不同类型热液金矿系统的流体包裹体特征[J]. 岩石学报, 23(9): 2085-2108.

陈雨, 周德进, 王二七, 等, 1995. 北祁连肃南县大岔大坂蛇绿岩中玻安岩系岩石的发现及其地球化学特[J]. 岩石学报, (s1): 147-153.

陈毓川, 裴荣富, 宋天锐, 等, 1998. 中国矿床成矿系列初论[M]. 北京: 地质出版社: 1-104.

陈毓川, 裴荣富, 王登红, 2006. 三论矿床的成矿系列问题[J]. 地质学报, 80(10): 1501-1508.

程裕淇, 陈毓川, 赵一鸣, 1979. 初论矿床的成矿系列问题[J]. 中国地质科学院院报, 1: 32-58.

代双儿, 2001. 甘蒙北山地区板块构造演化与铜多金属矿成矿系列研究[J]. 兰州大学学报(自然科学版), 37(6): 112-120.

戴霜, 刘博, 闫宁云, 等, 2016. 南祁连党河南山地区中酸性浅成侵入体和岩脉岩石地球化学特征及其与金矿成矿关系[J]. 地球科学与环境学报, 38(6): 753-764.

邓晋福, 赵海玲, 莫宣学, 等, 1996. 中国大陆根-柱构造-大陆动力学的钥匙[M]. 北京: 地质出版社: 20-21.

董国安, 杨怀仁, 杨宏仪, 等, 2007. 祁连地块前寒武纪基地锆石 SHRIM PU-Pb 年代学及其地质意义[J]. 科学通报, 52(13): 1572-1583.

董顺利, 李忠, 高剑, 等, 2013. 阿尔金—祁连—昆仑造山带早古生代构造格架及结晶岩年代学研究进展[J]. 地质论评, 59(4): 731-746.

杜登文, 洪汉烈, 徐志强, 等, 2008. 湖北大悟大坡顶金矿床金矿物特征[J]. 地质科技情报, 27(4): 55-60.

杜乐天, 1996. 地壳流体与地幔流体间的关系[J]. 地学前缘, 3(4): 172-180.

杜远生, 张哲, 周道华, 等, 2002. 北祁连—河西走廊志留纪和泥盆纪古地理及其对同造山过程的沉积响应[J]. 古地理学报, 4(4): 1-8.

范俊杰, 路彦明, 丛润祥, 等, 2008. 祁连山西段党河南山北坡 3 个不同特征的金矿床研究[J]. 地质找矿论丛, 23(1): 48-53.

范俊杰, 张学军, 常春郊, 等, 2007. 甘肃省肃北县鸡叫沟金矿流体包裹体特征研究[J]. 黄金地质, 28(3): 7-10.
冯益民, 1997. 祁连造山带研究概况—历史,现状及展望[J]. 地球科学进展, 12(4): 307-314.
冯益民, 1998. 北祁连造山带西段的外来移置体[J]. 地质论评, 44(4): 365-371.
冯益民, 何世平, 1995a. 北祁连蛇绿岩的地质地球化学研究[J]. 岩石学报, (s1):125-140.
冯益民, 何世平, 1995b. 祁连山及其邻区大地构造基本特征——兼论早古生代海相火山岩的成因环境[J]. 西北地质科学, 16(1): 92-103.
冯益民, 何世平, 1996a. 祁连山大地构造与造山区作用[M]. 北京: 地质出版社: 1-135.
冯益民, 何世平, 1996b. 蛇绿岩与地球动力学研究[M]//张旗. 蛇绿岩与造山作用——北祁连造山带例析. 北京: 地质出版社: 134-138.
冯益民, 吴汉泉, 1992. 北祁连山及其邻区古生代以来的大地构造演化初探[J].西北地质科学, 13(2): 61-74.
付长垒, 闫臻, 郭现轻, 等, 2014. 拉鸡山口蛇绿混杂岩中辉绿岩的地球化学特征及 SHRIMP 锆石 U-Pb 年龄[J]. 岩石学报, 30(6): 1695-1706.
甘肃地质局物探队, 1995. 1:20 万区域地球化学测量《盐池湾幅》报告[M]. 北京: 地质出版社: 5-15.
甘肃地质局物探队, 1996. 1:20 万区域地球化学测量《月牙湖幅》报告[M]. 北京: 地质出版社: 5-16.
甘肃省地质矿产勘查开发局, 1989. 甘肃省区域地质志[M]. 北京: 地质出版社: 692.
高长林, 陈昕华, 吉让寿, 等, 2005.中国西部古中国洋的形成演化与古生代盆地[J].中国西部油气地质.1(1):9-14.
葛肖虹, 刘俊来, 1999. 北祁连造山带的形成与背景[J]. 地学前缘, 6(4): 223-230.
葛肖虹, 刘俊来, 2000. 被肢解的“西域克拉通”[J]. 岩石学报, 16(1): 59-66.
葛肖虹, 马文璞, 刘俊来, 等, 2009. 对中国大陆构造格架的讨论[J]. 中国地质, 36(5): 949-965.
葛肖虹, 张梅生, 刘永江, 等, 1998. 阿尔金断裂研究的科学问题与研究思路[J]. 现代地质, (3): 295-301.
耿建珍, 李怀坤, 张健, 等, 2011. 锆石 Hf 同位素组成的 LA-MC-ICP-MS 测定[J]. 地质通报, 30(10): 1508-1513.
苟国朝, 田培昭, 张新虎, 等, 1994. 大道尔吉超镁铁岩铬铁矿中铂族元素分布特征[J]. 西北地质, 15(1): 11-19.
郭进京, 张国伟, 陆松年, 等, 1999. 中祁连地块东段元古宙基底湟源群沉积构造环境[J]. 西北大学学报(自然科学版), 29(4): 343-347.
郭进京, 赵凤清, 李怀坤, 等, 2000. 中祁连东段湟源群的年代学新证据及其地质意义[J]. 中国区域地质, 19(1): 26-31.
郭坤一, 张传林, 赵宇, 等, 2002. 西昆仑造山带东段中新元古代洋内弧火山岩地球化学特征[J]. 中国地质, 29(2): 161-167.
韩英善, 孙延贵, 郝维杰, 等, 2000. 托莫尔日特蛇绿混杂岩带地质特征及其构造意义[J]. 青海地质, 9(1): 18-25.
何进忠, 金治鹏, 芦青山, 2005. 党河南山金地球化学场研究[J]. 西北地质, 38(3): 54-60.
何世平, 王洪亮, 陈隽璐, 等, 2008. 中祁连马衔山岩群内基性岩墙群锆石 LA-ICP-MS U-Pb 年代学及其构造意义[J]. 地球科学-中国地质大学学报, 33(1): 35-45.
和政军, 1995. 祁连造山带早古生代板块俯冲方向探讨[J]. 地学研究, (28): 99-100.
侯青叶, 赵志丹, 张宏飞, 等, 2005. 北祁连玉石沟蛇绿岩印度洋 MORB 型同位素组成特征及其地质意义[J]. 中国科学(D 辑), 35(8): 710-719.
黄增保, 郑建平, 李葆华, 等, 2015. 中祁连西段野马山岩基年代学、地球化学特征及地质意义[J]. 中国地质, 42(2): 406-420.
黄增保, 郑建平, 李葆华, 等, 2016. 南祁连大道尔吉早古生代弧后盆地型蛇绿岩的年代学、地球化学特征及意义[J]. 大地构造与成矿学, 40(4): 826-838.
霍有光, 吴汉泉, 冯益民, 1992. 北祁连奥陶系地体中蓝片岩、绿片岩岩石矿物化学特征及地质意义[J].地球学报, 13: 59-70.
贾群子, 杨忠堂, 肖朝阳, 等, 2007. 祁连山铜金钨铅锌矿床成矿规律和成矿预测[M]. 北京: 地质出版社: 1-189.
姜福芝, 王玉往, 1992. 白银矿田块状硫化物矿床几个地质问题的新认识[J]. 有色金属矿产与勘查, 1(3): 129-139.
姜高磊, 张思敏, 柳坤峰, 等, 2014. 祁连—柴达木—东昆仑新元古—中生代沉积盆地演化[J]. 地球科学, 39(8): 1000-1016.
康伟浩, 任二峰, 高亮, 等, 2016. 青海南祁连东段化隆岩群时代重新厘定及地质意义[J]. 青海大学学报, 34(5):

52-57.
赖绍聪, 邓晋福, 赵海玲, 1996. 柴达木北缘奥陶纪火山作用与构造机制[J]. 西安地质学院院报, 18(3): 8-14.
李春昱, 1975. 用板块构造学说对中国部分地区构造发展的初步分析[J]. 地球物理学报. 18(1): 54-78.
李春昱, 1978. 从地质构造探讨地震预测[J]. 地球物理学报, 21(1): 67-75.
李厚民, 王崇礼, 刘继庆, 等, 2003a. 祁连党河南山北坡中-基性火山岩地质特征及时代[J]. 矿物岩石, 23(1): 1-4.
李厚民, 王崇礼, 刘志武, 2003b. 南祁连党河南山北坡两个不同特征的金矿床[J]. 矿床地质, 22(2): 191-198.
李怀坤, 陆松年, 赵风清, 等, 1999. 柴达木盆地缘鱼卡河含柯石英榴辉岩的确定及其意义[J]. 现代地质, 13(1): 43-50.
李怀坤, 陆松年, 王惠初, 等, 2003. 青海柴北缘新元古代超大陆裂解的地质记录-全吉群[J]. 地质调查与研究, 26(1): 27-37.
李建锋, 张志诚, 韩宝福, 2010. 中祁连西段肃北、石包城地区早古生代花岗岩年代学、地球化学特征及其地质意义[J]. 岩石学报, 26(8): 2431-2444.
李世金, 2011. 祁连造山带地球动力学演化与内生金属矿产成矿作用研究[D]. 长春: 吉林大学博士学位论文.
李文渊, 2004. 祁连山主要矿床组合及其成矿动力学分析[J]. 地球学报, 25(3): 313-320.
李文渊, 赵东宏, 宋忠宝, 等, 2005. 北祁连山塞浦路斯型铜矿特征及勘查方法——以雪泉铜(锌)矿床为例[M]. 西安: 陕西科学技术出版社: 105.
林慈銮, 孙勇, 陈丹玲, 等, 2006. 柴北缘鱼卡河花岗质片麻岩的地球化学特征和锆石 LA-ICP-MS 定年[J]. 地球化学, 35(5): 489-505.
刘斌, 沈昆, 1999. 流体包裹体热力学[M]. 北京: 地质出版社: 290.
刘博, 戴霜, 张翔, 等, 2016. 南祁连党河南山地区加里东期碰撞后的地壳伸展: 来自煌斑岩的证据[J]. 兰州大学学报(自然科学版), 52(2): 153-160.
刘传周, 肖文交, 袁超, 等, 2005. 祁连山扎麻什基性杂岩体岩石地球化学特征及其大地构造意义[J]. 岩石学报, 21(1): 57-64.
刘燊, 胡瑞忠, 迟效国, 等, 2003. 藏北新生代两套钾玄岩火山岩系列地球化学特征[J]. 矿物岩石, 23(2): 66-72.
刘志武, 李永军, 李厚民, 等, 2003. 党河南山黑刺沟地区与石英二长闪长岩有关的金矿化[J]. 华南地质与矿产, (1): 12-16.
刘志武, 王崇礼, 2007. 党河南山花岗岩类地球化学及其金铜矿化[J]. 地质与勘探, 43(1): 588-632.
刘志武, 王崇礼, 石小虎, 2006. 南祁连党河南山花岗岩类特征及其构造环境[J]. 现代地质, 20(4): 545-554.
卢焕章, 范宏瑞, 倪培, 等, 2004. 流体包裹体[M]. 北京: 科学出版社: 487.
卢欣祥, 孙廷贵, 张雪亭, 等, 2007. 柴达木盆地北缘塔塔楞环斑花岗岩的 SHRIMP 年龄[J]. 地质学报, 81(5): 626-634.
陆松年, 于海峰, 金巍, 等, 2002. 塔里木古大陆东缘的微大陆块体群[J]. 岩石矿物学杂志, 21(4): 317-326.
路彦明, 范俊杰, 赵新峰, 等, 2004. 甘肃黑刺沟金矿床地质特征及类型归属[J]. 黄金地质, 10(3): 1-6.
罗明非, 2010. 甘肃党河南山早古生代大地构造性质研究[D]. 成都: 成都理工大学硕士学位论文.
毛景文, 魏家秀, 2000c. 大水沟碲矿床流体包裹体的 He、Ar 同位素组成及其示踪成矿流体的来源[J]. 地球学报, 21(1): 58-61.
毛景文, 杨建民, 张作衡, 等, 2000a. 甘肃肃北野牛滩含钨花岗质岩岩石学矿物学和地球化学研究[J]. 地质学报, 74(2): 142-155.
毛景文, 张招崇, 杨建民, 等, 2003. 北祁连西段铜金铁钨多金属矿床成矿系列和找矿评价[M]. 北京: 地质出版社, 1-436.
毛景文, 张作衡, 简平, 等, 2000b. 北祁连西段花岗质岩体的锆石 U-Pb 年龄报道[J]. 地质论评, 46(6): 616-620.
孟繁聪, 张建新, 2008. 柴北缘绿梁山早古生代花岗岩浆作用与高温变质作用的同时性[J]. 岩石学报, 24(7): 1584-1594.
孟繁聪, 张建新, 郭春满, 等, 2010. 大岔大坂MOR型和SSZ型蛇绿岩对北祁连洋演化的制约[J]. 岩石矿物学杂志, 29(5): 453-466.
潘桂棠, 肖庆辉, 陆松年, 等, 2009. 中国大地构造单元划分[J]. 中国地质, 36(1): 1-28.

裴先治, 丁仨平, 张国伟, 等, 2007. 西秦岭天水地区百花基性岩浆杂岩的LA-ICP-MS锆石U-Pb年龄及地球化学特征[J]. 中国科学D辑: 地球科学, 37(增刊): 224-234.

戚学祥, 张建新, 李海兵, 2004. 北祁连南缘右行韧性走滑剪切带糜棱岩矿物的化学成分及其对形成环境的响应[J]. 现代地质, 18(1): 54-63.

钱汉东, 陈武, 黄瑾, 等, 2000. 我国某些金矿床中金银碲化物矿物的共生关系[J]. 高校地质学报, 6(2): 220-224.

钱汉东, 陈武, 谢家东, 等, 2000. 碲矿物综述[J]. 高校地质学报, 6(2): 178-187.

钱青, 王岳明, 李惠民, 等, 1998. 甘肃老虎山闪长岩的地球化学特征及其成因[J]. 岩石学报, 11(4): 520-528.

钱青, 张旗, 孙晓猛, 2001. 北祁连九个泉玄武岩的形成环境及地幔源区特征: 微量元素和Nd同位素地球化学制约[J]. 岩石学报, 17: 385-394.

钱青, 张旗, 孙晓猛, 等, 2001. 北祁连山老虎山玄武岩和硅岩的地球化学特征及形成环境[J]. 地质科学, 36(4): 444-453.

青海省地质矿产局, 1991. 青海省地质志[M]. 北京: 地质出版社.

邱家骧, 曾广策, 朱云海, 等, 1998. 北秦岭—南祁连早古生代裂谷造山带火山岩与小洋盆蛇绿岩套特征及纬向对比[J]. 高校地质学报, 4(4): 393-405.

邵洁涟, 1988. 金矿找矿矿物学[M]. 北京: 中国地质大学出版社: 163.

史仁灯, 杨经绥, 吴才来, 等, 2004a. 北祁连玉石沟蛇绿岩形成于晚震旦世的SHRIMP年龄证据[J]. 地质学报, 78(5): 649-657.

史仁灯, 杨经绥, 吴才来, 等, 2004b. 柴达木北缘超高压变质带中的岛弧火山岩[J]. 地质学报, 78(1): 52-64.

宋叔和, 1991. 中国一些主要金属矿床类型及其时空分布规律问题[J]. 矿床地质, 10(1): 10-18.

宋述光, 1997. 北祁连山俯冲杂岩带的构造演化[J]. 地球科学进展, 12(4): 351-365.

宋述光, 牛耀龄, 张立飞, 等, 2009. 大陆造山运动——从大洋俯冲到大陆俯冲-碰撞-折返的时限——以北祁连山—柴北缘为例[J]. 岩石学报, 25(9): 2067-2077.

宋述光, 张贵宾, 张聪, 等, 2013. 大洋俯冲和大陆碰撞的动力学过程: 北祁连-柴北缘高压-超高压变质带的岩石学制约[J]. 科学通报, 58(23): 2240-2245.

宋述光, 张立飞, 牛耀龄, 等, 2007. 大陆碰撞造山带的两类橄榄岩——以柴北缘超高压变质带为例[J].地学前缘, 14(2): 131-140.

宋学信, 张景凯, 1986. 中国各种成因黄铁矿的微量元素特征[J]. 中国地质科学院矿床地质研究所所刊, 18(2): 22-25.

宋忠宝, 任有祥, 李智佩, 等, 2004. 北祁连山西段巴个峡—黑大坂一带几个花岗闪长岩体的侵入时代讨论——兼论古阿尔金断裂活动时间[J]. 地球学报, 25(2): 205-208.

苏建平, 胡能高, 张海峰, 等, 2004a. 中祁连西段黑沟梁子花岗岩的锆石U-Pb同位素年龄及成因[J]. 现代地质, 18(1): 70-74.

苏建平, 张新虎, 胡能高, 等, 2004b. 中祁连西段野马南山埃达克质花岗岩的地球化学特征及成因[J]. 中国地质, 31(4): 365-371.

孙崇仁, 1997. 青海省岩石地层[M]. 北京: 中国地质大学出版社: 79.

孙丰月, 金巍, 李碧乐, 等, 2000. 关于脉状热液金矿床成矿深度的思考[J]. 长春科技大学学报, 30(增刊): 27-30.

孙娇鹏, 陈世悦, 马寅生, 等, 2016. 柴达木盆地北缘早奥陶世陆-弧碰撞及弧后前陆盆地——来自碎屑岩地球化学的证据[J]. 地质学报, 90(1): 80-92.

汤中立, 白云来, 1999. 华北古大陆西南边缘构造格架与成矿系统[J]. 地学前缘, 6(2): 271-283.

天津地质矿产研究所, 2004. 1: 25万《都兰幅》区域地质调查报告[M]. 北京: 地质出版社:1-30.

涂光炽, 高振敏, 胡瑞忠, 等, 2004. 分散元素地球化学及成矿机制[M]. 北京: 地质出版社: 176-235.

万渝生, 许志琴, 杨经绥, 等, 2003. 祁连造山带及邻区前寒武纪深变质基底的时代和组成[J]. 地球学报, 24: 319-324.

汪禄波, 2014. 南祁连党河南山贾公台金矿成因研究[D]. 兰州: 兰州大学硕士学位论文.

汪禄波, 戴霜, 张莉莉, 等, 2014. 甘肃贾公台金矿床地质特征与流体包裹体研究[J]. 地球科学与环境学报, 36(1): 111-119.

王春英, 于福生, 2000. 北祁连东段米家山地区碰撞变质作用研究[J]. 甘肃地质学报, 9(1): 44-51.
王二七, 张旗, 2000. 青海拉鸡山——一个多阶段抬升的构造窗[J]. 地质科学, 35(4): 493-500.
王惠初, 2006. 柴达木盆地北缘早古生代碰撞造山及岩浆作用[D]. 北京: 中国地质大学(北京)博士学位论文.
王惠初, 陆松年, 莫宣学, 等, 2005. 柴达木盆地北缘早古生代碰撞造山系统[J]. 地质通报, 24(7): 603-612.
王惠初, 陆松年, 袁桂邦, 等, 2003. 柴达木盆地北缘滩间山群的构造属性及形成时代[J]. 地质通报, 22(7): 487-493.
王金荣, 郭原生, 付善明, 等, 2005. 甘肃黑石山早古生代埃达克质岩的发现及其构造动力学意义[J]. 岩石学报, 21(3): 977-985.
王金荣, 吴春俊, 蔡正红, 等, 2006. 北祁连山东段银硐梁早古生代高镁埃达克岩: 地球动力学及成矿意义[J]. 岩石学报, 22(11): 2655-2664.
王金荣, 吴继承, 贾志磊, 2008. 北祁连山东段苏家山高 Mg 埃达克岩地球动力学意义[J]. 兰州大学学报(自然科学版), 44(3): 16-27.
王奎仁, 1989. 地球与宇宙成因矿物学[M]. 合肥: 安徽教育出版社: 397-487.
王荃, 刘雪亚, 1976. 我国西部祁连山区的古海洋地壳及其大地构造意义[J]. 地质科学, 11(1): 42-55.
王小萍, 刘海里, 王俊华, 2011. 甘肃贾公台金矿床矿体地质特征及控矿因素研究[J]. 甘肃科技, 27(17): 44-46.
王晓地, 王雄武, 杨伟, 等, 2004. 北祁连西段加里东期花岗岩类与钨成矿作用的关系浅议[J]. 华南地质与矿产, (1): 17-24.
王毅智, 梁超云, 王桂秀, 2000. 柴达木盆地北缘麻粒岩的发现及地质特征[J]. 青海地质, 9(1): 33-38.
吴才来, 郜源红, 雷敏, 等, 2014. 南阿尔金茫崖地区花岗岩类锆石 SHRIMP U-Pb 定年、Lu-Hf 同位素特征及岩石成因[J]. 岩石学报, 30(8): 2297-2323.
吴才来, 郜源红, 吴锁平, 等, 2007. 柴达木盆地北缘大柴旦地区古生代花岗岩锆石 SHRIMP 定年[J]. 岩石学报, 23(8): 1861-1875.
吴才来, 郜源红, 吴锁平, 等, 2008. 柴北缘西段花岗岩锆石 SHRIMP U-Pb 定年及其岩石地球化学特征[J]. 中国科学(D 辑): 地球科学, 38(8): 930-949.
吴才来, 徐学义, 高前明, 等, 2010. 北祁连早古生代花岗质岩浆作用及构造演化[J]. 岩石学报, 26(4): 1027-1044.
吴才来, 杨经绥, Trevor J, 等, 2001. 祁连南缘嗷唠山花岗岩 SHRIMP 锆石年龄及地质意义[J]. 岩石学报, 17(2): 215-221.
吴才来, 杨经绥, 杨宏仪, 等, 2004. 北祁连东部两类 I 型花岗岩定年及其地质意义[J]. 岩石学报, 20(3): 425-432.
吴才来, 姚尚志, 杨经绥, 等, 2006. 北祁连洋早古生代双向俯冲的花岗岩证据[J]. 中国地质, 33(6): 1197-1208.
吴福元, 李献华, 杨进辉, 等, 2007. 花岗岩成因研究的若干问题[J]. 岩石学报, 23(6): 1217-1238.
吴汉泉, 1980. 东秦岭和北连山的蓝片岩[J]. 地质学报, 54(3): 195-207.
吴元保, 郑永飞, 2004. 锆石成因矿物学研究及其对 U-Pb 年龄解释的制约[J]. 科学通报, 49(16): 1588-1604.
夏林圻, 夏祖春, 任有祥, 等, 1991. 祁连、秦岭山系海相火山岩[M]. 武汉: 中国地质大学出版社: 304.
夏林圻, 夏祖春, 任有祥, 等, 1998a. 祁连山及邻区火山作用与成矿[M]. 北京: 地质出版社: 1-110.
夏林圻, 夏祖春, 任有祥, 等, 2001. 北祁连山构造-火山岩浆-成矿动力学[M]. 北京: 中国大地出版社: 269.
夏林圻, 夏祖春, 徐学义, 1995. 北祁连山构造-火山岩浆演化动力学[J]. 西北地质科学, 16(1): 1-28.
夏林圻, 夏祖春, 徐学义, 1998b. 北祁连山早古生代洋脊-洋岛和弧后盆地火山作用[J]. 地质学报, 72(4): 301-312.
夏小洪, 宋述光, 2010. 北祁连山肃南九个泉蛇绿岩形成年龄和构造环境[J]. 科学通报, 55(15); 1465-1473.
肖庆辉, 卢欣祥, 王菲, 等, 2003. 柴达木北缘鹰峰环斑花岗岩的时代及其地质意义[J]. 中国科学(D 辑), 33(12): 1193-1200.
肖序常, 陈国铭, 朱志直, 1978. 祁连山古蛇绿岩带的地质构造意义[J]. 地质学报, 4: 281-295.
肖序常, 李廷东, 李光岑, 等, 1988. 喜马拉雅岩石圈构造演化总论[M]. 北京: 地质出版社: 236.
熊子良, 张宏飞, 张杰, 2012. 北祁连东段冷龙岭地区毛藏寺岩体和黄羊河岩体的岩石成因及其构造意义[J]. 地学前缘, 19(3): 214-226.
徐旺春, 张宏飞, 柳小明, 2007. 锆石 U-Pb 定年限制祁连山高级变质岩系的形成时代及其构造意义[J]. 科学通报, 52(10): 1174-1180.
徐学义, 何世平, 王洪亮, 等, 2008. 早古生代北秦岭—北祁连结合部构造格局的地层及构造岩浆事件约束[J]. 西北地质, 41(1): 1-21.
许志琴, 徐惠芬, 张建新, 等, 1994. 北祁连走廊南山加里东俯冲杂岩增生地体及其动力学[J]. 地质学报, 68(1): 1-15.
许志琴, 杨经绥, 吴才来, 等, 2003. 柴达木北缘超高压变质带形成于折返的时限及机制[J]. 地质学报, 77(2): 163-276.
杨建军, 朱红, 邓晋福, 等, 1994. 柴达木北缘石榴石橄榄岩的发现和意义[J]. 岩石矿物学杂志, 13(2): 98-104.
杨经绥, 史仁灯, 吴才来, 等, 2004. 柴达木盆地北缘新元古代蛇绿岩的厘定——罗迪尼亚大陆裂解的证据[J]. 地质通报, 23(9-10): 892-898.
杨经绥, 徐志琴, 李海兵, 等, 2002a. 我国西部柴北缘地区发现榴辉岩[J]. 科学通报, 43(14): 1544-1548.
杨经绥, 许志琴, 裴先治, 等, 2002b. 秦岭发现金刚石: 横贯中国中部巨型超高压变质带新证据及古生代和中生代两期深俯冲作用的识别[J]. 地质学报, 76(4): 484-495.
杨经绥, 许志琴, 宋述光, 等. 2000.青海都兰榴辉岩的发现及对中国中央造山带内高压—超高压变质带研究的意义[J]. 地质学报, 74(2): 156-168.
杨经绥, 张建新, 孟繁聪, 等, 2003. 中国西部柴北缘—阿尔金的超高压变质榴辉岩及其原岩性质探讨[J]. 地学前缘, 10(3): 291-313.
杨巍然, 邓清禄, 吴秀玲, 2000. 拉脊山造山带断裂作用特征及与火山岩-蛇绿岩套的关系[J]. 地质科技情报, 19(2): 5-26.
杨巍然, 邓清禄, 吴秀玲, 2002. 南祁连拉脊山造山带基本特征及大地构造属性[J]. 地质学报, 76(1):106.
尹观, 张树发, 范良明, 等, 1998. 甘肃白银金属硫化物矿床及其矿区主要地质事件的同位素地质年代学研究[J]. 地质地球化学, (1): 6-14.
雍拥, 肖文交, 袁超, 等, 2008a. 中祁连东段古生代花岗岩的年代学、地球化学特征及其大地构造意义[J]. 岩石学报, 24(4): 855-866.
雍拥, 肖文交, 袁超, 等, 2008b. 中祁连东段花岗岩 LA-ICP-MS 锆石 U-Pb 年龄及地质意义[J]. 新疆地质, 26(1): 62-71.
袁桂邦, 王惠初, 李惠民, 等, 2002. 柴北缘绿梁山地区辉长岩的锆石 U-Pb 年龄及意义[J]. 前寒武纪研究进展, 25(1): 37-40.
曾建元, 杨宏仪, 万渝生, 等, 2006. 北祁连山变质杂岩中新元古代(～775Ma)岩浆活动记录的发现: 来自 SHRIMP 锆石 U-Pb 定年的证据[J]. 科学通报, 51(5): 574-581.
曾建元, 杨怀仁, 杨宏仪, 2007. 北祁连东草河蛇绿岩: 一个早古生代的洋壳残片[J]. 科学通报, 52(7): 825-835.
张德全, 孙桂英, 徐洪林, 1995. 祁连山金佛寺岩体的岩石学和同位素年代学研究[J]. 地球学报, 16(4): 375-385.
张二朋, 顾其昌, 郑文林, 等, 1998. 西北区区域地层[M]. 武汉: 中国地质大学出版社: 130.
张建新, 万渝生, 许志琴, 等, 2001. 柴达木北缘德令哈地区基性麻粒岩的发现及其形成时代[J]. 岩石学报, 17(3): 453-458.
张建新, 许志琴, 陈文, 等, 1997. 北祁连中段俯冲-增生杂岩/火山弧的时代探讨[J]. 岩石矿物学杂志, 16(2): 112-119.
张建新, 杨经绥, 许志琴, 2002. 阿尔金榴辉岩中超高压变质作用证据[J]. 科学通报, 47(3): 231-234.
张莉莉, 戴霜, 张翔, 等, 2013. 南祁连党河南山地区鸡叫沟复式岩体岩石地球化学特征及构造环境[J]. 兰州大学学报(自然科学版), 49(6): 733-740.
张良, 刘跃, 李瑞红, 等, 2014. 胶东大尹格庄金矿床铅同位素地球化学[J]. 岩石学报, 30(9): 2468-2480.
张旗, 2012. 评花岗岩的哈克图解[J]. 岩石矿物学杂志, 31(3): 425-431.
张旗, 金惟俊, 王焰, 等, 2010. 花岗岩与金铜及钨锡成矿的关系[J]. 矿床地质, 29(5): 729-759.
张旗, 李承东, 2012. 花岗岩: 地球动力学意义[M]. 北京: 海洋出版社: 58-59.
张旗, 潘国强, 李承东, 等, 2007a. 花岗岩构造环境问题: 关于花岗岩研究的思考之三[J]. 岩石学报, 23(11): 2684-2698.
张旗, 潘国强, 李承东, 等, 2007b. 花岗岩结晶分离作用问题——关于花岗岩研究的思考之二[J]. 岩石学报, 23(6): 1240-1251.
张旗, 潘国强, 李承东, 等, 2008. 21 世纪的花岗岩研究, 路在何方?——关于花岗岩研究的思考之六[J]. 岩石学报,

24(10): 2220-2236.
张旗, 孙晓猛, 周德进, 等, 1997. 北祁连蛇绿岩的特征、形成环境及其构造意义[J]. 地球科学进展, 12: 366-393.
张旗, 王焰, 2008. 埃达克岩和花岗岩: 挑战与机遇[M]. 北京: 中国大地出版社: 344.
张旗, 王焰, 潘国强, 等, 2008. 花岗岩源岩问题——关于花岗岩研究的思考之四[J]. 岩石学报, 24 (6): 1193-1204.
张旗, 王焰, 钱青, 2000. 北祁连早古生代洋盆是裂陷槽还是大洋盆——与葛肖虹讨论[J]. 地质科学, 35(1): 121-128.
张旗, 王焰, 钱青, 等, 2001. 中国东部燕山期埃达克岩的特征及其构造-成矿意义[J]. 岩石学报, 17(2): 236-244.
张万仁, 冯备战, 吴宝祥, 2006. 甘肃南祁连奥陶纪火山岩演化的地球化学证据[J]. 甘肃科技, 22(3): 97-101.
张翔, 张莉莉, 汪禄波, 等, 2015. 党河南山乌里沟中酸性岩体锆石 U-Pb 年龄、地球化学特征及与金矿成矿关系[J]. 成都理工大学学报(自然科学版), 42(5): 596-607.
张新虎, 梁明宏, 刘建宏, 等, 2015. 甘肃省地质矿产图[M]. 北京: 地质出版社.
张招崇, 李兆鼐, 1994. 一个值得重视的金矿类型——碲化物型[J]. 贵金属地质, 1(3): 59-64.
张招崇, 周美付, Paul T R, 等, 2001. 北祁连山西段熬油沟蛇绿岩 SHRIMP 分析结果及其地质意义[J]. 岩石学报, 17(2): 222-226.
张照伟, 李文渊, 高永宝, 等, 2012. 南祁连裕龙沟岩体 ID-TIMS 锆石 U-Pb 年龄及其地质意义[J]. 地质通报, 31(2-3): 455-462.
赵东宏, 杨合群, 宋忠宝, 等, 2003. 甘肃北祁连山错沟—寺大隆铜锌成矿带区域地质背景及找矿方向[J]. 地质与资源, 12(4): 215-220.
赵风清, 郭进京, 李怀坤, 2003. 青海锡铁山地区滩间山群的地质特征及同位素年代学[J]. 地质通报, 22(1): 28-31.
赵虹, 党犇, 王崇礼, 2004. 甘肃南祁连党河南山中奥陶世火山岩的地球化学特征[J]. 现代地质, 18(1): 64-69.
赵虹, 金治鹏, 党犇, 等, 2001. 甘肃党河南山北坡早古生代火山岩时代探讨[J]. 西安工程学院学报, 23(3): 26-29.
朱炳泉, 1998. 地球科学中同位素体系理论与应用——兼论中国大陆壳幔演化[M]. 北京: 科学出版社.
朱小辉, 陈丹玲, 刘良, 等, 2013. 柴北缘西段团鱼山岩体的地球化学、年代学及 Hf 同位素示踪[J]. 高校地质学报,19(2): 233-244.
朱小辉, 陈丹玲, 王超, 等, 2015, 柴达木盆地北缘新元古代—早古生代大洋的形成、发展和消亡[J]. 地质学报, 89(2): 234-251.
左国朝, 李志林, 2001. 拉鸡山裂谷带特征及演化[J]. 甘肃地质学报, (1): 26-31.
左国朝, 刘寄陈, 1987. 北祁连早古生代大地构造演化[J]. 地质科学, (1): 14-24.
左国朝, 吴汉泉, 1997. 北祁连中段早古生代双向俯冲-碰撞造山模式剖析[J]. 地球科学进展, 12(4): 315-323.
左国朝, 吴茂炳, 毛景文, 等, 1999. 北祁连西段早古生代构造演化史[J]. 甘肃地质, (1): 6-13.
AFIFI A M, KELLY W C, ESSENE E J, 1988. Phase relations among tellurides, sulfides, and oxides applications to telluride-bearing ore deposit[J]. Economic Geology, 83(2): 395-404.
ANDERSEN T, 2002. Correction of common lead in U-Pb analyses that do not report 204Pb[J]. Chemical Geology, 192(1-2): 59-79.
BARBARIN B, 1999. A review of the relationships between granitoid types, their origins and their geodynamic environments[J]. Lithos, 46(3): 605-626.
BATCHELOR R A, Bowden P, 1985. Petrogenetic interpretation of granitoid rock series using multicationic parameters[J]. Chemical Geology, 48(1): 43-55.
BELOUSOVA E, GRIFFIN W, O' REILLY S Y, et al., 2002. Igneous zircon: trace element composition as an indicator of source rock type[J]. Contributions to Mineralogy and Petrology, 143(5): 602-622.
BIZZARRO M, SIMONETTI A, STEVENSON R K, et al., 2002. Hf isotope evidence for a hidden mantle reservoir[J]. Geology, 30(9): 771.
BONIN B, AZZOUNI-SEKKAL A, BUSSY F, et al., 1998. Alkali-calcic and alkaline post-orogenic(PO)granite magmatism: Petrologic constraints and geodynamic settings[J]. Lithos, 45(1-4): 45-70.
CASTILLO P R, 2006. An overview of adakite petrogenesis[J]. Science Bulletin, 51(3): 257-268.
CASTILLO P R, 2012. Adakite petrogenesis[J]. Lithos, 134-135(3): 304-316.

CHAPPELL B W, WHITE A J R, 1974. Two contrasting granite types[J]. Pacific Geology, 8: 173-174.

CHAPPELL B W, WHITE A J R. 1992. I- and S-type granites in the Lachlan Fold Belt[J]. Earth and Environmental Science Transactions of the Royal Society of Edinburgh, 83(1-2): 1-26.

COLLINS W J, BEAMS S D, WHITE A J R, et al., 1982. Nature and origin of A-type granites with particular reference to Southeastern Australia[J]. Contribution to Mineralogy and Petrology, 80(2): 189-200.

CREASER R A, PRICE R C, WORMALD R J, 1991. A-type granites revisited: Assessment of a residual-source model[J]. Geology, 19(2): 163-166.

DEFANT M J, DRUMMOND M S, 1990. Derivation of some modern arc magmas by melting of young subducted lithosphere[J]. Nature, 347(6294): 662-665.

DEFANT M J, KEPEZHINSKAS P, 2001. Evidence suggests slab melting in arc magmas[J]. Eos Transactions American Geophysical Union, 82(6): 62-70.

DEFANT M J, KEPEZHINSKAS P, XU J F, et al., 2002. Adakites: some variations on a theme[J]. Acta Petrologica Sinica, 18(2): 129-142.

DOGLIONI C, CARMINATI E, CUFFARO M, et al., 2007. Subduction kinematics and dynamic constraints[J]. Earth Science Reviews, 83: 125-175.

DONG S B, 1993. Metamorphic and tectonic domains of China [J]. Journal of Metamorphic Geology, 11(4): 465-481.

DRUMMOND M S, DEFANT M J, 1990. A model for trondhjemitetonalite-dacite genesis and crustal growth via slab melting: Archaean to modern comparisons[J]. Journal of Geophysical Research Solid Earth, 95(B13): 21503-21521.

GEHRELS G E, YIN A, WANG X, 2003. Magmatic history of the northeastern Tibetan Plateau[J]. Journal of Geophysical Research, 108(B9): 2423.

GRIFFIN W L, BELOUSOVA E A, SHEE S R, et al., 2004. Archean crustal evolution in the northern Yilgarn Craton: U-Pb and Hf-isotope evidence from detrital zircons [J]. Precambrian Research, 131(3-4): 231-282.

GRIFFIN W L, WANG X, JACKSON S E, et al., 2002. Zircon chemistry and magma mixing, SE China: In-situ analysis of Hf isotopes, Tonglu and Pingtan igneous complexes[J]. Lithos, 61(3): 237-269.

HEDENQUIST J W, ARRIBAS A, REYNOLDS T, 1998. Evolution of an intrusion-centered hydrothermal system: Far Southeast-Lepanto porphyry and epithermal Cu-Au deposit, Philippines[J]. Economic Geology, 93: 373-404.

HOEFS J, 1997. Stable Isotope Geochemistry[M]. Berlin: Springer-Verlag: 119,120.

HOFMANN A W, 1988. Chemical differentiation of the Earth: the relationship between mantle, continental crust, and oceanic crust[J]. Earth and Planetary Science Letters, 90(1):297-314.

HOU Q Y, ZHAO Z D, ZHANG H F, et al., 2006. Indian Ocean-MORB-type isotopic signature of Yushigou ophiolite in North Qilian Mountains and its implications [J]. Science in China Series D-Earth Science, 49(6): 561-572.

IONOV D A, HOFMANN A W, 1995. Nb-Ta-rich mantle amphiboles and micas: implications for subduction-related metasomatic trace element fractionations[J]. Earth and Planetary Science Letters, 131(3-4): 341-356.

KEMP A L S, HAWKESWORTH C J, FOSTER G L, et al., 2007. Magmatic and crustal differentiation history of granitic rocks from Hf-O isotope in zircon[J]. Science, 315(5814): 980-983.

LIN Y H, ZHANG L F, JI J Q, et al., 2010. $^{40}Ar/^{39}Ar$ isochron ages of lawsonite blueschists from Jiuquan in the northern Qilian Mountain, NW China, and their tectonic implications [J]. Chinese Science Bulletin, 55(19): 2021-2027.

LIOU J G, WANG X M, COLEMAN R G, et al., 1989. Blueschists in major suture zones of China [J]. Tectonics, 8(3): 609-619.

LIU Y J, NEUBAUER F, GENSER J, et al., 2006. $^{40}Ar/^{39}Ar$ ages of blueschist facies pelitic schists from Qingshuigou in the Northern Qilian Mountains, western China [J]. The Island Arc, 15(1): 187-198.

LOFTUS G H, COBALT S M, 1967. Nickel and selenium in sulphides as indicators of ore genesis[J]. Mineralium Deposita, 2(3): 228-242.

LUCENTE F P, MARGHERITI L, 2008. Subduction rollback, slab breakoff, and induced strain in the uppermost mantle beneath Italy[J]. Geology, 36: 375-378.

LUDWIG K R, 2003. Mathematical-statistical treatment of data and errors for $^{230}Th/U$ geochronology [J]. Reviews in

Mineralogy and Geochemistry, 52(1): 631-656.
MAO J W, ZHANG Z H, JIAN P, et al., 2000. U-Pb zircon dating of the Yeniutan granitic intrusion in the western sector of the North Qilian Mountains [J]. Acta Geologica Sinica(English Edition), 74(4): 781-785.
METCALFE I, 1988. Origin and assembly of Southeast Asian continental terranes, in M. G. Audley-Charles, and A. Hallam(Eds.), Gondwana and Tethys [J]. Geological Society of London Special Publication, 37(1): 101-118.
MEYER B, TAPPONNIER P, BOURJOT L, et al., 1998. Crustal thickening in Gansu-Qinghai, lithospheric mantle subduction, and oblique, strike-slip controlled growth of the Tibet plateau [J]. Geophysical Journal of the Royal Astronomical Society, 135(1): 1-47.
MOLNAR P, TAPPONNIER P, 1975. Cenozoic tectonics of Asia: Effects of a continental collision: Features of recent continental tectonics in Asia Can be interpreted as results of the India—Eurasia Collision[J]. Science, 189: 419-426.
MORRISON G W, 1980. Characteristics and tectonic setting of the shoshonite rock association[J]. Lithos, 13(1): 97-108.
MUNGALL J E, 2002. Roasting the mantle: Slab melting and the genesis of major Au and Au-rich Cu deposits [J]. Geology, 30(10): 915-918.
NADEN J, SHEPHERD T J, 1989. Role of methane and carbon dioxide in gold deposition[J]. Nature, 342(6251): 793-795.
PEARCE J A, HARRIS N B W, TINDLE A G, 1984. Trace element discrimination diagrams for the tectonic interpretation of granitic rocks[J]. Journal of Petroloy, 25(4): 956-983.
PHILLIPS G N, EVANS K A, 2004. Role of CO_2 in the formation of gold deposits[J]. Nature, 429(6994): 860-863.
RAYMOND O L, 1996. Pyrite composition and ore genesis in the Prince Lyell copper deposit, Mt Lyell mineral field, western Tasmania, Australia[J]. Ore Geology Reviews, 10(3-6): 231-250.
RICHARDS J P, LEDLIE I, 1993. Alkalic intrusive rocks associated with the Mount kara gold deposit, Papua New Guinea: comparison with the Porgera intrusive complex[J]. Economic Geology, 88(4): 755-781.
RICHARDS J P, ROBERT K, 1993. The Porgera gold mine, Papua New Guinea: magmatic hydrothermal to epithermal evolution of an alkalic-type precious metal deposit[J]. Economic Geology, 88(5): 1017-1052.
SAJONA F G, MAURY R C, 1998. Association of adakites with gold and copper mineralization in the Philippines [J]. Comptes Rendus de l'Académie des Sciences, 326(1): 27-34.
SENGÖR A M C, 1984. The Cimmeride orogenic system and the tectonics of Eurasia [J]. Geological Society of America Special Paper, 195: 1-82.
SLAMA J, KOSLER J, CONDON D J, et al., 2008. Plešovice zircon; a new natural reference material for U/Pb and Hf isotopic microanalysis[J]. Chemical Geology, 249(1-2): 1-35.
SMITH A D, 2006. The geochemistry and age of ophiolitic strata of the Xinglongshan Group: Implications for the amalgamation of the Central Qilian belt [J]. Journal of Asian Earth Sciences, 28(2-3): 133-142.
SMITH A D, YANG H Y, 2006. The neodymium isotopic and geochemical composition of serpentinites from ophiolitic assemblages in the Qilian fold belt, northwest China [J]. Journal of Asian Earth Sciences, 28(2-3): 119-132.
SOBEL E R, NICOLAS A, 1999. A possible middle Paleozoic suture in the Altyn Tagh, NW China[J]. Tectonics, 18(1): 64-74.
SÖDERLUND U, PATCHETT P J, VERVOORT J D, et al., 2004. The 176 Lu decay constant determined by Lu-Hf and U–Pb isotope systematics of precambrian mafic intrusions[J]. Earth and Planetary Science Letters, 219(3-4): 311-324.
SONG S G, NIU Y L, LI S, et al., 2014. Continental orogenesis from ocean subduction, continent collision/subduction, to orogen collapse, and orogen recycling: The example of the North Qaidam UHPM belt, NW China [J]. Earth-Science Reviews, 129(1): 59-84.
SUN S S, MCDONNUGH W F, 1989. Chemical and isotopic systematic of oceanic basalts: implications for mantle composition and processes[J]. Geological Society of London Special Publications, 42(1): 313-345.
TANG Z L, BAI Y L, LI Z L, 2002. Geotectonic settings of large and superlarge mineral deposits on the southwestern margin of the North China Plate [J]. Acta Geologica Sinica(English Edition), 76(3): 367-377.
THIÉBLEMONT D, STEIN G, LESCUYER J L, 1997. Epithermal and porphyry deposits: The adakite connection[J].

Comptes Rendus De Lacademie Des Sciences, 2: 103-109.

TSENG C Y, YANG H J, YANG H Y, et al., 2007. The Dongcaohe ophiolite from the North Qilian Mountains: A fossil oceanic crust of the Paleo-Qilian ocean [J]. Chinese Science Bulletin, 52(17): 2390-2401.

TSENG C Y, YANG H J, YANG H Y, et al., 2009. Continuity of the North Qilian and North Qinling orogenic belts, Central Orogenic System of China: Evidence from newly discovered Paleozoic adakitic rocks [J]. Gondwana Research, 16(2): 285-293.

TSENG C Y, YANG H Y, YU S, et al., 2006. Finding of Neoproterozoic (~775Ma) magmatism recorded in metamorphic complexes from the North Qilian orogen: Evidence from SHRIMP zircon U-Pb dating [J]. Chinese Science Bulletin, 51(8): 963-970.

VAN ACHTERBERGH E, RYAN C, JACKSON S, et al., 2001. Appendix 3, data reduction software for LA-ICP- MS. In: sylvester, P. (ed.)Laser-Ablation-ICPMS in the Earth Sciences—Principles and Applications[J]. Mineralogical Association of Canada, Short Course Series, (29): 239-243.

VOO R V D, SPAKMAN W, BIJWAARD H, 1999. Tethyan subducted slabs under India [J]. Earth and Planetary Science Letters, 171(1): 7-20.

WAN Y S, YANG J S, XU Z Q, et al., 2000. Geochemical characteristics of the Maxianshan complex and Xinglongshan group in the eastern segment of the Qilian orogenic belt[J]. Journal of the Geoloyical Society of China, 43(1): 52-68.

WAN Y S, ZHANG J X, YANG J S, et al., 2006. Geochemistry of high-grade metamorphic rocks of the North Qaidam Mountains and their geological significance[J]. Jonrnal of Asian Earth Sciences, 28(2-3): 174-184.

WANG C Y, ZHANG Q, QIAN Q, et al., 2005. Geochemistry of the Early Paleozoic Baiyin volcanic rocks (NW China): Implications for the tectonic evolution of the North Qilian orogenic belt[J]. The Journal of Geology, 113(1): 83-94.

WEN L, ANDERSON D L, 1995. The fate of slabs inferred from seismic tomography and 130 million years of subduction [J]. Earth and Planetary Science Letters, 133(1): 185-198.

WHALEN J B, CURRIE K L, CHAPPELL B W, 1987. A-type granites: Geochemical characteristics, discrimination and petrogenesis[J]. Contributions to Mineralogy and Petrology, 95(4): 407-419.

WORTEL M J R, SPAKMAN W, 2000. Subduction and slab detachment in the Mediterranean–Carpathian region[J]. Science, 290(5498):1910-1917.

WU C L, GAO Y H, FROST B R, et al., 2011. An early Palaeozoic double-subduction model for the North Qilian oceanic plate: Evidence from zircon SHRIMP dating of granites[J]. International Geology Review, 53(2): 157-181.

WU H Q, FENG Y M, SONG S G, 1993. Metamorphism and deformation of blueschist belts and their tectonic implications, North Qilian Mountains, China[J]. Journal of Metamorphic Geology, 11(4): 523-536.

XIA L Q, XIA Z C, XU X Y, 2003. Magmagenesis in the Ordovician back-arc basins of the Northern Qilian Mountains, China[J]. Geological Society of America Bulletin, 115(12): 1510-1522.

XIA X H, SONG S G, 2010. Forming age and tectono-petrogenises of the Jiugequan ophiolite in the North Qilian Mountain, NW China [J]. Chinese Science Bulletin, 55(18): 1899-1907.

XIA X H, SONG S G, NIU Y L, 2012. Tholeiite-Boninite terrane in the North Qilian suture zone: Implications for subduction initiation and back-arc basin development[J]. Chemical Geology, 328(11): 259-277.

XIANG Z Q, LU S N, LI H K, et al., 2007. SHRIMP U-Pb zircon age of gabbro in Aoyougou in the western segment of the North Qilian Mountains, China and its geological implications[J]. Geological Bulletin of China, 26(12): 1686-1691.

XIAO W J, WINDLEY B F, YONG Y, et al., 2009. Early Paleozoic to Devonian multipleaccretionarymodel for the Qilian Shan, NW China[J]. Journal of Asian Earth Sciences, 35(3-4): 323-333.

YIN A, HARRISON M T, 2000. Geologic evolution of the Himalayan-Tibetan orogen[J]. Annual Review of Earth and Planetary Sciences, 28(1): 211-280.

YUAN H L, WU F Y, GAO S, et al., 2003. Determination of U-Pb age and rare Earth element concentrations of Zircons from Cenozoic Intrusions in Northeastern China by Laser Ablation ICP-MS[J]. Chinese Science Bulletin, 48(22): 2411-2421.

YUAN W, YANG Z, 2015. Late devonian closure of the north qilian ocean: evidence from detrital zircon U-Pb geochronology and Hf isotopes in the eastern north Qilian orogenic belt[J]. International Geology Review, 57(2), 182-198.

ZARTMAN R E, DOE B R, 1981. Plumbotectonics: The model[J]. Tectonophysics, 75(1-2): 135-162.

ZHANG H F, ZHANG B R, HARRIS N, et al., 2006. U-Pb zircon SHRIMP ages, geochemical and Sr-Nd-Pb isotopic compositions of intrusive rocks from the Longshan—Tianshui area in the southeast corner of the Qilian orogenic belt, China: Constraints on petrogenesis and tectonic affinity[J]. Journal of Asian Earth Sciences, 27(6): 751-764.

ZHANG J X, MENG F C, WAN Y S, 2007. A cold Early Palaeozoic subduction zone in the North Qilian Mountains, NW China: Petrological and U-Pb geochronological constraints[J]. Journal of Metamorphic Geology, 25(3): 285-304.

ZHANG J X, XU Z Q, XU H F, et al., 1998. Framework of North Qilian Caledonian subduction accretionary wedge and its deformation dynamics[J]. Scientia Geologica Sinica, 33(3): 290-299.

ZHANG L F, WANG Q J, SONG S G, 2009. Lawsonite blueschist in Northern Qilian, NW China: P-T pseudosections and petrologic implications[J]. Journal of Asian Earth Sciences, 35(3-4): 354-366.

ZHANG Z M, LIOU J G, COLEMAN R G, et al., 1984. An outline of the plate tectonics of China[J]. Geological Society of America Bulletin, 95(3): 295-312.

彩　图

彩图 2-1　扎子沟石英闪长岩（a）及显微特征（b）（单偏光，50×）（矿物代号附后，余同）

彩图 2-2　扎子沟花岗闪长岩及暗色包体（a）和侵入花岗闪长岩及下奥陶统的英安斑岩（b）

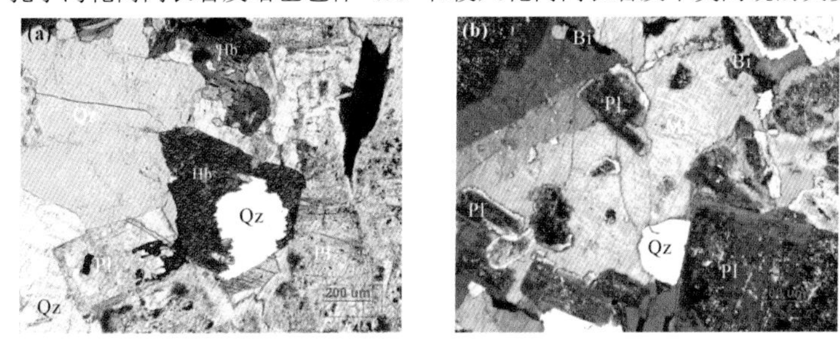

彩图 2-3　扎子沟花岗闪长岩（a）（单偏光，50×）和黑云母二长花岗岩（b）

（正交偏光，50×）显微特征

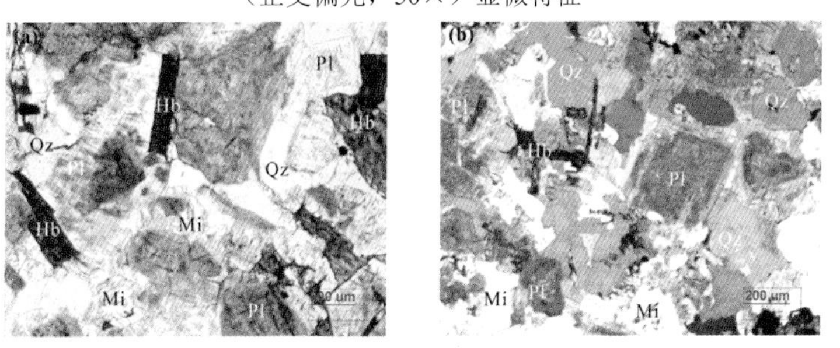

彩图 2-4　扎子沟似斑状二长花岗岩（a）和不等粒二长花岗岩显微特征（b）（单偏光，50×）

彩图 2-5　半截沟花岗闪长岩（浅色部分）侵入震旦系玄武质凝灰岩（暗色部分）(a) 及震旦系玄武岩呈花岗闪长岩捕虏体（暗色团块）产出 (b)

彩图 2-6　扎子沟斜长花岗闪长岩显微特征（正交偏光，50×）

(a) 少石英多云母；(b) 多石英少云母

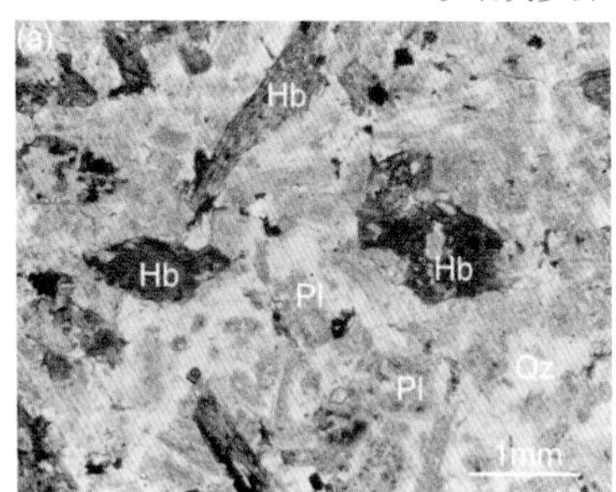

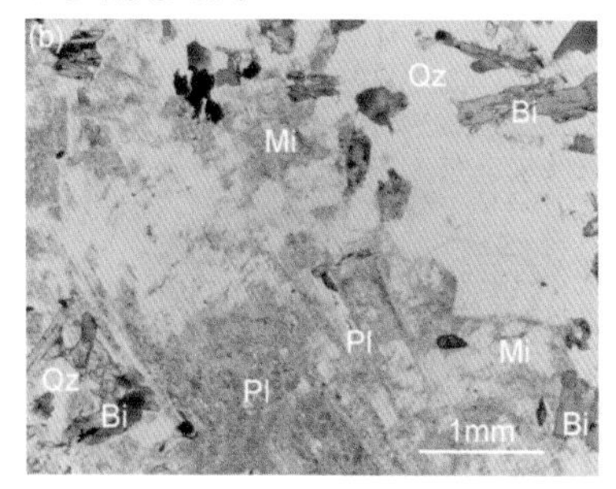

彩图 2-7　吾力沟岩体岩石显微特征（单偏光，40×）

(a) 角闪石英二长岩；(b) 二长花岗岩

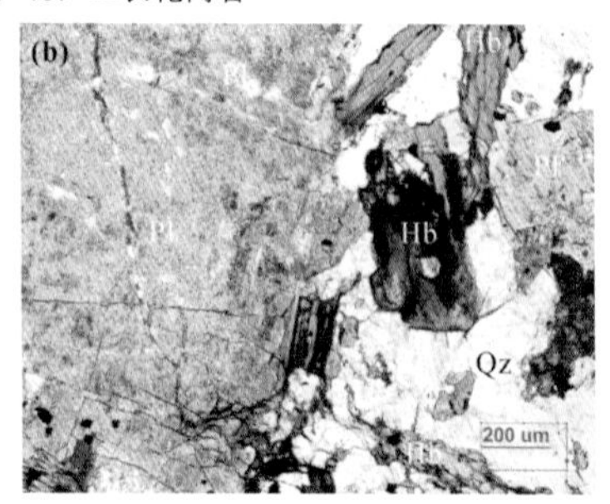

彩图 2-8　贾公台斜长花岗岩特征及角闪岩包体 (a) 和奥长花岗岩显微特征 (b)（正交偏光）

彩图 2-9　辉石岩深源包体野外特征（a）和显微镜下特征（b）（正交偏光，50×）

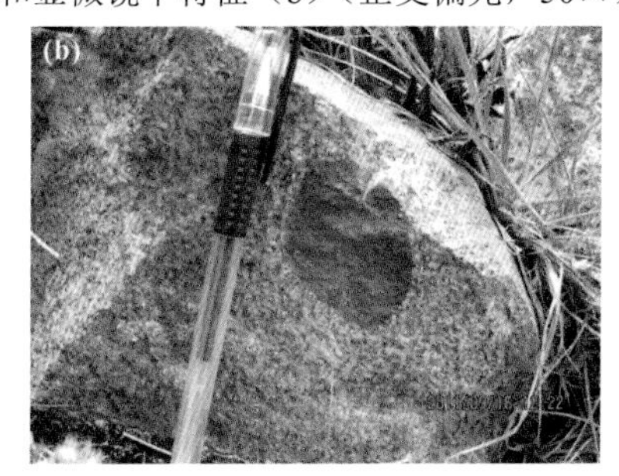

彩图 2-10　第Ⅱ期角闪石英二长岩包体（a）和第Ⅲ期黑云母二长岩中辉石闪长岩包体（b）

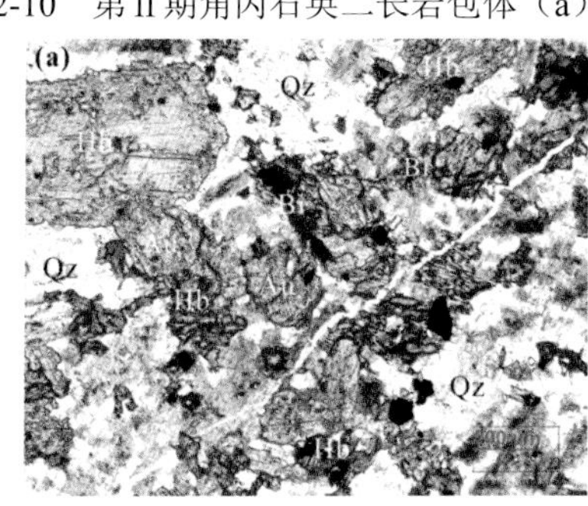

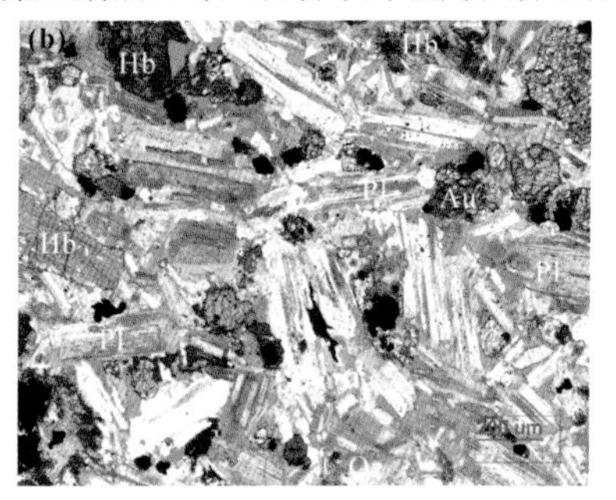

彩图 2-11　辉石闪长岩中辉石黑云母镶边（a）（单偏光，50×）和
斜长石自形晶体（b）（正交偏光，50×）

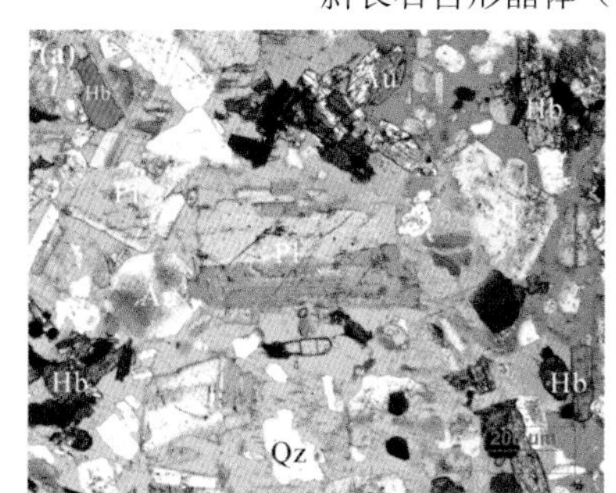

彩图 2-12　黑云辉石二长闪长岩显微特征（a）和
黑云辉石正长闪长岩（b）（单偏光，50×）

彩图 2-13　角闪石英二长岩（a）和角闪石正长闪长岩（b）的野外特征

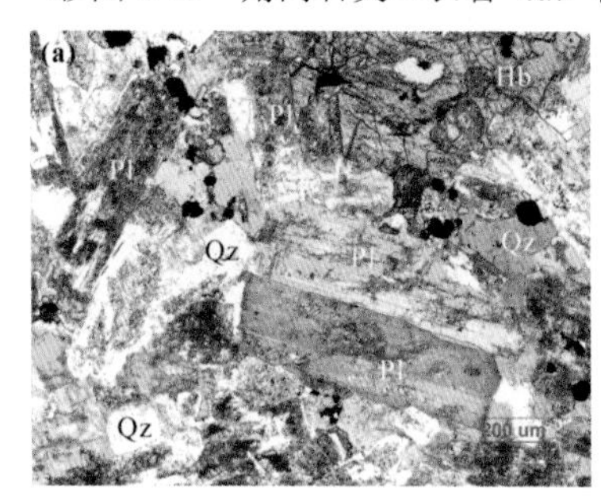

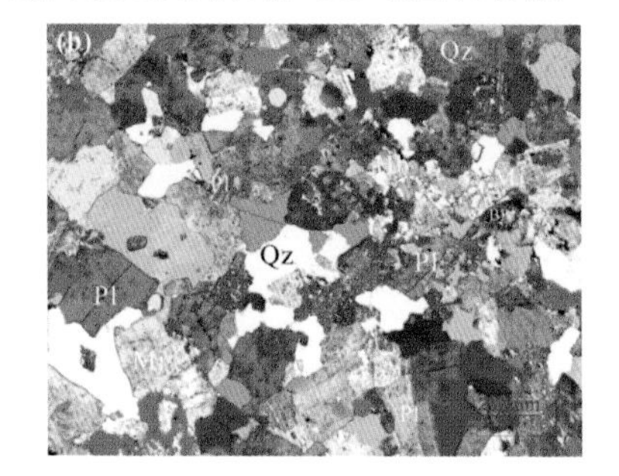

彩图 2-14　角闪石英二长岩（a）和黑云母二长花岗岩（b）的显微镜下特征（单偏光，50×）

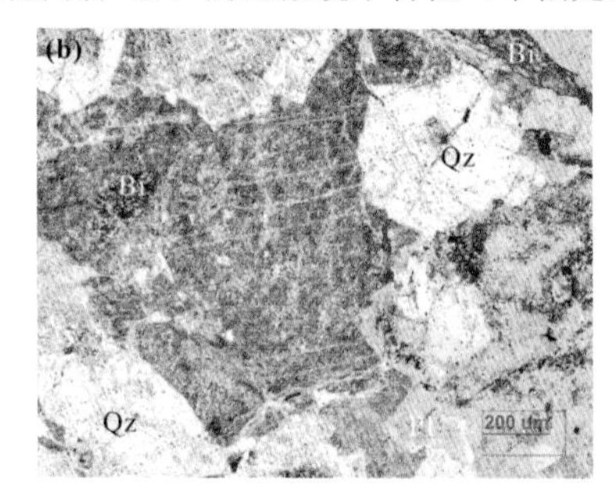

彩图 2-15　钾长花岗岩野外特征（a）和显微镜下特征（b）（单偏光，50×）

彩图 2-16　石英闪长岩穿插侵入下奥陶统吾力沟群千枚岩、变质砂岩、变质泥岩中（a）和蚀变石英闪长玢岩（b）

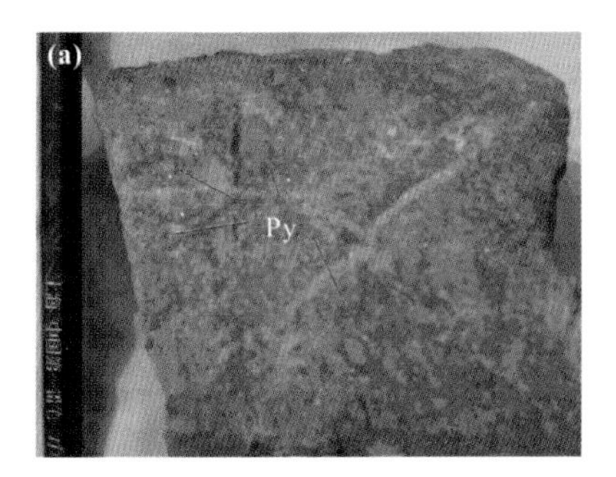

彩图 2-17　石英闪长岩含浸染状毒砂、黄铁矿（a）、含脉状黄铁矿（b）

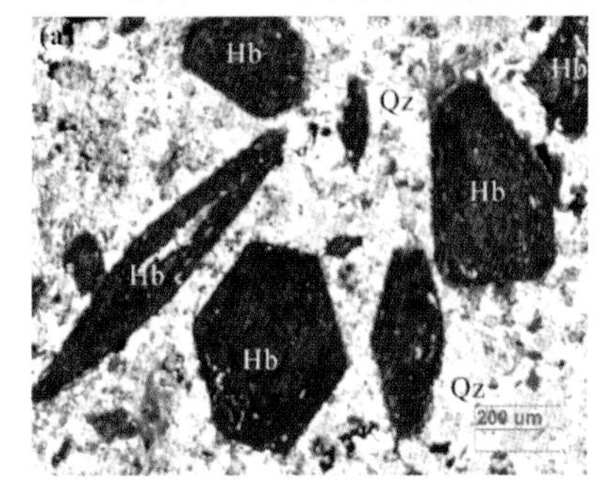

彩图 2-18　石英闪长玢岩（a）和石英闪长岩（b）显微特征（单偏光，50×）

彩图 5-1　震旦纪细碧质集块熔岩

彩图 5-2　震旦纪安山质角砾岩（后期花岗岩穿插）

彩图 6-1　贾公台斜长花岗岩岩体野外（a）以及显微特征（b）

彩图 6-2　贾公台金矿北西向断裂和破碎蚀变带（褐黄色碎裂部分）

彩图 6-3　硅化花岗岩

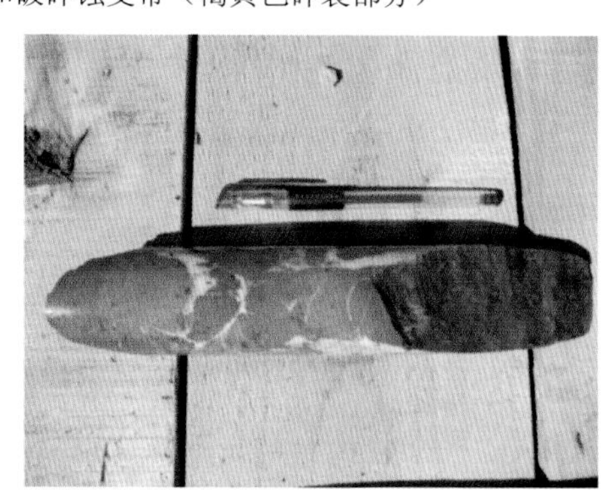

彩图 6-4　硅化黄铁矿化砂岩

彩图 6-5　硅化花岗岩（+）

彩图 6-6　硅化黄铁矿化砂岩（+）

彩图 6-7　奥长花岗岩钾长石化

彩图 6-8　奥长花岗岩绢云母化

彩图 6-9　板岩钾长石化（+）

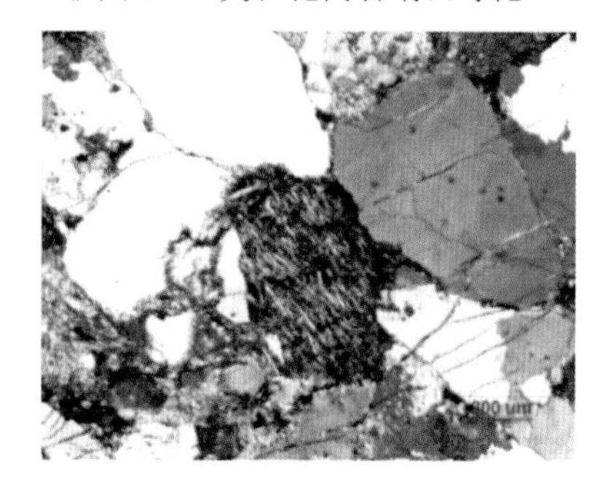

彩图 6-10　砂岩岩屑绢云母化（+）

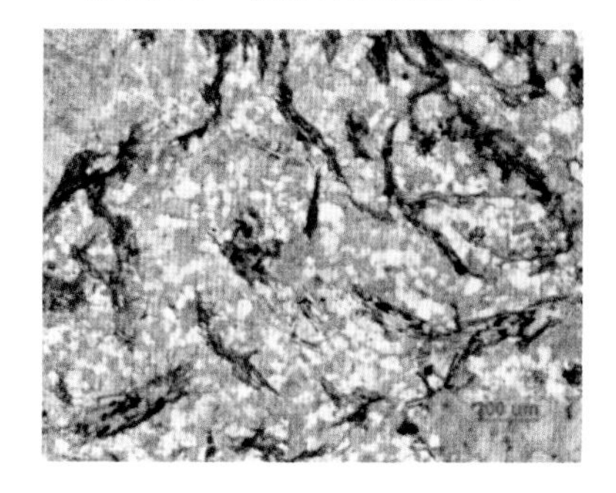

彩图 6-11　奥长花岗岩黑云母发生绿泥石化（–）

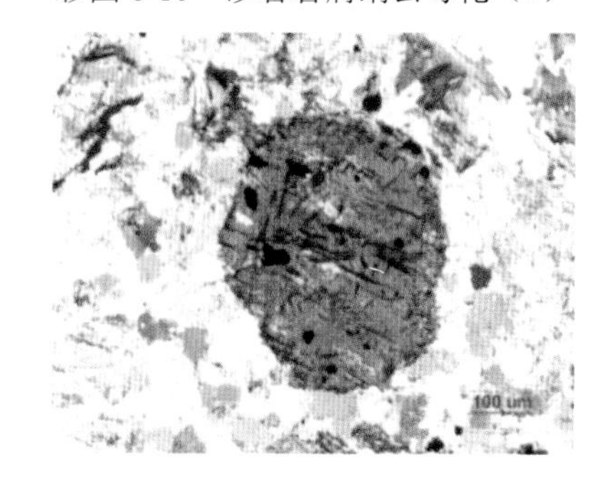

彩图 6-12　黑云母析出白钛石（–）

彩图 6-13　黄铁矿石英脉

彩图 6-14　硅化黄铁矿化砂岩

彩图 6-15　孔雀石化硅化砂岩

彩图 6-16　褐铁矿化孔雀石化奥长花岗岩

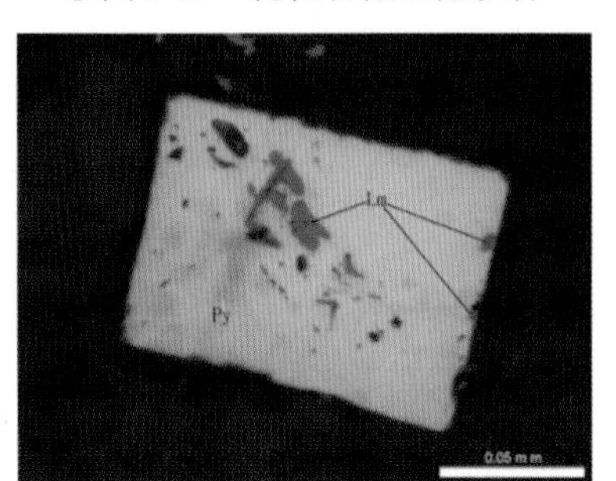

彩图 6-17　自形粒状黄铁矿被后期褐铁矿交代

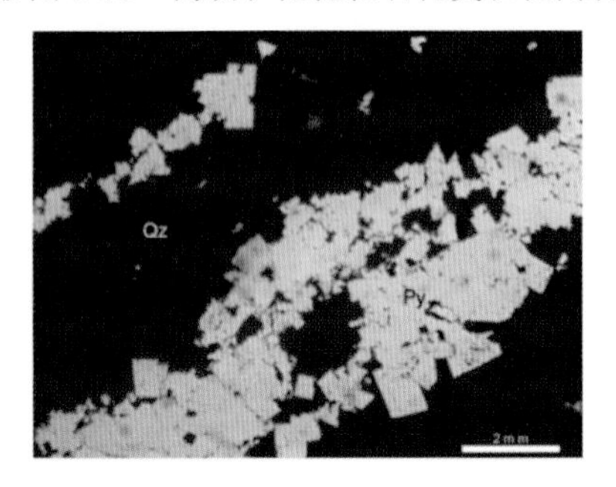

彩图 6-18　条带状黄铁矿（自形、半自形）脉

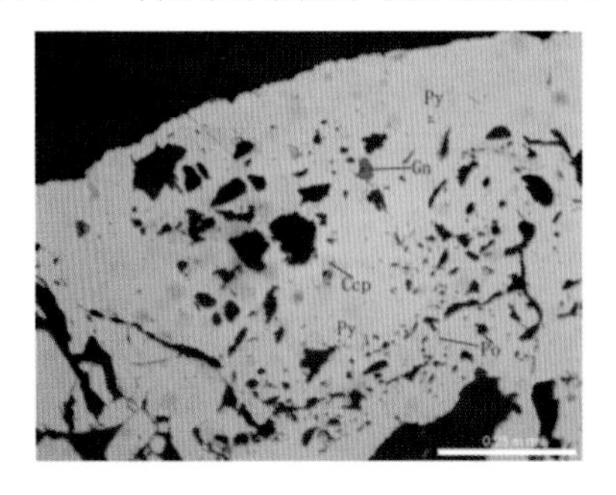

彩图 6-19　黄铁矿包裹磁黄铁矿、黄铜矿、方铅矿

彩图 6-20　黄铜矿与黄铁矿伴生

彩图 6-21　微细粒毒砂及黄铁矿连生

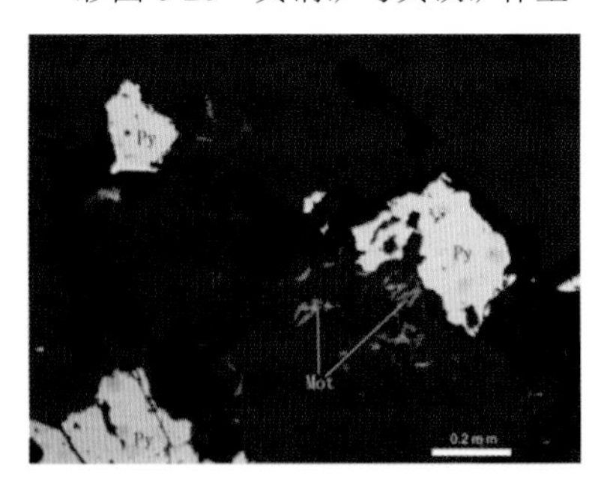

彩图 6-22　细脉浸染状辉钼矿与黄铁矿伴生

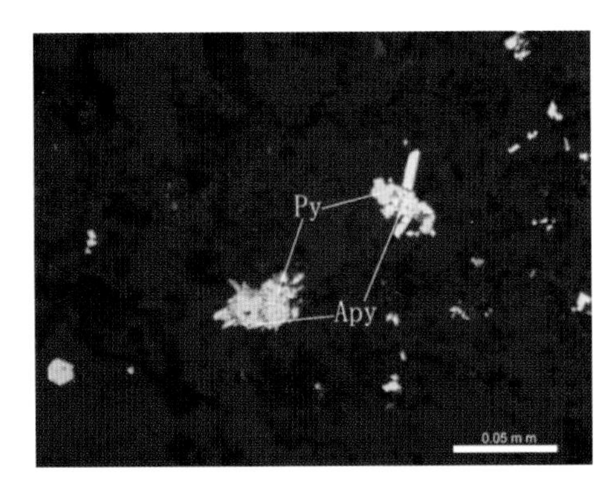

彩图 6-23　毒砂交代黄铁矿

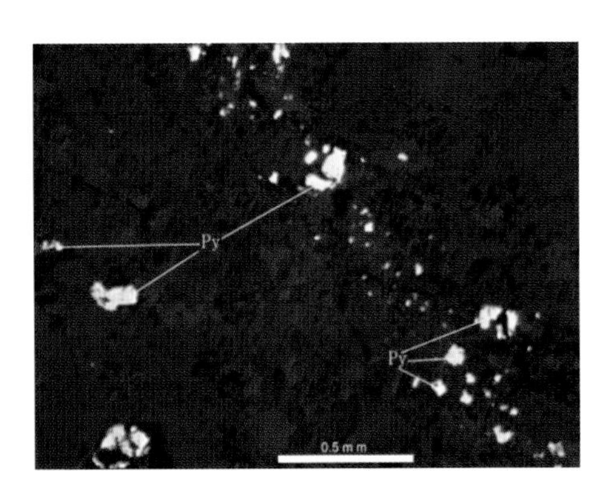

彩图 6-24　黄铁矿细脉浸染状分布

彩图 6-25　块状石英脉矿石

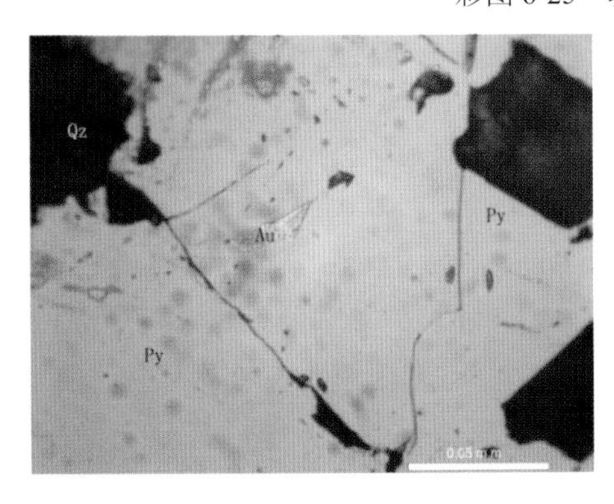

彩图 6-26　自然金包于黄铁矿中

彩图 6-27　自然金位于黄铁矿边缘或石英脉中

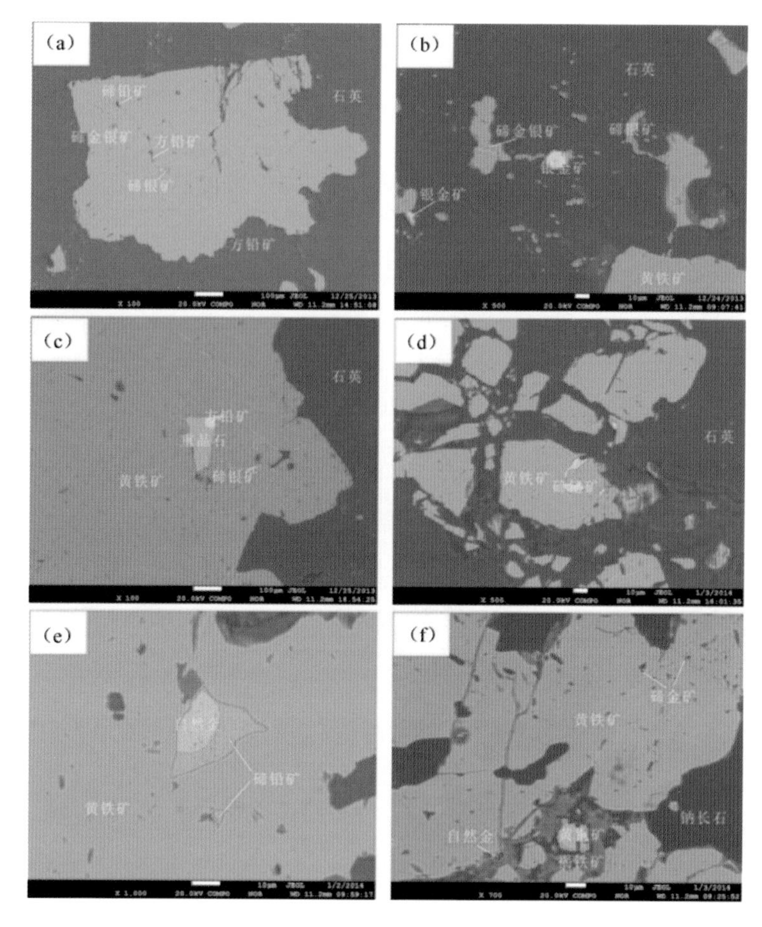

彩图 6-28　碲化物电子显微镜照片（据汪禄波，2014）

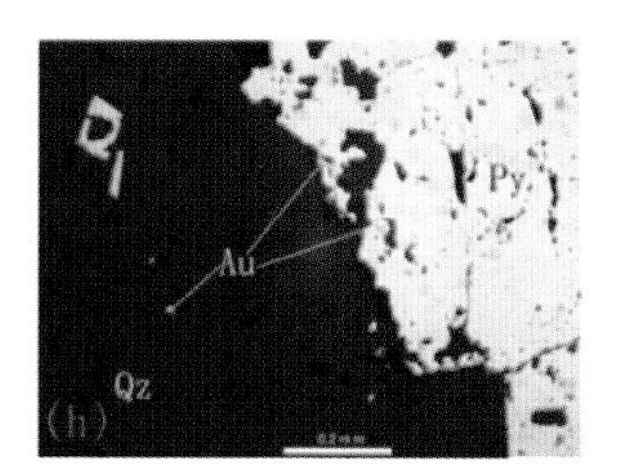

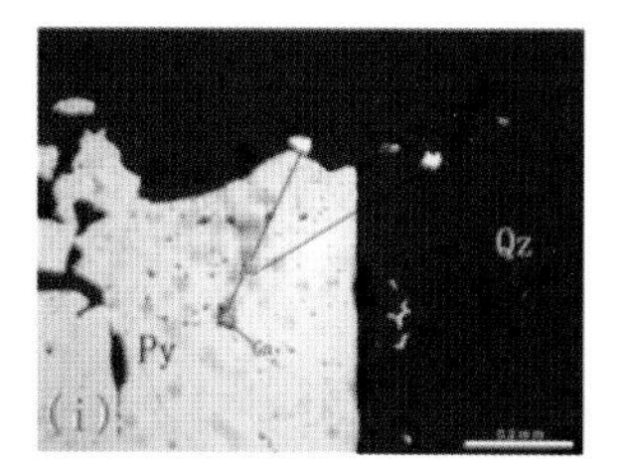

彩图 6-29　贾公台金矿床钻孔矿石、各期石英脉及镜下照片

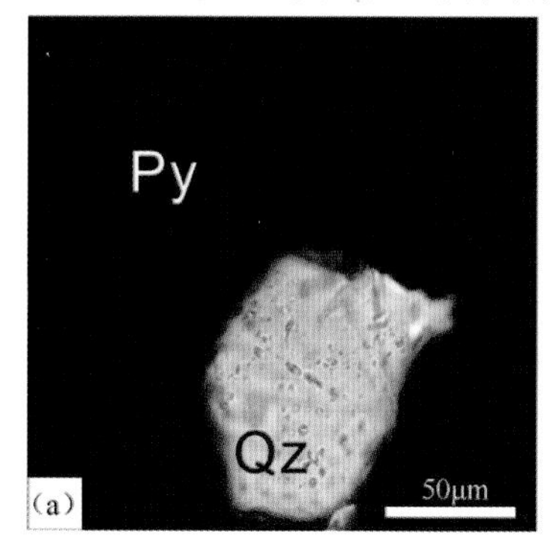

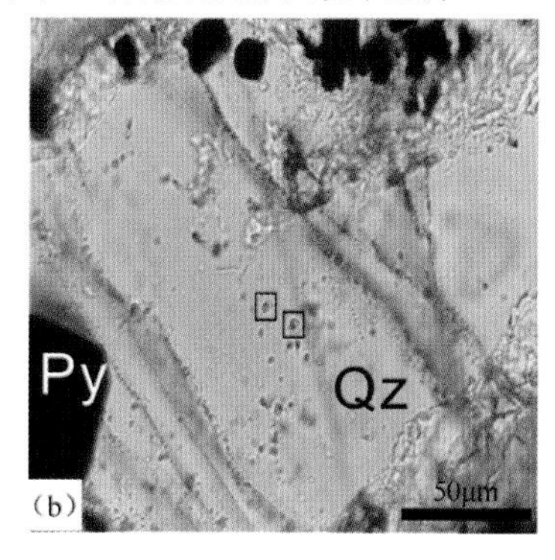

彩图 6-30　石英中流体包裹体（a），石英中原生包裹体（图中方框内及周边）和次生包裹体（b）（沿裂隙分布，略小）

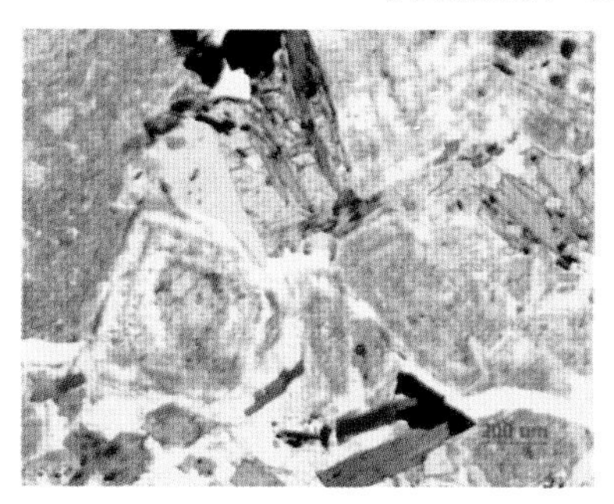

彩图 6-31　角闪石闪长岩绿泥石化、绢云母化 I

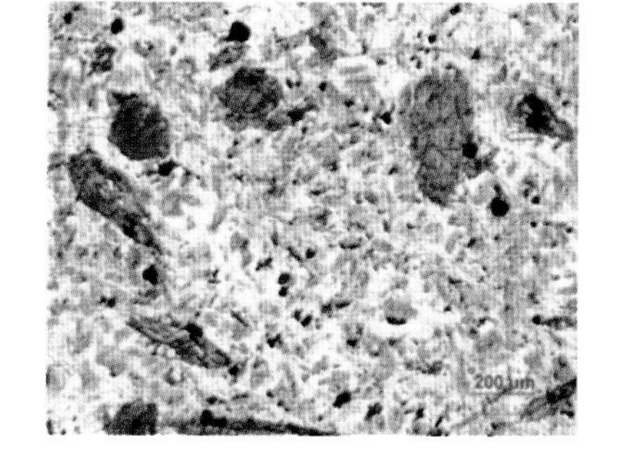

彩图 6-32　角闪石闪长岩绿泥石化、绢云母化 II

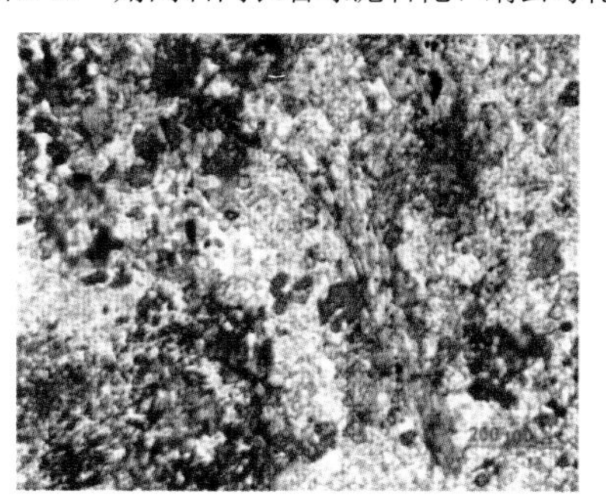

彩图 6-33　角闪石闪长岩绿帘石化、碳酸盐化

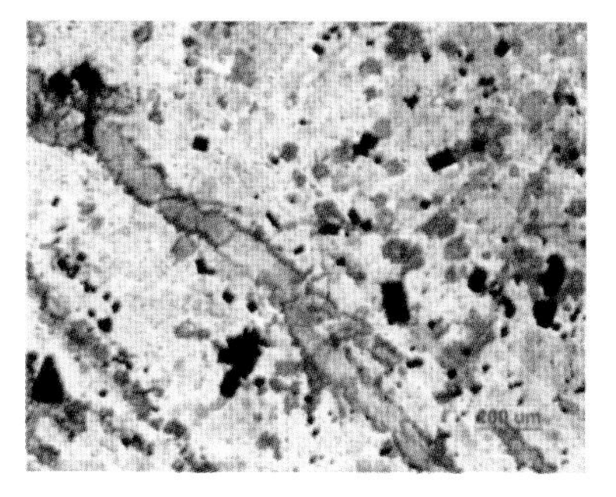

彩图 6-34　角闪石闪长岩黄铁矿化、碳酸盐化

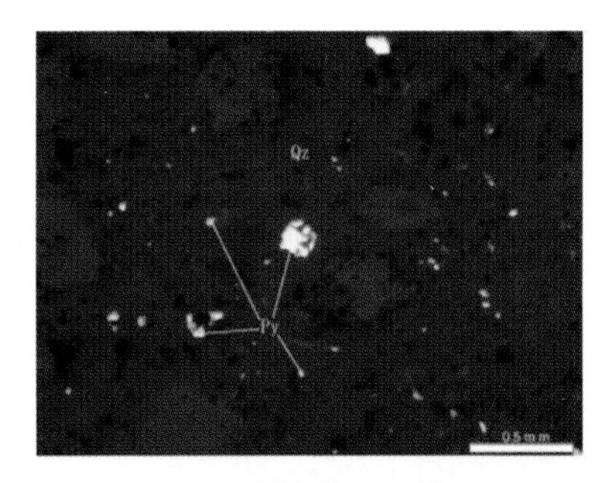

彩图 6-35　黄铁矿呈星点侵染状分布

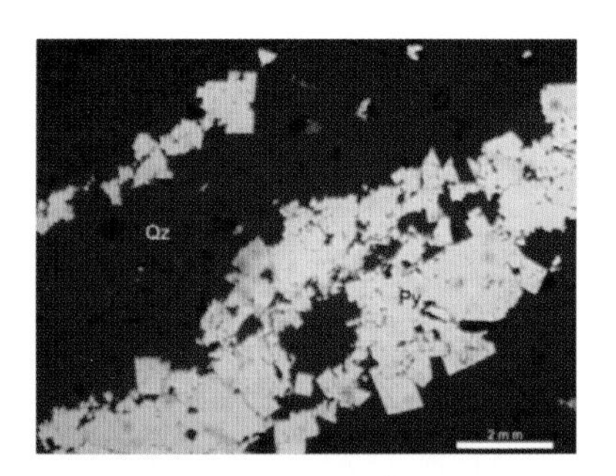

彩图 6-36　条带状黄铁矿

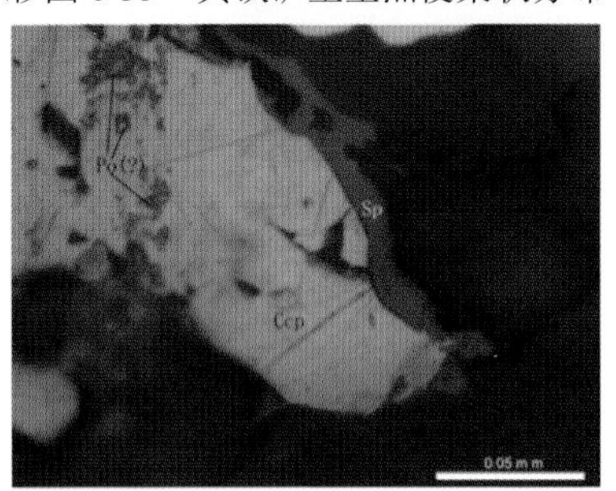

彩图 6-37　闪锌矿与黄铜矿连生

彩图 6-38　褐铁矿交代溶蚀黄铁矿

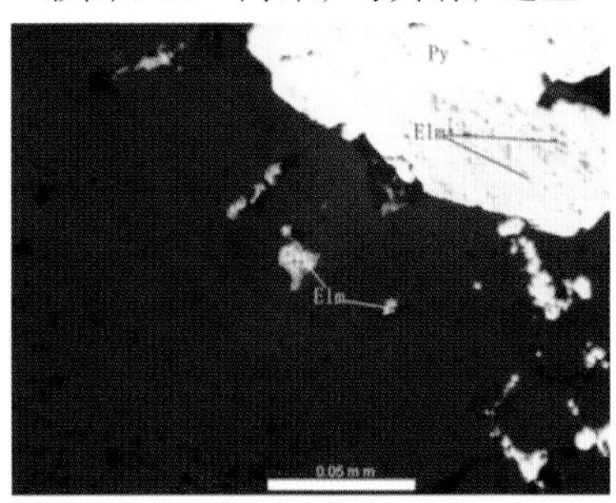

彩图 6-39　银金矿呈单体包于黄铁矿和石英

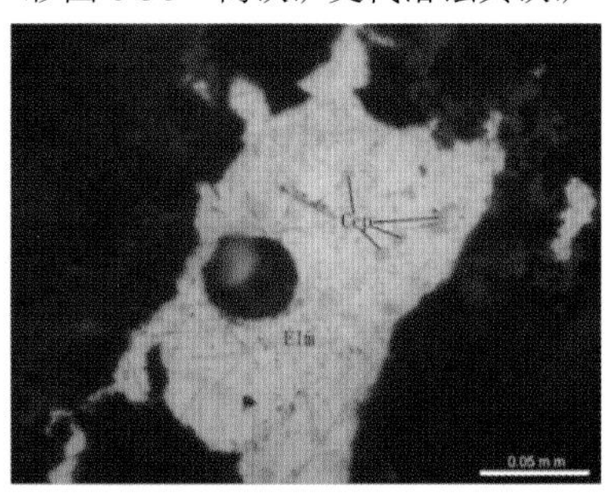

彩图 6-40　银金矿包于石英中，并包裹黄铜矿

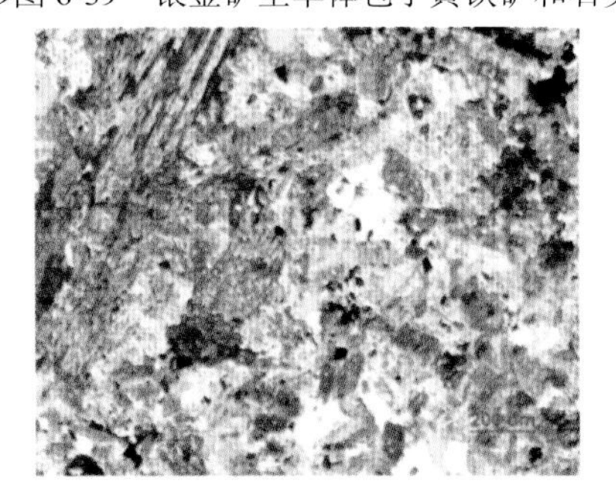

彩图 6-41　角闪石闪长岩中原生黄铁矿 I

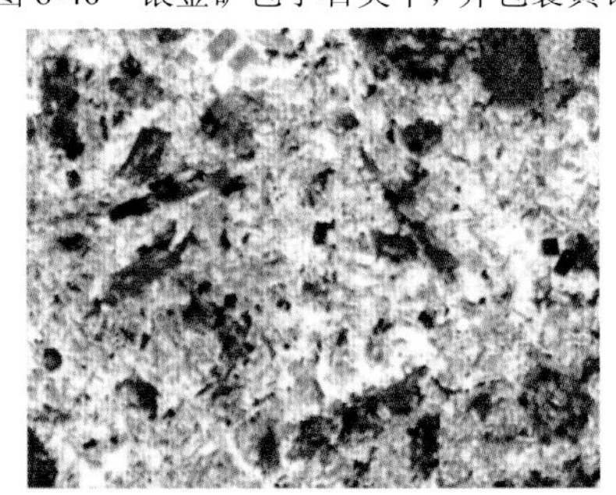

彩图 6-42　角闪石闪长岩中原生黄铁矿 II

矿物代号：Hb-角闪石；Pl-斜长石；Bi-黑云母；Mi-白云母；Qz-石英；Apy-毒砂；Au-金；Ccp-黄铜矿；Gn-方铅矿；Lm-褐铁矿；Mot-辉钼矿；Py-黄铁矿；Po-磁黄铁矿；Sp-闪锌矿；Elm-银金矿；Toi-钛氧化物

岩体和地层代号：λπ-次流纹斑岩；γo-奥长花岗岩；O_1w-下奥陶统吾力沟群